# 黄土地区边坡冻融灾害发生机理研究

许 健 栾桂涛 著

国家自然科学基金面上项目（项目批准号：51478385）
国家自然科学基金青年科学基金项目（项目批准号：51208409） 资助

科 学 出 版 社
北 京

## 内 容 简 介

本书通过系统总结国内外关于土体冻融损伤、冻融过程土体水分迁移及寒区边坡稳定性的研究成果，围绕黄土地区边坡冻融灾害发生机理问题，依托国家自然科学基金项目的资助开展了以下内容的研究：黄土地区边坡冻融病害调查及现场测试研究、冻结过程黄土水分迁移特征研究、黄土冻融过程抗剪强度劣化机理试验研究、黄土冻融过程渗透特性试验研究、黄土地区边坡冻融模型试验研究、黄土地区边坡冻融稳定性分析及结论与展望。

本书可作为水利、土建、岩土、地质等专业的教师、研究生用书，还可供对寒区工程和黄土力学有兴趣的研究生、科研人员和工程技术人员参考。

**图书在版编目(CIP)数据**

黄土地区边坡冻融灾害发生机理研究/许健，栾桂涛著. —北京：科学出版社，2018.5

ISBN 978-7-03-054482-7

Ⅰ.①黄… Ⅱ.①许… ②栾… Ⅲ. 黄土区-冻融作用-滑坡-发生机制-研究 Ⅳ. ①P642.22

中国版本图书馆 CIP 数据核字（2017）第 223231 号

责任编辑：王 钰 / 责任校对：陶丽荣

责任印制：吕春珉 / 封面设计：东方人华设计部

科学出版社出版

北京东黄城根北街 16 号

邮政编码：100717

http://www.sciencep.com

三河市骏杰印刷有限公司印刷

科学出版社发行 各地新华书店经销

*

2018 年 5 月第 一 版 开本：B5（720×1000）

2018 年 5 月第一次印刷 印张：12

字数：230 000

**定价：80.00 元**

（如有印装质量问题，我社负责调换〈骏杰〉）

销售部电话 010-62136230 编辑部电话 010-62130750

# 前　言

黄土是一种在特定环境中形成的具有特殊性质的土。在我国，黄土分布区是重要的建设和能源基地，著名的黄土山城——兰州、西宁、宝鸡、天水、延安等位于其中，这里沃野千里、谷稼殷实，滋养了中华民族的祖先，养育了世世代代黄土地人。但是，由于黄土土性复杂、节理裂隙发育，黄土地区沟壑纵横、地形破碎，在自然条件及人类工程活动影响下，容易产生滑坡、崩塌及泥石流等灾害，严重危及各类工程建设及人民生命财产的安全，制约着当地经济的可持续发展。因此，黄土地区边坡的稳定性评价及防护对策历来是工程建设中特别关注的技术课题。对此，已经有很多研究学者开展了比较深入、系统的研究。

但是，由于黄土地区处于季节冻土区，黄土地区边坡受季节冻融作用的影响显著，每年春季发生的冻融灾害非常频繁。20 世纪 80 年代以来，在季节性冻融作用强烈的我国西北黄土高原地区，相继发生了洒勒山、古刘、龙西、黄茨等一系列重大滑坡灾害，造成了巨大的生命财产损失。以甘肃省永靖县盐锅峡镇黑方台黄土滑坡为例，统计该区黄土滑坡发生的时间，每年以 3 月滑坡发生的频率最高，1～3 月发生滑坡数量占到了滑坡总数的 34%，该时间段正是西北地区冬去春来、气温回升、季节性冻土开始消融的季节。2011 年入春以来，随着气温升高，陕西省榆林市横山县韩岔乡韩岔村及子洲县石沟村相继发生黄土滑坡（崩塌），造成直接经济损失 50 余万元；甘肃省东乡县撒尔塔文体广场及永靖县西河镇二房村大房台先后发生黄土滑坡，其中撒尔塔文体广场护坡大面积塌陷滑坡，滑坡体长 100m、宽 70m、高 52m，滑坡土方量达 $20.7\times10^4\mathrm{m}^3$，经济损失 2 亿多元，半个县城受到波及。黄土地区边坡冻融灾害主要表现为浅层冻融滑塌和崩塌，多发生于春季，其危害是十分严重的。主要通过灾害调查对黄土地区边坡冻融灾害发生的原因进行初步的揭示，文献资料很少，机理性研究尚缺乏文献资料。由于机理性研究不足，目前对黄土地区边坡冻融灾害尚不能进行量化分析和预测，灾前难以采取有效措施。因此，考虑到冻融期黄土滑坡危害巨大，对黄土地区边坡冻融灾害问题进行深入研究是必要的。

对黄土地区边坡冻融灾害问题的研究，目前主要是通过灾害调查进行，虽然已经揭示出春季黄土地区边坡冻融现象的主要原因与特征，但尚未建立冻融条件与黄土地区边坡冻融灾害的对应量化关系，尚不能回答什么样的冻融条件可导致黄土地区边坡冻融灾害？会导致哪些边坡出现冻融灾害？黄土地区边坡冻融失稳的具体演化规律如何？这需要揭示冻融变化引起的边坡土体的水分场和强度场的变化及边坡失稳过程，即需要对黄土地区边坡冻融灾害发生机理进行深入、系统研究，以期根据不利的冻融条件对黄土地区边坡稳定性进行科学评价，并规范寒区黄土地区边坡的设计，这对预测边坡冻融灾害、保证广大居民生命财产安全及加快黄土地区城镇化进程等均具有重要意义。基于此，本书主要基于作者国家自然科学基金项目的研究成果，试图以更开阔和全面的视角向读者展示黄土地区边坡冻融灾害问题所涉及的研究领域、研究方法和研究热点，希望能为广大科技人员和研究生提供一个学习和研究黄土地区边坡冻融稳定性问题的基本思路、方法、框架和基础研究资料。

本书的主要内容如下：

第 1 章主要介绍了与黄土地区边坡冻融稳定性问题相关的研究成果，目的是通过这一章的学习，对土体冻融损伤、冻土水分迁移及寒区边坡稳定性等相关问题的研究现状有一个全面系统的认识。第 2 章主要针对黄土地区边坡冻融病害调查及黄土冻融过程水热现场测试结果进行分析和总结。第 3 章主要论述了黄土地区边坡冻融灾害的主要诱因——水分迁移，对水分迁移的概念、特点及影响因素等进行了详细试验研究和理论计算分析。第 4 章和第 5 章主要对黄土冻融、扫描电子显微镜（scanning electron microscope，SEM）、三轴渗透和剪切试验结果进行全面分析，从微观与表观相结合的角度对黄土冻融过程剪切强度劣化和渗透规律进行阐述。第 6 章结合季节性冻土区黄土地区边坡冻融特点，对黄土地区边坡冻融稳定性进行了室内大比例尺模型试验研究，并据此对黄土地区边坡冻融过程水热力变化特点进行详细阐述。第 7 章基于前述黄土冻融过程强度试验数据，对冻融条件下黄土地区边坡稳定性影响因素进行全面计算分析。第 8 章对本书阐述的研究成果进行了全面总结，并对后续研究工作进行展望。

本书是在作者系统梳理国家自然科学基金研究成果的基础上，构思黄土地区边坡冻融稳定性研究整体框架。以下人员负责收集、整理、撰写相关章节内容：第 1 章由许健（西安建筑科技大学）和栾桂涛（中国路桥工程有限责任公司）执笔，张辉（西安科技大学）完成部分资料收集工作；其余章节由许健执笔；最后由许健审定、修改、编排和定稿。

由于作者时间、精力、能力及篇幅的限制，疏漏之处敬请读者谅解。

许健

2017 年 8 月于西安

# 目　录

# 第 1 章　绪　　论

## 1.1　选题背景及研究意义

冻土是指含冰且温度在 0℃或 0℃以下的各种岩石和土体，它作为一种特殊的岩土材料，其力学性能对温度的变化异常敏感。中国的冻土面积分布很广，占国土面积的 70%以上，是继俄罗斯、加拿大之后的世界第三大冻土国。冻土地区含有丰富的矿藏和森林资源，因此研究冻土对人类的生产活动、生存环境和可持续发展具有重大的意义。

根据（岩）土体处于冻结状态的持续时间不同，冻土可分为短时冻土（数小时、数日以至半月）、季节冻土（半月至数月）和多年冻土（数年至数万年以上）3 种类型。其中，多年冻土是指冻结状态持续多年不融的冻土，常存在于地下一定深度。多年冻土上部接近地表处，往往受季节温度的影响，冬冻夏融，这部分称为季节冻融层（活动层）。世界范围内的多年冻土面积约 $3427\times10^4\text{km}^2$，约占全球陆地面积的 23%，主要分布在俄罗斯、美国的阿拉斯加、加拿大北部及中国的青藏高原等地，此外尚有部分分布于南美洲和中亚的高山地区。中国的多年冻土面积约 $206.8\times10^4\text{km}^2$，占中国陆地面积的 21.5%，仅次于俄罗斯（$1000\times10^4\text{km}^2$）和加拿大（$390\times10^4$～$490\times10^4\text{km}^2$），为美国多年冻土面积（$140\times10^4\text{km}^2$）的 1.47 倍。中国多年冻土主要分布于中、低纬度，号称世界第三极的青藏高原地区；青藏高原多年冻土区面积约 $149\times10^4\text{km}^2$，占中国多年冻土面积的 70% [1]。另一种称作季节冻土，只在地表几米范围内冬季冻结，夏季消融，该层也称作季节冻结层。季节冻土是一种含冰晶的特殊土水体系，分布广阔，遍及长江流域以北的广大疆域，包括贺兰山—哀牢山以西的广大地区，以及此线以东、秦岭—淮河以北地区，总面积为 $513.7\times10^4\text{km}^2$，占国土面积的 53% [2]。中国各类冻土的分布面积统计见表 1-1。

**表 1-1　中国各类冻土的分布面积统计**

| 冻土类型 | 分布面积/（$\times10^4\text{km}^2$） | 占国土面积的百分数/% | 冻土保存时间 | 冻融特征 |
|---|---|---|---|---|
| 多年冻土 | 206.8 | 21.5 | ≥2 年 | 季节融化 |
| 季节冻土 | 513.7 | 53.5 | ≥0.5 月 | 季节冻结，不连续冻结 |
| 瞬时冻土 | 229.1 | 23.9 | <0.5 月 | 不连续冻结、夜间冻结 |

近年来，由于青藏铁路的修建，我国冻土的研究主要集中在青藏高原多年冻土区。在青藏铁路建设之前，相关研究工作主要着眼于多年冻土分布、类型、变化趋势及工程影响[3,4]。随着青藏铁路建设的需要，冻土工程措施的研究逐渐成为阶段性研究重点[5,6]，由于青藏高原多年冻土厚层地下冰和高地温的特点，工程研究主要针对解决冻土融化的融沉问题。但是，目前随着西部大开发战略的逐步推进，以及东北振兴战略的实施，在占我国国土面积53%的广大季节冻土区，基础工程建设日益繁荣，如穿越多年冻土和深季节冻土区的中俄输油管线及哈尔滨—大连的高速铁路（哈大客运专线）等重大工程。寒区工程实践证明，在季节冻土区，尤其是在深季节冻土区，季节性冻融作用导致的工程冻害非常显著。例如，严寒地区路基工程等结构物经受年复一年的周期性冻融循环作用，冻害对公路路面寿命有着严重的影响[7,8]（图 1-1）。季节性冻融作用导致的病害除了会直接引起路面变形外，还会对土体强度起到弱化作用[9]。例如，1994 年瑞典北部 40%的公路因融化期路基弱化而面临无法通行的困难；而整个北欧，10%～60%的公路都面临类似的问题。根据瑞典道路部的估计，用于处理路基弱化的费用占维护费用的 25%。铁路冻害表现如下：冬季在负温条件下，土体中水分结晶，引起土体体积增大，使路基产生不均匀变形，破坏轨道的平顺性；春季融化期，路基表层土融化，而下部仍处于冻结状态，未融化的土层便起到隔水层的作用使水分不能及时排出，在上部动荷载反复作用和土体自身重力作用下就会形成道路翻浆，所有这些病害，对行车安全都是极为不利的[10]。在我国，不论是西北还是东北的季节冻土地区，铁路的冻害都比较普遍。以青藏铁路西宁—格尔木段为例，根据 2000 年的统计，冻起高度大于 50mm 的严重冻害有百余处；在东北地区，沈阳铁路局原通辽分局管辖范围内的铁路在 1984～2000 年季节性冻土病害共有 803 处，累计长度 77.6km，每年影响时间达 2 个月之久。可以说，冻胀及由此而产生的其他病害造成的线路养护维修工作量十分繁重，并给安全行车带来了严重危害，造成了巨大的经济损失。

（a）土体强度失效塌陷

（b）护坡石板隆起

图 1-1 季节冻土区公路路基路面冻融病害

（c）冻胀拔起通信电缆

（d）春季雨后行车引起翻浆

（e）道路翻浆（一）

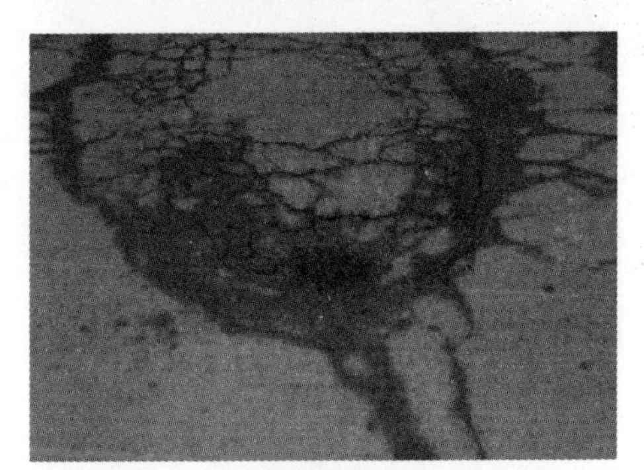
（f）道路翻浆（二）

图 1-1（续）

我国黄土分布很广，面积约有 $63\times10^4\text{km}^2$，占全国总面积的 6.6%，是世界上黄土面积分布较广的国家之一。我国黄土集中分布于长城以南、汾渭盆地北缘以北、吕梁山西麓以西、陇西盆地西缘以东的黄河中游黄土高原地区，这是中国黄土的主体堆积区。这里黄土厚度大、地层完整，黄土分布面积占全国黄土总面积的 70%以上[11~14]。其中较大一部分地区属于季节性冻土区，冬季气温下降土体冻结，春融季节气温迅速回升季节性冻土融化。周期性冻融条件下浅层季节冻结黄土层物理力学性能变化很大，因此每年春融季节黄土高原边坡、路基、岸坡出现溜方、滑塌、剥落等工程冻融病害频发[15~18]。这也使得黄土地区除面临标志性的水敏性问题挑战外，反复冻融循环作用也导致一系列季节冻土工程问题，其中黄土地区边坡冻融灾害问题一直是困扰岩土工程师的难题（图 1-2）。

黄土结构松散，力学性能较差，而且具有很强的水敏性。许多黄土边地区坡体处于临界平衡状态，在一定的诱发作用下极易产生黄土滑坡。由于黄土地区处于季节冻土区，黄土地区边坡受季节冻融作用的影响显著，其中每年 3～7 月发生的冻融灾害更是非常频繁（图 1-3）。20 世纪 80 年代以来，在季节性冻融作用强烈的我国西北黄土高原地区，相继发生了洒勒山、古刘、龙西、黄茨等一系列重大滑坡灾害，造成了巨大的生命财产损失。其中，仅 2011 年入春以来，随着气温升高，陕西省榆林市横山县韩岔乡韩岔村及子洲县石沟村相继发生黄土滑坡（崩塌），造成直接经济损失 50 余万元；甘肃省东乡县撒尔塔文体广场及永靖县西河镇二房村大房台先后发生黄土滑坡，其中撒尔塔文体广场护坡大面积塌陷滑坡，滑坡体长 100m、宽 70m、高 52m，滑坡土方量达 $20.7\times10^4m^3$，经济损失 2 亿多元，半个县城受到波及。此外，一项针对我国陕西省北部黄土地区地质灾害特征及主要影响因素的地质调查表明：1984～2004 年，陕西省北部黄土地区的地质灾害共有 1679 处，其中与边坡失稳有关的滑坡、崩塌和潜在不稳定斜坡占隐患总数量的 80%以上，造成严重的地质灾害和经济损失[19]（图 1-4），而冬春季冻融作用是诱发陕北黄土地区边坡滑坡与崩塌的一个重要因素。

（a）护坡大面积塌陷

（b）一些设施遭到破坏

图 1-2　季节性冻融作用诱发的甘肃东乡县黄土滑坡

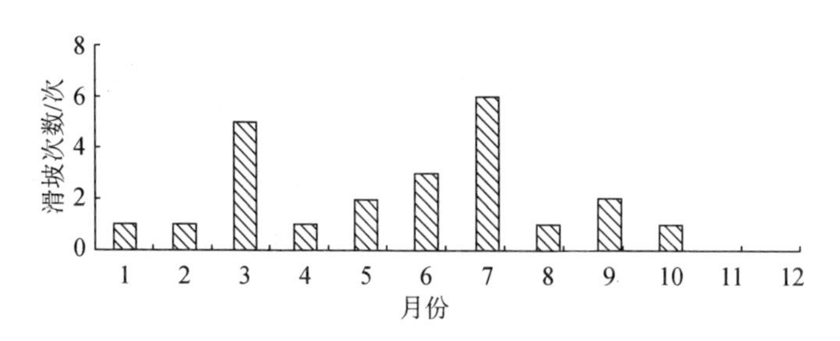


图 1-3　甘肃永靖县盐锅峡镇黑方台塬边黄土滑坡次数与月份关系

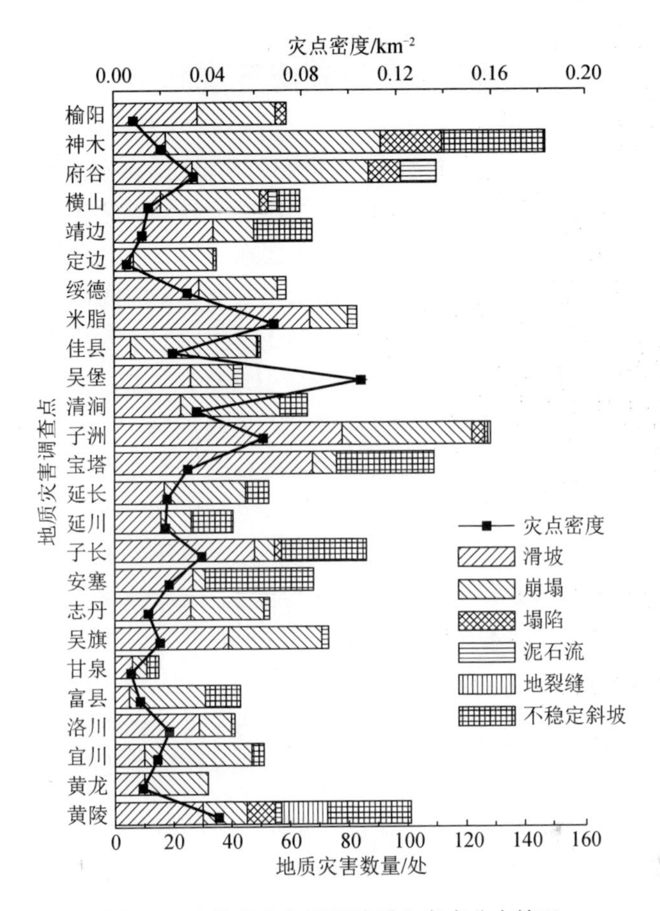


图 1-4 陕北黄土高原区地质灾害点分布情况

总结大量学者的研究成果，诱发黄土高原区滑坡的主要因素为降雨、人类活动、冻融作用，前人针对人类活动及降雨等诱发条件开展了大量工作，而冻融作用对黄土地区边坡稳定性的影响及其破坏机理研究较少，研究程度也显薄弱。目前主要通过灾害调查[20~22]对黄土地区边坡冻融灾害发生的原因进行初步的揭示，文献资料很少，其中机理性研究尚缺乏文献资料。由于机理性研究的不足，目前对黄土地区边坡冻融灾害尚不能进行量化分析和预测，灾前难以采取有效措施。因此，考虑到冻融期黄土滑坡危害巨大，对黄土地区边坡冻融灾害发生机理问题进行深入研究是必要的。此项研究内容成果可实现根据不利的冻融条件对黄土地区边坡的稳定性进行科学评价，并有利于规范寒区黄土地区边坡的设计，对预测边坡冻融灾害、保证广大居民生命财产安全以及加快黄土地区城镇化进程等具有重要意义。

## 1.2 国内外研究现状

冻土学作为一门独立的学科早在19世纪初期就已经形成；然而，世界上第一部冻土力学专著——《冻土力学基础》在20世纪30年代才于苏联问世。第二次世界大战期间，北美人为追求多年冻土区的金矿及迫于亚北极地区军事工程建设的需要，对冻土进行了研究，且美军军事部门成立了专门的研究机构。1963年，在美国召开的第一届国际冻土大会标志着冻土学的研究进入快速发展阶段，并在1973年的第二届国际冻土大会上确立每5年召开一次大会，以便各国学者交流关于冻土的研究成果。1949年后，为满足东北及青藏高原冻土区矿藏调查、林业开发、铁路和公路建设，以及工业与民用建筑等各项生产建设的需要，中国才开展了冻土调查及资料收集工作，并在西部地区设立冻土研究机构。1949年后的20多年内，中国冻土学的研究有了较大进步，并于1978年参加了在加拿大埃德蒙顿市举行的第三届国际冻土大会，与其他13个国家的冻土学者在区域冻土、冻土现象、冻土热学方面进行学术交流。20世纪80～90年代，中国冻土研究工作人员持续在中国冻土分布填图、冻土工程、冻土勘察、冻土溶质迁移及成冰冻胀机理等冻土相关领域内进行深入研究，取得了骄人成绩，并在国内举行相关冻土研究大会，且积极参与国际冻土研究会议。目前中国是国际冻土研究领域内不可或缺的一员。

### 1.2.1 土体冻融损伤理论

冻土的物理力学性能较未冻土优异，如冻结法施工正是利用冻土高强度及低透水性的优点，此优异性得益于土体低温冻结时固态冰较强的胶结力。冻融土较冻土及普通土（未遭受低温冻结过程的土体）有较大区别，依赖于复杂多变的外界环境。当外界处于低温（< 0℃）状态时，土体发生冻结，出现冻胀现象，且固态冰将土颗粒牢牢地胶结在一起，其物理力学性能也得到加强；当环境温度升高时，冻土体融化，固态冰胶结作用也立即消失，土体在自重及外荷载共同作用下出现融沉现象。反复冻融循环作用改变了土体的性状，使土体从不稳定状态向新的动态稳定平衡状态发展[23]。大量的工程实例和室内试验数据均表明，土体经受反复冻融循环作用后，其物理力学性能较冻土及普通土有较大的不同[24~30]。

对于反复冻融循环条件下的土体，其内部结构发生变化而引起材料强度发生损伤，这些因素可分为内部因素和外部因素。内部因素主要是土的热学和物理力学指标等，外部因素主要包括冻结融化温度、冻融次数等。

材料损伤是指在各种加载条件下，材料内凝聚力的进展性减弱，并导致体积单元破坏的现象，可用损伤变量来描述材料的弱化[31]。力学、热、环境等因素均可引起材料微结构的扰动，原状材料由于扰动而发生微结构的调整，最后达到完全被调整状态[32,33]，损伤因子 $D$ 可表示为

$$D = D(\zeta, \rho_0, p_0, R, \theta, t) \tag{1-1}$$

式中，$\zeta$、$\rho_0$、$p_0$、$R$、$\theta$、$t$ 分别代表应力-应变历史参数、初始密度、初始压力、颗粒间接触面性质、温度及时间。

国内外学者开展了大量关于土体冻融损伤的研究工作。Graham 和 Au[34]对原状黄土进行的冻融-固结试验结果表明，冻融作用会破坏原状黄土原有的力学状态。Alkire 和 Mrrsion[35]、Duquennoi 等[36]对经历冻融作用的重塑粉质黏土进行了固结排水（consolidated drained，CD）三轴试验，试验结果表明：冻融作用可提高低密度粉质黏土的抗剪强度指标。Chuvilin 和 Yazynin[37]通过试验研究解释了冻融作用导致土体强度指标降低的机理。Othman 和 Benson[38]对粉质黏土进行了水分影响的冻融试验，发现水分条件对冻融后土体强度损伤有直接影响。Broms 和 Yao[39]的研究结果表明，不同类型的岩土体其冻融后强度衰减规律不同。Simonsen 和 Janoo[40]对不同道路边坡的土体材料进行了冻融强度试验，试验结果表明：不同类型的土经历多次冻融循环后强度均明显降低，根据土类型不同其降低幅度为15%～70%。van Bochove 等[41]认为冻融循环改变了粉质黏土的物理和生物结构。Hohmann-Porebska[42]认为岩土体地质参数中黏聚力受冻融影响较大。Chamberlain [43]对 4 种不同类型黏土在 1.7～140kPa 围压作用下分别进行了 3 次冻融循环试验后，用特殊相机进行了微观结构观察和分析，结果表明，在有压和封闭单向冻融条件下，已经固结的试样由于冻融循环会加强固结，孔隙比减小，但竖向渗透性增大；对于细粒土，竖向渗透性增大是由于冻融循环过程中试样内部有竖向多边形裂缝产生；而对于粗粒土，则主要是由于其中的细颗粒絮凝成团，其在粗颗粒间隙中的体积减小；并且，其进一步指出，竖向裂缝的产生主要是由于冻结过程中形成了负孔隙水压力及水分迁移的影响。Viklander[44]利用 X 射线技术对冻融后土体的微观结构进行了分析，结果表明：冻融 1、2、4 和 10 次后，土中的岩石矿物颗粒上下运动，进而使土的渗透性增大。

徐学燕和丁靖康 [45]、于琳琳和徐学燕[46]与 Yu 等[47]对冻融交界面处土体在反复冻融条件下的抗剪强度指标变化规律进行了试验研究，发现经历反复冻融作用的土样其抗剪强度发生明显的衰减变化，并给定了冻融交界面土体计算参数。齐吉琳等[48,49]对西北和华北等地的粉质黏土进行了冻融条件下的三轴试验和直接剪切试验，试验数据表明，不同类型土体经历冻融作用后，围压水平对其强度损伤程度的影响规律不同，但均表现出黏聚力降低、内摩擦角增大的规律性试验结果。马巍等[50]通过反复冻融循环试验，发现随着冻融次数增加，复合土体材料的抗剪

强度指标损伤程度逐渐加大。于基宁[51]采用自行研制的低温三轴试验机对扰动青藏粉质黏土进行了冻融试验、直剪试验和三轴试验，得到了冻融条件下不同试验参数对扰动土样抗剪强度指标的影响规律。罗小刚等[52]、陈湘生等[53]的研究结果表明，在一定外界应力作用下冻融土的强度损伤幅度可减小。和礼红等[54]通过对扰动粉质黏土进行冻融-剪切试验，发现冻融条件下粉质黏土黏聚力损伤幅度大，而内摩擦角损伤幅度小。汪仁和等[24]对原状粉土进行了冻融-剪切试验，研究结果表明，经历冻融作用后土体物理力学性能变化显著，孔隙度、压缩系数及渗透系数均变大，冻融土样的抗剪强度明显降低。杨平和张婷[55]对比研究了未冻融土与冻融土物理力学指标的差异，发现冻融作用使土体力学性能发生大幅度损伤，其无侧限抗压强度仅为未冻融土无侧限抗压强度的 30%～50%。董思萌[56]对成都地区的粉质黏土进行冻融-直剪-三轴试验研究，得到了 5 次冻融循环后试验土样抗剪强度指标的变化规律，并进一步借助 SEM 技术对冻融试样的微观结构变化规律进行了分析。杨更社和薄毅彬[57]对经历冻融作用的岩石进行了计算机断层扫描试验，试验研究了不同冻融条件下岩石材料的损伤特性，并最终建立了岩石的冻融损伤模型。王永忠等[58]对南方地区的原状粉质黏土进行了冻融试验研究，结果表明，冻融次数对粉质黏土物理力学指标影响剧烈，并进一步通过 SEM 试验分析得到冻融后土体的孔隙率明显变大且土颗粒重新排列。董晓宏[59]以陕西杨凌地区的黄土为研究对象，进行了不同含水率及干密度的重塑黄土在封闭系统冻融条件下的直剪试验，结果表明，反复冻融循环使黄土表面结构破坏比较严重；3～5 次冻融循环对黄土强度有较大影响，导致黄土抗剪强度发生明显劣化。马文生和张俊烽[60]以刘庄矿井工程中冻融土为研究对象，借助 SEM 技术分析该冻土化学成分的变化，试验发现了原状黄土和冻融土力学性能的差异与化学成分和微结构之间的关系。肖中华[61]研究了上海地区地铁工程段淤泥质土经历冻融作用后物理力学指标的变化规律。王铁行等[62]对非饱和原状黄土冻融强度进行了试验研究，结果表明，冻融作用对含水率过低的黄土的黏聚力和内摩擦角基本没有影响；但当含水率较高时，冻融循环后黄土的黏聚力较冻融前降低，且冻结温度越低及冻融次数越多，降低幅值越大，而内摩擦角均较冻融前有所增加。齐吉琳和马巍[26]对冻融后的天津粉质黏土和兰州黄土分别进行 SEM 和土力学试验，发现两种土的强度参数经过冻融作用后均发生了明显变化；并进一步结合 SEM 图像的定量分析和冻融过程中的变形时程，给出了超固结土强度变化的机理解释。宋春霞等[63]研究了兰州黄土经历一个冻融循环后土体强度参数的变化规律，试验结果表明，相同冻结温度梯度下土的黏聚力随着土样干密度的增大先增大后减小；而土的内摩擦角在干密度较小时，冻融后其值变化不大，但在干密度较大时内摩擦角 $\varphi$ 略微增大。姚晓亮等[64]研究了青藏重塑饱和黏土试样在封闭系统下经历一个冻融循环后的力学性能变化规律，试验表明，冻融循环对不同初始密度的土具有双重作用，使低密度的土变得密实，而高密度的土密度降低；密度变化的同时，其力学性能也发生相应变化。方丽莉等[65]对一定干密度的饱和重塑青藏粉质黏土分别进行了封闭和开放状态下的冻融试验研究，结果表明，冻融作用后土的内摩擦角和黏聚力均增大，土体强度参数的变化与土颗粒的胶结和重排列、粒径重分配及孔隙大小比例的变化有关。齐吉琳和马巍[66]比较全面地介绍了目前我国冻土的分布状况和有关冻土力学性能的研究成果。张志权等[67]进行了二灰黄土冻融过程强度试验，试验结果表明，二灰黄土具良好的水稳定性和较好的冻融稳定性，在冻土地区可以作为路基的底基层。

Chamberlain 和 Gow[68]从土颗粒联结方面给出了冻融作用对土体力学性能的影响机理，冻融条件下土体应力路径变化过程如图 1-5 所示。从图 1-5 中可以看出，某细粒土沿正常固结曲线到达 $a$ 点，在外荷载不变的情况下，对土体进行开放系统单向冻结；由于孔隙水的相变及冰分凝作用产生冻胀，土体的孔隙比 $e$ 增大至 $b$ 点，且总应力保持不变；冻结过程形成的较大负孔压 $u$，使冻结缘处土体的有效应力$\sigma'$立即增大；在分凝冰透镜体作用下，冻结带内的土体受到较高的有效应力超固结到 $b'$点。融化过程，土体有效应力逐渐减小，沿 $b'$—$c$ 回弹到 $c$ 点，而不是 $a$ 点。整个冻结与融化过程，土体的总应力保持不变，有效应力沿 $a$—$b'$—$c$ 回到初始值，而孔隙比 $e$ 则是先增大后减小。这种孔隙比的减小只出现在正常固结土与弱固结土中，而在超固结土中则表现出土体的孔隙比增大。

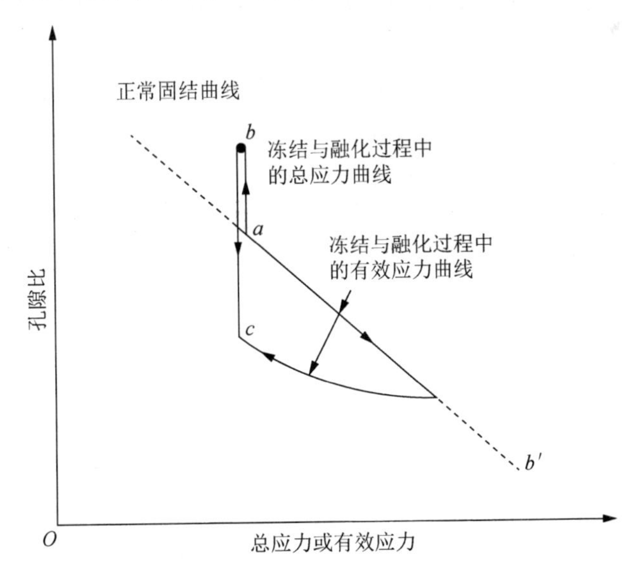


图 1-5 冻融条件下土体应力路径变化过程

冻融循环可以改变土的力学性能，这种影响是通过改变土体微观结构而产生的。就冻融作用对土体微观结构的影响问题，前人也开展了针对性基础研究工作。倪万魁和师华强[69]对不同冻融次数的洛川黄土进行 SEM 试验，并对试验结果进行了定性描述。穆彦虎等[70]对经历不同冻融次数的压实重塑黄土进行 SEM，探讨其微观结构与宏观性能之间的关系，并揭示冻融循环作用对压实黄土结构影响的过程与机理。赵安平[71]利用 SEM 试验得到的结论解释了季冻区路基冻胀的微观机理。张英等[72]基于 SEM 和季节冻土地区压汞（mercury intrusion porosimetry，MIP）试验，研究了冻融作用对青藏粉质黏土微观结构的影响规律。

### 1.2.2 冻土水分迁移

冻土的力学性能及土体的冻胀、融沉性能主要取决于冻结时土中的水分、热质迁移与相变过程。从 20 世纪 50 年代开始，国际上就开始了土壤冻融过程中的水分迁移及冻胀机理的研究；近年来，对正冻土、已冻土和正融土中的水分迁移和成冰规律予以高度重视。国内外关于水分迁移的研究主要集中在水分迁移试验研究和水分迁移理论研究两大方向。

1. 水分迁移试验研究

Hoekstra[73]与 Miller[74]先后进行了饱和土体与非饱和土体在冻结过程中含水率随温度梯度变化的简单室内试验，揭示了水分运动的一般规律。Nakano 等[75~81]对冻结过程中水分的迁移进行了一系列室内试验研究，总结出了温度梯度对水分迁移的影响，并提出了等温条件下液态水及水蒸气扩散率的测定方法。Cheng[82]以青藏高原多年冻土为研究对象，对多年冻土区地下厚层分凝冰的成因进行深入研究，在成冰机理方面取得了突破性进展。徐学祖和邓友生[83~85]分别进行了封闭系统正冻土、已冻土中水分运移的室内土柱试验，以及开放系统非饱和正冻土水分运动的现场测试工作，研究水分运移的规律。朱强等[86]对野外试验场观测资料进行了统计分析，并根据水分迁移量的不同划分土体冻胀的等级。李述训等[87~89]对土体冻结过程及融化过程中气态水迁移与液态水迁移做了大量的试验，研究了冻融作用对系统与环境间能量交换的影响。谷宪明[90,91]针对季节冻土区路基，采用不同的试验方法，对不同压实度下路基土的毛细上升高度进行了测试，并通过对现场路基地面温度、路基含水率、地温、冻结深度及地下水位等的长期监测，提出了聚冰层厚度、水分迁移量和路基冻胀率等的变化规律。长安大学冻土课题组的毛雪松 [92]基于多年冻土区路基水、热、力三场耦合效应的研究，建立了室内路基土体水分迁移的模型试验装置，并对正冻土冻结过程中的水热耦合效应进行了研究。许健[93,94]以沈哈高速铁路沿线的黏质黄土为研究对象，进行了冻结过程中封闭系统下土体水分的迁移试验，试验结果表明：试样中温度的变化是先快后慢，最终试样内部温度随深度的变化呈现一个稳定的温度梯度分布；温度势对水分迁移的影响甚微，温度梯度是导致含水率梯度产生的一个重要诱导因素，当温度的变化致使土体发生冻结时，冻结区的液态水含水率急剧减小，从而引起其基质势能的急剧降低，促使土中未冻水沿着温度降低的方向迁移。

2. 水分迁移理论研究

水分迁移理论研究主要包括理论模型和水分迁移动力两个方面，且认为冻胀是由冰冻过程中积累了大量的水分造成的；土冻结过程中水分向冻结区的迁移是在各种梯度作用下完成的。

对于水分迁移模型，国际上首先是在冻土研究中提出来的。在国外，Philip 和 de Vries[95]开创了土中水热耦合研究的先河。他们基于多孔介质中液态水黏性流动及热平衡原理，提出了水热耦合迁移模型，这个模型考虑了温度梯度对水分迁移的影响，水的相变及水分对温度的影响。Harlan [96]提出考虑水分迁移和冰水相变问题的一维非线性形式的 Harlan 模型，该模型建立了热流及水流方程，可研究正冻土中伴随冻结锋面前移、温度梯度变化条件下水分迁移量随时间的变化，为研究冻土内部水热耦合效应提供了新的方法。Taylor 和 Luthin[97]提出了考虑冻土内水分迁移及含冰量变化的一维非稳态非线性方程。应用 Harlan 模型及 Taylor 和 Luthin 模型，可以解释一维水分迁移现象且对一维未冻水的迁移模拟计算较为成功。

冻土的水热迁移与成冰过程本质上是多孔多相介质带相变的固-液-气-热耦合问题。目前国内外的工作大多停留在试验探索阶段，理论上的探讨还很不成熟。Aboustit 等[98]较早研究了弹性多孔介质中不计水的压缩性和热膨胀性时固-液-热耦合变分原理；Noorishad 等[99]首次提出了饱和裂隙介质（岩体）的固-液-热耦合方程。Mctigue[100]提出了可压缩的固液两相介质具有不同热膨胀性的固-液-热三场耦合理论，但忽略了介质的热传导性能。Duquennnio 等[101]提出了热力学-热-力三场耦合模型，该模型考虑了由冻胀、水热迁移与水分冻结引起的孔隙吸力，可以模拟水-热-力场的耦合过程，但该模型只是初步描述了正冻土的力学性能，不能很好地解释冻土的成冰机制。Fremond 和 Mikkola[102]对正冻土的热力学性能进行了初步描述。Konard 和 Duquennoi[103]提出了一个描述正冻土的冰晶形成与水分迁移的模型。Gatmiri 和 Delage[104]提出了考虑土体骨架非线性变形的固-液-热耦合模型，该模型较全面地反映了固相变形的非线性、液体的可压缩性和热膨胀性及热的传导与对流。Lunardini[105]研究了热传递和融化过程。Kane 等[106]对冻土中水分迁移的模型也进行了研究。

国内对冻土水热耦合迁移问题的研究起步较晚。杨诗秀等[107]采用 Harlan 模型模拟了水平、垂直土柱的冻结过程，并定性地分析了土中初始含水率对冻胀量的影响。安维东等[108]对冻结过程中土中水分、温度、应力场问题进行了研究。叶佰生和陈肖柏[109]在水热迁移的机理模型中，引入 Clapeyron 方程研究冻土中水热迁移问题。雷志栋等[110,111]模拟了冻结条件下土的水热耦合迁移规律，但未考虑气态水迁移及热对流迁移。苗天德等[112,113]在连续统力学混合物理论框架下研究了冻土力学-热学性能，建立起固-液两相介质伴有相变的水、热二场耦合模型，该模型属于非线性的 Burgers 方程，相对于经典的 Stefan 线性热传导方程，该方程可以描述冻结过程中的水热耦合效应。何平等[114]依据连续介质力学、热力学原理，提出了冻结过程中的三场耦合方程。郑秀清和樊贵盛[115]采用包括气态水迁移和热对流迁移的水热耦合数值模拟模型，模拟天然条件下土的季节性冻融过程及其中的水热迁移规律，取得了较好的结果。梁冰等[116]基于多孔介质渗流力学-热力学理论，建立了非等温条件下土壤水热耦合迁移的数学模型，并运用分离变量法和拉普拉斯变换对模型进行分析求解。李宁等[117]在冻土多相介质静力平衡方程、能量守恒原理、土骨架与冰、水之间的传力机制及相变机制的基础上，系统地推导了冻土中土、冰、水三相介质的温度场、变形场、水分场三场耦合问题的微分方程，并开发了相应的冻土三场耦合数值分析软件 CDST。毛雪松等[118]在观测正冻土冻结过程中水分场和温度场随时间变化规律的基础上，采用 Flerchinger 一维冻土水、热耦合模型对所测的结果进行数值模拟，证明了其模型在工程上的准确性与适用性。毛雪松等[119]在土体水分等温模型的基础上，引进非等温扩散流方程，提出在水热梯度共同作用下的二维水热迁移的理论模型，并验证了该模型的有效性。

在土冻结过程中的水分迁移动力方面，国内外学者曾提出过 14 种假设：①毛细力；②液体内部的静压力；③结晶力；④蒸汽液态水的位移；⑤气压液泡；⑥吮吸力；⑦渗透压力；⑧电渗力；⑨真空抽吸力；⑩化学势；⑪趋向冻结锋面的液压降低；⑫冻结带中的液压梯度；⑬冻结带中的自发空隙填充；⑭冰压力梯度。因为在自然条件下，水分迁移取决于物理力学和物理化学因素的综合，所以上述每一种假设都只代表每种特定条件下的水分迁移的原动力。

20 世纪 60 年代初期，研究学者将能量的观点用于解释土壤水分的运移变化规律，大大提高了对水分迁移机理的认识。对土壤提出了水分势能的划分和定义，认为土壤水的总势能等于压力、重力、温度、基质、溶质和电力等构成的分势总和，其中任何一种分势梯度都可能引起水分迁移[120,121]。之后 Harlan 和 Nixon[122]基于土水势的概念来研究水分迁移，并考虑了水分在迁移过程中所携带的热量，但由于测试手段的限制，未能解释影响土水势的原因及进行相应测试。Iwata[123]进一步研究了正冻土中的土水势作用机理，提出了一个正冻土中的水分迁移速度与水头、溶质梯度、电位势梯度相关联的模型。原国红[124]针对季节冻土中的水分迁移动力，认为土水势梯度造成了水分的迁移，根据土水动力学建立起冻土水、热、盐耦合的 Harlan 偏微分方程，并利用有限加权参数法进行求解，从而预测冻土系统中不同冻结时刻未冻水、冰、盐分、温度的动态变化规律。

### 1.2.3 寒区边坡稳定性

目前寒区环境下边坡稳定性研究主要集中于以下 3 个方面：冻融循环导致边坡失稳的力学机理研究、边坡冻融滑塌稳定性评价方法及边坡冻融防治技术。

1）对于冻融循环导致边坡失稳的力学机理，国内外学者主要研究了边坡失稳类型的划分和边坡失稳影响因素等。早期研究认为寒区边坡冻融失稳大致可分为泥流、滑坡和崩塌 3 种类型。Foriero 等[125]针对含厚层冰的山地边坡失稳特征，发现蠕变变形是边坡热融滑塌失稳的一个重要因素。牛富俊等[126]与靳德武等[127]以发育于青藏高原多年冻土区平缓斜坡上的两处热融滑塌为例，研究了热融滑塌发育的斜坡地质、冻土条件及变形特征，结果表明，该类滑坡扩展范围、滑动速率、土体含水率的变化随气温变化及斜坡坡向的不同存在着差异，滑坡产生的根本原因在于高含冰量土的存在及斜坡开挖影响。靳德武等[128,129]以青藏公路 K3035 里程的热融滑塌体为原型，以原状黄土试样作为试验材料，以相似理论为基础，按 1∶10 的比例制作了相似模型，通过模型试验揭示了冻土斜坡在冻融循环过程中的某些特有现象及温度–变形耦合规律。于琳琳和徐学燕[130]针对季节冻土区铁路边坡破坏的特点，分析并总结了季节冻土区铁路边坡的破坏形式、破坏特征，季节冻土区冻融滑坡的破坏形式及特点、破坏形成机理、冻融滑塌形式，以及季节冻土区铁路边坡冻融稳定性的主要影响因素，并给出了铁路边坡此类工程问题的研究方法。谢和平[131]院士研究指出，季节冻土区温度、降雨等外界环境变化引起冻土内部水热力耦合作用，致使边坡土体的冻融滑塌机理非常复杂。关于边坡冻融失稳，大量现场观测资料证明冻土边坡失稳的内因包括冻融循环引起的水热迁移和边坡土力学性能的改变，而气象条件、水文地质情况和覆盖条件是控制边坡冻融失稳的主要外因，如降水、太阳辐射、空气对流和人工保温层等。

2）对于边坡冻融稳定性评价方法，研究者主要基于负温、土压力、冻土、水及地下冰等各因素之间的相互影响规律建立评价方法。目前典型方法有以下 3 种[132]：①基于冰阻渗流导致孔隙水压力增加的有效应力分析法；②总应力分析法，该方法认为冻结锋面碎块冰集聚导致融化时的土含水率增加，土的不排水抗剪强度降低，从而引发斜坡失稳；③基于有效应力和融化固结理论法，该方法认为在斜坡冻土融化固结过程中，滑面上超孔隙水压力增加引发斜坡失稳。牛富俊等[133]基于典型热融滑塌型斜坡失稳特征，针对不同的渗流条件建立了其稳定性评价方法。

靳德武等[134]考虑渗流方向与斜坡方向一致的情况，应用有效应力原理推导出不同含水条件下融冻泥流型滑坡安全系数的解析表达式，绘制出干土坡和完全饱水土坡稳定性分析图表，并对青藏公路 K3035 里程融冻泥流型滑坡进行了稳定性分析及评价。此外，数值方法也被应用于解决复杂水热边界和地质条件下的边坡失稳问题。Ugai 和 Leshchinsky[135]验证了强度折减法在冻土边坡稳定性有限元分析中的可靠性。王立娜[136]分别利用极限平衡法和有限单元法对季节冻土区土质边坡的冻融稳定性进行了分析，并基于已建立的数值模拟途径对季节冻土区融化过程边坡的主要影响因素进行探讨。冯守中等[137]对严寒地区路堑边坡稳定性进行了分析评价。

3）对于边坡冻融防治技术，研究者主要针对多年冻土区路基边坡，且多基于“主动冷却”的思路，即将被动保护多年冻土变为主动降低多年冻土地温[138,139]。目前主要有两类边坡冻融治理方法，即生态防护和工程防护。生态防护的方法是根据冻土区的气候特点与冻土性状，采用现代先进的绿化工程技术恢复与重建路基边坡植被，以达到对冻土边坡热融滑塌有效防治的目的。例如，我国冻土区一般采用种植耐寒、耐旱植物的护坡技术[140,141]。工程防护的方法，从“防护冻土”和“冷却地基”的原则出发，由“被动保温”转向“主动降温”，着眼于调控辐射、对流及热传导等方式，从而主动减少土体吸热并消散土体热能。例如，我国寒区铁路及公路建设较多采用遮阳板护坡、保温材料护坡、通风管、碎石块护坡及热棒等控温措施[142,143]，并严禁在路基两侧和坡脚随意取土，以有效保证多年冻土持续冻结状态。柴艳飞[144]在充分研究国内外季节冻土区边坡治理的技术措施基础上，发现在边坡形状、高度和地质条件一定的前提下，影响路堑边坡稳定性的最重要因素是大气温度、地下水的补给和迁移量及边坡冻胀融沉量，考虑上述影响因素，其最终提出了采用“水平排水管+保温板+拱形骨架”的综合技术措施来防治路堑边坡滑塌，采用双向土工格栅来提高路桥过渡段路堤边坡的稳定性。王宁等[145]对季节冻土区黄土路堑边坡的影响因素及防治措施进行了初步研究。

### 1.2.4　研究现状总结

目前土体冻融问题、冻土水分迁移机理及寒区边坡冻融问题的研究虽然取得了重大成果，但是对黄土地区边坡冻融灾害问题的研究，目前主要是通过灾害调查进行研究，虽然已经揭示出春季黄土地区边坡冻融现象的主要原因与特征，但尚未建立冻融条件与黄土地区边坡冻融灾害的对应量化关系，尚不能回答什么样的冻融条件可导致黄土边坡冻融灾害？会导致哪些边坡出现冻融灾害？黄土地区边坡冻融失稳的具体演化规律如何？解答这些问题需要揭示冻融变化引起的边坡土体的水分场和强度场的变化及边坡失稳过程，即需要对黄土地区边坡冻融灾害发生机理进行研究。具体来讲，主要存在以下几个方面的问题：

1）黄土是一种结构性很强的土，其工程性能与含水率、密度关系密切，反复冻融循环作为强风化过程，强烈地改变着其结构性，经历冻融循环后黄土强度降低，即产生“劣化”现象。冻融循环导致黄土强度的衰减过程是一个比较复杂的问题，目前研究者对冻融循环后黄土强度随含水率、密度及冻融次数等的衰减关系已进行了初步研究，但大多只给出一些规律性结论，含水率、密度、冻融次数及它们的耦合作用对冻融循环导致黄土强度衰减程度影响的定量化关系尚不明确，室内冻融试验黄土力学性能变化机理与实际黄土地区边坡工程冻融灾害之间的联系也未探明。

2）黄土地区边坡冻融失稳的过程是非常复杂的，需要深入分析水分场、温度场和位移场的耦合特征。室内模型试验可以作为研究黄土地区边坡冻融性能的有效手段之一，从而为工程的设计与施工提供可靠的依据，但是在以往的研究中，尚无研究者对黄土地区边坡进行冻融条件下的模型试验研究。因此，有必要研究黄土地区边坡冻融模型试验的相关技术，开展黄土地区边坡监测，结合温度监测、位移监测及水分监测等方法动态监测黄土地区边坡冻融稳定性的变化规律。

3）目前对黄土地区边坡冻融稳定性的量化分析和预测研究成果相对较少，需建立黄土地区边坡冻融过程的水热耦合分析模型及基于有限元强度折减法的数值计算模型，模拟不利冻融条件，对不同坡度、坡形、含水率、冻融深度及冻融次数的黄土地区边坡进行计算分析，研究确定冻融作用所引起的黄土地区边坡土体温度场、水分场和强度场的变化对边坡稳定性的影响。

## 1.3 主要研究内容及研究思路

### 1.3.1 主要研究内容

黄土地区处于季节冻土区，黄土地区边坡受季节冻融作用的影响显著，每年春季发生的冻融灾害非常频繁。基于此，本书依托于国家自然科学基金青年科学基金项目“黄土地区边坡冻融灾害发生机理及防治对策研究”（项目批准号：51208409）和国家自然科学基金面上项目“黄土地区盐蚀型崩塌灾害发生机理及预测判据研究”（项目批准号：51478385），对黄土地区边坡工程冻融病害，重点对与其密切相关的冻融作用下黄土水分迁移及强度问题进行研究，此内容具有重大的工程意义及理论上的学术价值，对于促进黄土力学的发展与完善也有积极意义。主要内容包括：

1）现场调研。实地调查和现场测试冻融条件下黄土地区边坡工程的病害类型特征和冻融条件下浅层黄土温度场与水分场随气候的变化规律，对病害机理进行初步分析，揭示边坡冻融病害与冻融过程中黄土水分迁移、强度变化的关系，为深入开展黄土地区边坡冻融灾害机理研究奠定基础。

2）水分迁移特征研究。首先，通过室内大寸尺黄土冻结作用下的水分迁移试验，开展土体密度、含水率、冻结温度、冻结方式对黄土水分迁移影响的研究，获得与之相对应的水分迁移规律，揭示黄土冻结作用下水分迁移的机理；然后，自制已冻黄土气态水和液态水水分迁移试验装置，开展含水率水平、含水率梯度对已冻黄土气态水和液态水迁移影响的试验研究，探明已冻黄土中气态水和液态水迁移规律；最后，基于数值计算分析得到黄土相变界面的水头表达式，并利用该表达式对测试场地温度场与水分场进行数值计算分析。

3）黄土微结构试验。冻融作用可以改变黄土的力学性能，这种影响是通过改变黄土微观结构而产生的。基于此，首先选取代表性黄土试样，对其进行不同次数的冻融试验，利用 SEM 采集微观结构图像并定性分析描述冻融条件下黄土微观结构特征变化规律；然后用图像处理软件定量分析黄土颗粒形态、颗粒排列方式及孔隙特征，以此量化冻融作用导致黄土微观结构的变化规律。

4）抗剪强度劣化规律研究。首先，对不同初始状态黄土试样进行封闭系统下的快速冻融循环试验；然后，进行直剪试验，并结合冻融作用对黄土微观结构的影响规律深入分析冻融条件下黄土强度的劣化规律，以期为黄土地区边坡冻融稳定性分析提供参数和依据；最后，分别基于多变量最优数据拟合方法及神经网络预测方法，建立冻融条件下黄土黏聚强度预测模型。

5）渗透特性研究。首先，对不同初始状态黄土渗透试样进行封闭系统下的快速冻融循环试验；然后，进行不同围压条件下的三轴固结渗透试验，深入揭示冻融条件下黄土渗透系数与围压、冻融次数、初始含水率及初始干密度的关系；最后，分别基于多变量最优数据拟合方法及神经网络预测方法，建立冻融条件下黄土渗透系数的预测模型。

6）黄土地区边坡冻融模型试验研究。首先，在室内建立黄土地区边坡模型，模拟自然边坡冻融循环过程，并在模型内部布设温度传感器、水分传感器及在坡面布设位移传感器，动态监测边坡冻融过程中温度场、水分场及位移的变化规律；然后结合数值模拟方法，对比分析冻融条件下黄土地区边坡内部温度场、水分场的发展过程及边坡水的热耦合效应。

7）黄土地区边坡冻融稳定性分析。首先，结合黄土冻融过程抗剪强度试验数据并考虑黄土地区边坡冻融剥落病害特点，建立基于条分法的刚体极限平衡模型；然后，利用该模型计算分析剥落体安全系数与冻融深度、剥落体高度及含水率的相关关系；最后，结合黄土地区边坡冻融失稳特征，利用有限元强度折减法计算分析冻融条件下黄土地区边坡安全系数与冻融次数、冻融深度、初始含水率、坡度及坡形等因素的相互关系，以期为季节冻土区黄土地区边坡冻融设计提供依据和参考。

### 1.3.2 研究思路

本书以黄土地区边坡冻融灾害作为研究主题，对黄土地区边坡冻融灾害发生的机理进行了系统的研究。

在黄土冻融损伤机理研究方面，主要采用室内试验和数值模拟相结合的方法，进行了三方面的研究：一是黄土水分迁移规律研究，对引起黄土地区边坡冻融病害的主要诱因，即水分迁移的特征进行详细的分析，并据此建立黄土冻结过程水分迁移数值计算模型；二是黄土冻融过程抗剪强度劣化性能试验分析，对各因素作用下黄土抗剪强度变化规律进行深入研究；三是黄土冻融过程渗透性能试验分析，对各因素作用下黄土渗透性能变化规律进行深入研究。

在黄土地区边坡冻融稳定性研究方面，主要采用了现场调研、室内模型试验与数值模拟相结合的方法，基于陕北黄土高原地区边坡冻融病害现场调研资料，进行室内大尺寸黄土地区边坡冻融模型试验并建立黄土地区边坡冻融过程水热耦合及有限元强度折减法计算模型，对黄土地区边坡冻融过程水热耦合特征及稳定性进行分析。

本书的研究成果可以为季节性冻土地区黄土地区边坡冻融病害分析和防治提供参考，也可为季节性冻土区黄土地区边坡的设计和施工提供理论依据。

## 参 考 文 献

[1] 周幼吾，郭东信，程国栋，等．中国冻土[M]．北京：科学出版社，2000.
[2] 郑秀清．水分在季节性非饱和冻融土壤中的运动[M]．北京：地质出版社，2002.
[3] 程国栋，赵林．青藏高原开发中的冻土问题[J]．第四纪研究，2000，20（6）：521-531.
[4] WU Q B, LI X, LI W J. The prediction of permafrost change along the Qinghai-Tibet highway, China [J]. Permafrost and periglacial processes, 2015, 11(4): 371-376.
[5] 程国栋，孙志忠，牛富俊．“冷却路基”方法在青藏铁路上的应用[J]．冰川冻土，2006，28（6）：797-808.
[6] 程国栋．用冷却路基的方法修建青藏铁路[J]．中国铁道科学，2003，24（3）：1-4.
[7] 杜兆成，张喜发，辛德刚，等．季节冻土区高速公路路基冻胀试验观测研究[J]．公路，2004（1）：139-144.
[8] 张冬青，张喜发，辛德刚，等．季节冻土区高速公路路基含水状况与冻害调查[J]．公路，2004（2）：140-146.
[9] SIMONSEN E, ISACSSON U. Thaw weakening of pavement structures in cold regions[J]. Cold regions science and technology, 1999, 29(2): 135-151.
[10] 郭韫武．青藏铁路深季节冻土对路基工程的危害及处理[J]．西部探矿工程，2004，16（4）：152-153.
[11] 刘东生．黄土与环境[M]．北京：科学出版社，1985.
[12] 张宗祜，张之一，王芸生．中国黄土[M]．北京：地质出版社，1989.
[13] 王永炎．黄土与第四纪地质[M]．西安：陕西人民出版社，1982.

[14] 曹伯勋. 地貌学及第四纪地质学[M]. 武汉：中国地质大学出版社，1995.
[15] 史斯文. 季节性冻融作用诱发黄土滑坡机理[D]. 西安：长安大学，2015.
[16] 张辉，王铁行，许健. 黄土高原边坡冻融病害调查及现场测试研究[J]. 地下空间与工程学报，2015，11（5）：1339-1343.
[17] 刘小军，王铁行，韩永强，等. 黄土窑洞病害调查及分析[J]. 地下空间与工程学报，2007，3（6）：996-999.
[18] 王掌权，许健，郑翔，等. 反复冻融条件下黄土边坡稳定性分析[J]. 中国地质灾害与防治学报，2017，28（2）：15-21.
[19] 任春林. 陕北黄土区地质灾害风险评估及综合防治对策研究[D]. 西安：长安大学，2005.
[20] 吴玮江. 季节性冻融作用与斜坡整体变形破坏[J]. 中国地质灾害与防治学报，1996，7（4）：59-64.
[21] 王念秦，姚勇. 季节冻土区冻融期黄土滑坡基本特征与机理[J]. 防灾减灾工程学报，2008，28（2）：163-166.
[22] 吴玮江. 季节性冻结滞水促滑效应——滑坡发育的一种新因素[J]. 冰川冻土，1997，19（4）：359-365.
[23] 王大雁，马巍，常小晓，等. 冻融循环作用对青藏粘土物理力学性质的影响[J]. 岩石力学与工程学报，2005，24（23）：4313-4319.
[24] 汪仁和，张世银，秦国秀. 冻融土工程特性的试验研究研究[J]. 淮南工业学院学报（自然科学版），2001，21（4）：35-37.
[25] 屈建军，王家澄，程国栋，等. 西北地区古代生土建筑物冻融风蚀机理的实验研究[J]. 冰川冻土，2002，24（1）：51-56.
[26] 齐吉琳，马巍. 冻融作用对超固结土强度的影响[J]. 岩土工程学报，2006，28（12）：2082-2086.
[27] 包卫星，杨晓华. 冻融条件下盐渍土抗剪强度特性试验研究[J]. 公路，2008（1）：5-10.
[28] CZURDA K A, HOHMANN M. Freezing effect on shear strength of clayey soils[J]. Applied clay science, 1997, 12(1-2): 165-187.
[29] BONDARENKO G I, SADOVSKY A V. Water content effect of the thawing clay soils on shear strength[C]. Proceedings of 7th International Symposium on Ground Freezing. Rotterdam: August Aimé.Balkema, 1991: 123-127.
[30] QI J L, VERMEER P A, CHENG G D. A review of the influence of freeze-thaw cycles on soil geotechnical properties [J]. Permafrost and periglacial processes, 2006, 17 (3): 245-252.
[31] ANDERSLAND O B, AKILI W. Stress effect on creep rates of a frozen clay soil [J]. Geotechnique, 1967,17 (1): 27-39.
[32] LADANYI B. An engineering theory of creep of frozen soil [J]. Canadian geotechnical journal, 1972, 9(1): 63-80.
[33] MIAO T D, WEI X X, ZHANG C Q. Creep of frozen soil by damage mechanical [J]. Science in China (series B) : chemistry,life sciences,and earth sciences, 1995, 38(8): 996-1002.
[34] GRAHAM J, AU V C S. Effects of freezen-thaw and softening on a natural clay at low stresses [J]. Canadian geotechnical journal, 1985, 22(1): 69-78.
[35] ALKIRE B D, MRRSION J M. Change in soil structure due to freeze-thaw and repeated loading [J]. Transportation research record, 1983, 18 (9): 15-21.
[36] DUQUENNOI C, FREMOND M, LEVY M. Modeling of thermal soil behavior[C]. Alaka: Vtt. Symposium95, 1989: 895-915.
[37] CHUVILIN E M, YAZYNIN O M. Frozen soil macro-and microstructure formation[C]. 5th International Conference on permafrost, Norway, Frondheim: Tapir Publishers, 1988: 320-323.
[38] OTHMAN M A, BENSON C H. Effect of freeze-thaw on the hydraulic conductivity and morphology of compacted clay [J]. Canadian geotechnical journal, 1993, 30(2):236-246.
[39] BROMS B B, Yao L Y C. Shear strength of a soil after freezing and thawing [J]. Journal of soil mechanics and foundations division, 1964, 90(4): 1-25.
[40] SIMONSEN E, JANOO V C, ISACSSON U. Resilient properties of unbound road materials during seasonal frost conditions [J].Journal of cold regions engineering, 2002, 16(1): 28-50.

[41] BOCHOVE E , PR D, PELLETIER F. Effects of freeze-thaw and soil structure on nitrous oxide produced in a clay soil [J]. Soil science society of America journal,2000, 64(5):1638-1643.
[42] HOHMANN-POREBSKA M. Microfabric effects in frozen clays in relation to geotechnical parameters [J].Applied clay science,2002,21(1-2): 77-87.
[43] CHAMBERLAIN E J. Physical changes in clays due to frost action and their effect on engineering structures [C]. Proceedings of the International symposium on Frost in Geotechnical Engineering. Rotterdam:August Aimé Balkema, 1989: 863-893.
[44] VIKLANDER P. Laboratory study of stone heave in till exposed to freezing and thawing [J].Cold regions science and technology, 1998, 27(2): 141-152.
[45] 徐学燕，丁靖康，娄安全．冻土冻融界面长期抗剪强度计算方法[J]．地基基础工程，1992（2）：52-55.
[46] 于琳琳，徐学燕．原状土人工冻结试验研究[J]．低温建筑技术，2008，30（5）：117-119.
[47] YU L L, Xu X Y, MA C. Combination effect of seasonal freezing and artificial freezing on frost heave of silty clay [J].Journal of Central South University of Technology,2010,17(1): 163-168.
[48] 齐吉琳，程国栋，VERMEER P A．冻融作用对土工程性质影响的研究现状[J]．地球科学进展，2005，20（8）：887-894.
[49] 齐吉琳，张建明，朱元林．冻融作用对土结构性影响的土力学意义[J]．岩石力学与工程学报，2003，22（s2）：2690-2694.
[50] 马巍，徐学祖，张立新．冻融循环对石灰粉土剪切强度特性的影响[J]．岩土工程学报，1999，21（2）：158-160.
[51] 于基宁．低温三轴试验机研制及粉质粘土冻融循环力学效应试验研究[D]．武汉：中国科学院研究生院（武汉岩土力学研究所），2007.
[52] 罗小刚，陈湘生，吴成义．冻融对土工参数影响的试验研究[J]．建井技术，2000，21（2）：14，24-26.
[53] 陈湘生，濮家骝，殷昆亭，等．地基冻融循环离心模型试验研究[J]．清华大学学报（自然科学版），2002，42（4）：14，531-534.
[54] 和礼红，汪稔，石祥峰．冻土结构性研究方法初探[J]．岩土力学，2003，24（s2）：148-152.
[55] 杨平，张婷．人工冻融土物理力学性能研究[J]．冰川冻土，2002，24（5）：665-667.
[56] 董思萌．冻融作用对成都黏土力学性质的影响研究[D]．成都：成都理工大学，2009.
[57] 杨更社，蒲毅彬．冻融循环条件下岩石损伤扩展研究初探[J]．煤炭学报，2002，27（4）：357-360.
[58] 王永忠，艾传井，刘雄军．冻融作用对南方粉质黏土物理力学性质的影响[J]．地质科技情报，2010，29（5）：107-111.
[59] 董晓宏．冻融作用下黄土工程性质劣化特性研究[D]．杨凌：西北农林科技大学，2010.
[60] 马文生，张俊烽．化学成分和微结构对冻融土力学性质的影响[J]．安徽地质，2007，17（1）：60-62.
[61] 肖中华．上海软土二次冻融土工程性质试验研究[D]．上海：同济大学，2007.
[62] 王铁行，罗少锋，刘小军，等．考虑含水率影响的非饱和原状黄土冻融强度试验研究[J]．岩土力学，2010，31（8）：2378-2382.
[63] 宋春霞，齐吉琳，刘奉银．冻融作用对兰州黄土力学性质的影响[J]．岩土力学，2008，29（4）：1077-1080，1086.
[64] 姚晓亮，齐吉琳，宋春霞．冻融作用对青藏粘土工程性质的影响[J]．冰川冻土，2008，30（1）：165-169.
[65] 方丽莉，齐吉琳，马巍．冻融作用对土结构性的影响极其导致的强度变化[J]．冰川冻土，2012，34（2）：435-440.
[66] 齐吉琳，马巍．冻土的力学性质及研究现状[J]．岩土力学，2010，31（1）：133-143.
[67] 张志权，胡志平，赵洁．冻融作用下二灰黄土强度特性[J]．交通运输工程学报，2011，11（6）：24-30.
[68] CHAMBERLAIN E J，GOW A J. Effect of freezing and thawing on the permeability and structure of soils [J]. Developments of geotechnical engineering, 1979, 26: 73-92.
[69] 倪万魁，师华强．冻融循环作用对黄土微结构和强度的影响[J]．冰川冻土，2014，36（4）：922-927.
[70] 穆彦虎，马巍，李国玉，等．冻融作用对压实黄土结构影响的微观定量研究[J]．岩土工程学报，2011，33（12）：1919-1925.
[71] 赵安平．季冻区路基土冻胀的微观机理研究[D]．长春：吉林大学，2008.

[72] 张英，邴慧，杨成松. 基于 SEM 和 MIP 的冻融循环对粉质黏土强度影响机制研究[J]. 岩石力学与工程学报，2015，34（s1）：3597-3603.

[73] HOEKSTRA P. Moisture movement in soils under temperature gradients with cold-side temperature below freezing[J]. Water resources research, 1966, 2(2): 241-250.

[74] MILLER R D. Freezing and heaving of saturated and unsaturated soils [J]. Highway research record, 1972, 393: 1-11.

[75] NAKANO Y, TICE A R, OLIPHANT J, et al. Transport of water in frozen soil Ⅰ: Experimental determination of soil-water diffusivity under isothermal conditions [J]. Advances in water resources, 1982, 5(4): 221-226.

[76] NAKANO Y, TICE A R, OLIPHANT J, et al. Transport of water in frozen soil Ⅱ: Effects of ice on the transport of water under isothermal conditions [J]. Advances in water resources, 1983, 6(1): 15-26.

[77] NAKANO Y, TICE A, OLIPHANT J. Transport of water in frozen soil Ⅲ: Experiments on the effects of ice content [J]. Advances in water resources, 1984, 7(1): 28-34.

[78] NAKANO Y, TICE A, OLIPHANT J. Transport of water in frozen soil Ⅳ: Analysis of experimental results on the effects of ice content [J]. Advances in water resources, 1984, 7(2): 58-66.

[79] NAKANO Y, TICE A R, JENKINS T F. Transport of water in frozen soil Ⅴ: Method for measuring the vapor diffusivity when ice is absent [J]. Advances in water resources, 1984, 7(4): 172-179.

[80] NAKANO Y, TICE A R. Transport of water due to a temperature gradient in unsaturated frozen clay [J]. Cold regions science and technology, 1990, 18(1): 57-75.

[81] NAKANO Y, TICE A R. Transport of water in frozen soil Ⅵ: Effects of temperature [J]. Advances in water resources, 1987, 10(1): 44-50.

[82] CHENG G D. The mechanism of repeated segregation for the formation of thick layered ground ice [J]. Cold regions science and technology, 1983, 8(1): 57-66.

[83] 徐学祖. 国内外对冻土中水分迁移课题的研究[J]. 冰川冻土，1982，4（3）：97-104.

[84] 徐学祖. 土水势、未冻水含量和温度[J]. 冰川冻土，1985，7（1）：1-14.

[85] 徐学祖，邓友生. 冻土中水分迁移的试验研究[M]. 北京：科学出版社，1991.

[86] 朱强，付思宁，武福学. 论季节冻土冻胀沿冻深的分布[J]. 冰川冻土，1988，10（1）：1-7.

[87] 李述训，程国栋. 冻融土中的水热输运问题[M]. 兰州：兰州大学出版社，1995.

[88] 李述训，南卓铜，赵林. 冻融作用对地气系统能量交换的影响分析[J]. 冰川冻土，2002，24（5）：506-511.

[89] 李述训，南卓铜，赵林. 冻融作用对系统与环境间能量交换的影响[J]. 冰川冻土，2002，24（2）：109-115.

[90] 谷宪明，王海波，梁士忠，等. 季冻区路基土水分迁移数值模拟分析[J]. 公路交通科技（应用技术版），2007，9：51-54.

[91] 谷宪明. 季节区道路冻胀翻浆机理及防治研究[D]. 长春：吉林大学，2007.

[92] 毛雪松. 多年冻土地区路基水热力场耦合效应研究[D]. 西安：长安大学，2004.

[93] 许健. 季节冻土区路基土体冻胀机理及防治工程效果研究[D]. 兰州：中国科学院寒区旱区环境与工程研究所，2010.

[94] 许健，牛富俊，牛永红，等. 冻结过程路基土体水分迁移特征分析[J]. 重庆大学学报（自然科学版），2013，36（4）：150-158.

[95] PHILIP J R, DE VERIES D A. Moisture movement in porous material under temperature gradient [J]. Transactions American Geophysical Union, 1957, 38(2): 222-232.

[96] HARLAN R L. Analysis of coupled heat-fluid transport in partially frozen soil [J]. Water resources research, 1973, 19(5): 1314-1323.

[97] TAYLOR G S , LUTHIN J N. A model for coupled heat and moisture transfer during soil freezing [J]. Canadian Geotechnical Journal, 1978, 15(4): 548-555.

[98] ABOUSTIT B L, ADVANI S H, LEE J K , et al. Finite element evaluation of thermo-elastic consolidation [J]. Proceedings-symposium on rock mechanics, 1982, 23: 587-595.

[99] NOORISHAD J, TSANG C F, WITHERSPOON P A. Coupled thermal-hydraulic-mechanical phenomena in saturated fractured porous rocks: numerical approach [J]. Journal of geophysical research: solid earth, 1984, 89(B12): 10365-10373.
[100] MCTIGUE D E. Thermo-elastic response of fluid-saturated porous rock [J]. Journal of geophysical research: solid earth, 1986, 91(B9): 9533-9542.
[101] DUQUENNNIO C, FREMOND M, LEVY M. Modeling of thermal soil behavior [J]. VTT symposium 94, 1989(2): 895-915.
[102] FREMOND M, MIKKOLA M. Thermo dynamical modeling of freezing soil [C]. Proceedings of the Sixth International symposium on ground freezing. Rotterdam: August Aimé Balkema, 1991: 17-24.
[103] KONARD J M, DUQUENNOI C. A model for water transport and ice lensing in freezing soils [J]. Water resources research, 1993, 29(9): 3109-3124.
[104] GATMIRI B, DELAGE P. A new formulation of fully coupled thermal-hydraulic-mechanical behavior of saturated porous media-numerical approach [J]. International journal for numerical and analytical methods in geomechanics, 1997, 21(3): 199-225.
[105] LUNARDINI V J. Heat Transfer With Freezing and Thawing [M]. New York: Elesevier Sciences Publishers, 1991: 75-86.
[106] KANE D L, HINKEL K M, GOERING D J, et al. Non-conductive heat transfer associated with frozen soils [J]. Global and planetary change, 2001, 29(3-4): 275-292.
[107] 杨诗秀，雷志栋，朱强，等．土壤冻结条件下水热耦合云移的数值模拟[J]．清华大学学报，1988，28（1）：112-120．
[108] 安维东，吴紫旺，马巍．冻土的温度水分应力及其相互作用[M]．兰州：兰州大学出版社，1989．
[109] 叶佰生，陈肖柏．非饱和土冻结时水热耦合迁移的数值模拟[C]//中国科学院兰州冰川冻土研究所．第四届全国冻土学术会议论文选集．北京：科学出版社，1990．
[110] 雷志栋，尚松浩，杨诗秀，等．地下水浅埋条件下越冬期土壤水热迁移的数值模拟[J]．冰川冻土，1998，20（1）：51-54．
[111] 雷志栋，尚松浩，杨诗秀，等．土壤冻结过程中潜水蒸发规律的模拟研究[J]．水利学报，1999（6）：6-10．
[112] 苗天德，朱久江，丁伯阳．对饱和多孔介质波动问题中本构关系的探讨[J]．力学学报，1995，27（5）：536-543．
[113] MIAO T D, GUO L, NIU Y H, et al. Modeling on coupled heat and moisture transfer in freezing soil using mixture theory [J]. Sdiences in China（Series D），1999，42（s1):9-16.
[114] 何平，程国栋，俞祁浩，等．饱和正冻土中的水、热、力场耦合模型[J]．冰川冻土，2000，22（2）：135-138．
[115] 郑秀清，樊贵盛．冻融土壤水热迁移数值模型的建立及仿真分析[J]．系统仿真学报，2001，13（3）：308-311．
[116] 梁冰，刘晓丽，薛强．非等温入渗条件下土壤中水分运移的解析分析[J]．辽宁工程技术大学学报（自然科学版），2002，21（6）：741-744．
[117] 李宁，陈波，陈飞熊．寒区复合地基的温度场、水分场与变形场三场耦合模型[J]．土木工程学报，2003，36（10）：66-71．
[118] 毛雪松，胡长顺，窦明建，等．正冻土中水分场和温度场耦合过程的动态观测与分析[J]．冰川冻土，2003，25（1）：55-59．
[119] 毛雪松，李宁，王秉纲，等．多年冻土路基水-热-力耦合理论模型及数值模拟[J]．长安大学学报（自然科学版），2006，26（4）：16-19．
[120] WILLIAMS P J. Unfrozen water content of frozen soils and soils moisture suction [J]. Geotechnique, 1964, 14(3): 231-246.
[121] KOOPMANS R W R，MILLER R D. Soil freezing and soil water characteristics curves[J]. Soil science society of America journal abstract, 1966, 30 (6): 680-685.
[122] HARLAN, R L, NIXON J F. Ground thermal regime [J]. Geotechnical engineering for cold regions,1978(18): 103-150.
[123] IWATA S. Driving force for water migration in frozen clayed soil [J]. Soil science and plant nutrition, 1980, 26(2): 215-227.

[124] 原国红．季节冻土水分迁移的机理及数值模拟[D]．长春：吉林大学，2006.

[125] FORIERO A, LADANYI B, DALLIMORE S R, et al. Modelling of deep seated hill slope creep in permafrost[J]. Canadian geotechnical journal, 1998, 35(4): 560-578.

[126] 牛富俊，程国栋，赖远明，等．青藏高原多年冻土区热融滑塌型斜坡失稳研究[J]．岩土工程学报，2004，26（3）：402-406.

[127] 靳德武，牛富俊，李宁．青藏高原多年冻土区热融滑塌变形现场监测分析[J]．工程地质学报，2006，14（5）：677-682.

[128] 靳德武，牛富俊，李宁，等．青藏高原多年冻土区热融滑塌模型试验研究[J]．工程勘察，2006（9）：1-5.

[129] 靳德武，牛富俊，陈志新，等．冻土斜坡模型试验相似分析[J]．地球科学与环境学报，2004，26（1）：29-32.

[130] 于琳琳，徐学燕．季节冻土区铁路边坡冻融破坏分析[J]．低温建筑技术，2009，31（4）：81-82.

[131] 谢和平．灾害环境下重大工程安全性的基础研究进展[C]．中国岩石力学与工程学会第八次学术大会．北京：科学出版社．2004.

[132] NIU F J, CHENG G D, NI W K, et al. Engineering-related slope failure in permafrost regions of the Qinghai-Tibet Plateau[J]. Cold regions science and technology, 2005, 42(3): 215-225.

[133] 牛富俊，马立峰，靳德武．多年冻土地区斜坡稳定性评价问题[J]．工程勘察，2006（06）：1-3.

[134] 靳德武，牛富俊，陈志新，等．青藏高原融冻泥流型滑坡灾害及其稳定性评价方法[J]．煤田地质与勘探，2004，32（3）：49-52.

[135] UGAI K，LESHCHINSKY D. Three-dimensional limit equilibrium and finite element analysis : a comparison of results[J]. Journal of the Japanese geotechnical society, 1995, 35(4): 1-7.

[136] 王立娜．季节冻土区边坡冻融稳定性研究[D]．哈尔滨：哈尔滨工业大学，2008.

[137] 冯守中，闫澍旺，崔琳．严寒地区路堑边坡破坏机理及稳定计算分析[J]．岩土力学，2009，30（s1）：151-159.

[138] ZHAO L, CHENG G, DING Y. Studies on frozen ground of China [J]. Journal of geographical sciences, 2004, 14(4): 411-416.

[139] LAI Y M，GUO H M，DONG Y H. Laboratory investigation on the cooling effect of the embankment with L-shaped thermosyphon and crushed-rock revetment in permafrost regions [J]. Cold regions science and technology, 2009, 58 (3): 143-150.

[140] CHENG G D, W U TH. Responses of permafrost to climate change and their environmental significance, Qinghai-Tibet Plateau [J]. Journal of geophysical research, 2007, 112(F2): 93-104.

[141] JIN H J, YU Q H, WANG S L,et al. Changes in permafrost environments along the Qinghai Tibet engineering corridor induced by anthropogenic activities and climate warming[J]. Cold regions science and technology, 2008, 53(3): 317-333.

[142] YU Q H, Cheng G D, NIU F J. The application of auto-temperature-controlled ventilation embankment in Qinghai-Tibet Railway [J]. Science China earth sciences, 2004, 47(s1): 168-176.

[143] WU Q B, LU Z J, ZHANG T J, et al. Analysis of cooling effect of crushed rock-based embankment of the Qinghai-Xizang Railway [J]. Cold regions science and technology, 2008, 53(3): 271-282.

[144] 柴艳飞．季冻区路堑及路桥过渡段路堤边坡防冻融滑塌技术研究[D]．哈尔滨：哈尔滨工业大学，2012.

[145] 王宁，毛云程，张德文，等．冻融循环对季节冻土区黄土路堑边坡的影响[J]．公路交通科技（应用技术版），2011（4）：79-84.

# 第 2 章　黄土地区边坡冻融病害调查及现场测试研究

## 2.1　黄土高原概况

黄土高原（英文：Loess Plateau，也可称作 Huang-t'u Kao-yuan 或 Huangtu Gaoyuan）是世界上最大的黄土沉积区[1~5]，位于中国中部偏北，N34°～40°，E103°～114°，东西千余千米，南北 700km，包括太行山以西、青海省日月山以东、秦岭以北、长城以南广大地区（图 2-1），跨山西省、陕西省、甘肃省、青海省、宁夏回族自治区及河南省等省区，面积约 $40\times10^4km^2$，海拔可达 1500～2000m。按地形差别分陇中高原、陕北高原、山西高原和豫西山地等地区。除少数石质山地外，高原上覆盖深厚的黄土层，局部厚度可达 400m。黄土高原矿产丰富，煤矿、铁矿、稀土矿储量大。

图 2-1　黄土高原分布图

### 2.1.1　黄土高原气候

黄土高原地区属中温带大陆性季风气候，冬春季受极地干冷气团影响，寒冷干燥多风沙；夏秋季受西太平洋副热带高压和印度洋低压影响，炎热多暴雨。多年平均降雨量为 466mm，总的趋势是从东南向西北递减，东南部 600～700mm，中部 300～400mm，西北部 100～200mm。以 200mm 和 400mm 等年降雨量线为界，西北部为干旱区，中部为半干旱区，东南部为半湿润区。

黄土高原地区降雨年际变化大，丰水年的降水量为枯水年的 3～4 倍；年内分布不均，汛期（6～9 月）降水量占年降水量的 70%左右，且以暴雨形式为主。每年夏秋季节易发生大面积暴雨，24h 暴雨笼罩面积可达 $5\times10^4$～

7×10$^4$km$^2$。河口镇—龙门、泾洛渭汾河、伊洛沁河为三大暴雨中心。形成的暴雨有两大类，一类是在西风带内，受局部地形条件影响，形成强对流而导致的暴雨，范围小、历时短、强度大，如1981年6月20日陕西省渭南地区的暴雨强度达267mm/h。另一类是受西太平洋副高压的扰动形成的暴雨，面积大、历时较长、强度更大，如1977年7月和8月，在晋陕蒙接壤地区出现了历史罕见的大暴雨，笼罩面积达2.5×10$^4$km$^2$。其中，安塞地区7月5日降雨量为225mm，子洲地区7月27日降雨量为210mm，平遥地区8月5日降雨量为365mm，暴雨中心内蒙古乌审旗的木多才当8月21日22时至22日8时的降雨量高达1400mm。

### 2.1.2 黄土高原地貌

图2-2所示为黄土高原现状地貌分区的一种概略性表示，每一类分区有其主要的代表性的地貌成分。黄土高原的地形明显受到下伏古地形的影响。在古地形平坦开阔处，覆盖其上的黄土形成塬，或可称残塬；在古地形起伏变化较剧烈的地段，覆盖其上的黄土形成梁或峁；此外，受水流强烈侵蚀作用及黄土本身结构性的影响，形成了大量的黄土沟壑及黄土潜蚀等地貌特征。

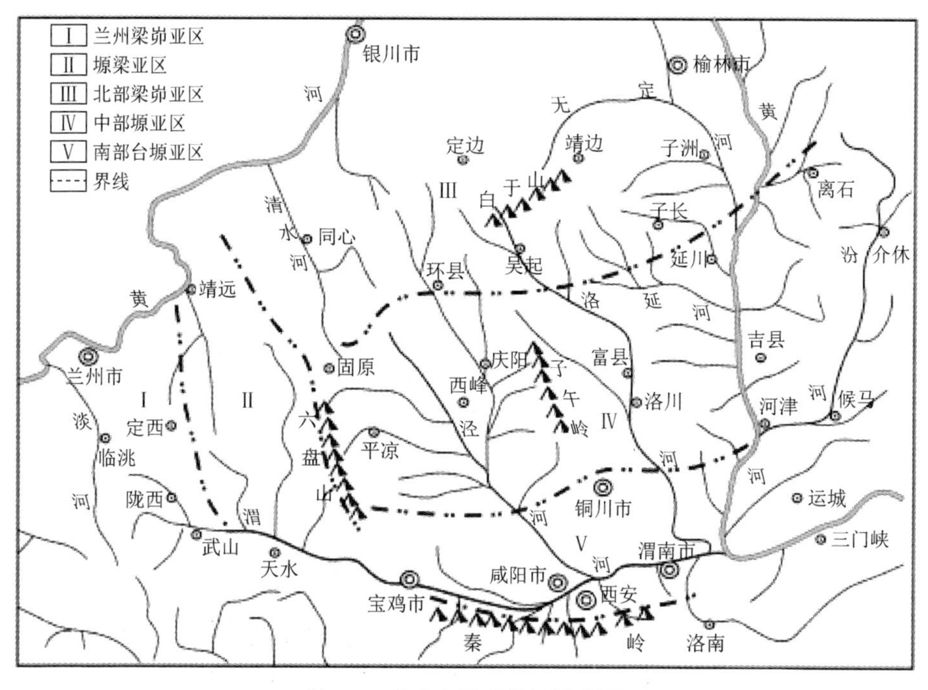


图2-2　黄土高原现状地貌分区

黄土高原地区地貌类型主要特征如下。

1. 黄土塬

黄土塬的地形平坦、面积宽广，黄土厚度达几十米到百余米，如分布在山西南部、陕西洛河流域（如洛川塬）和甘肃陇东径河流域（如董志塬）的大面积黄土平原地区（图 2-3）。

（a）陕北洛川塬

（b）庆阳董志塬

（c）西安白鹿塬

（d）甘肃镇原黄土残塬

图 2-3　黄土塬地貌

2. 黄土梁

黄土梁的地形为长条形，长达几千米到几十千米，梁顶宽度仅几十米到几百米，两侧为深沟，分布于陕北、晋西南、陇东北部和陇西北部等地（图 2-4）。

（a）陕西吴堡黄土梁峁

（b）陕西延川黄土梁峁

（c）陕西凤翔黄土梁峁

（d）甘肃永登黄土梁峁

（e）陕西靖边黄土梁峁

（f）陕西延安黄土梁峁

图 2-4　黄土梁峁地貌

### 3. 黄土峁

黄土峁为穹形的黄土丘陵地形，面积大小不一，有圆形和椭圆形多种。峁的坡度变化介于 15°～35°，分布于陇西、陇东和陕北的北部等地（图 2-4）。

4. 黄土河谷阶地地貌

图 2-5 所示为黄土地区河谷阶地地貌及地层剖面。黄土地区河谷阶地可分为平坦宽阔的堆积阶地及狭窄陡立的基座阶地两种类型。

1）堆积阶地：阶地平坦宽阔，其表面由冲积黄土等沉积物组成。河床河流呈曲流状。广泛分布于宁夏、陕西、河南西部地区的黄河、渭河、泾河及洛河流域中下游及山西汾河流域。

2）基座阶地：阶地狭窄陡立，阶地表面覆盖冲积黄土层等冲积物，其下出露基岩。阶面狭长。河床河流呈直流状，河床多出露基岩。广泛分布于甘肃的陇东、陇西和陕北沟谷侵蚀切割作用强烈的河流上游地区。

（a）甘肃马莲河黄土阶地

（b）甘肃低阶地地层

（c）陕西延安低阶地地层

（d）西安渭河一级阶地地层

图 2-5　黄土地区河谷阶地地貌及地层剖面

5. 黄土沟谷地貌

黄土沟谷主要由流水向源侵蚀作用和坡面物质搬运移动而形成。沟谷发育初期，流水长期侵蚀作用将地面切割得支离破碎，包括细沟、浅沟、深沟，沟深 10～30m 不等（最大沟深可达百米以上），沟壑纵横。规模大小不等、深浅不一的冲沟进一步发育可形成间歇性或经常性流水的河谷。由于黄土垂直节理发育，伴随有重力崩塌及潜蚀作用，沟深坡陡，向源侵蚀作用显著（图 2-6）。

（a）陕西靖边黄土梁峁区发育的 V 字形沟谷　　（b）陕西洛川塬边发育的黄土小沟谷

图 2-6　黄土沟谷地貌

6. 黄土潜蚀地貌

地表水聚集后下渗引起的黄土湿陷和潜蚀作用，使地面湿陷，形成直径数米或数十米长的凹地，它是黄土岩溶中陷穴及冲沟发育的基础。地表水沿黄土节理及孔隙下渗不断进行侵蚀和潜蚀作用，伴随黄土的崩塌形成黄土洞穴或串珠状洞穴。当洞穴之间相互串通时，便形成黄土柱、黄土墙及黄土洞穴等地貌景观（图 2-7）。

（a）陕西洛川黄土柱群　　（b）陕西泾阳黄土柱

图 2-7　黄土潜蚀地貌

（c）陕西黄陵黄土柱

（d）陕西黄陵黄土墙

（e）陕西延安黄土洞穴

（f）陕西临潼黄土洞穴

图2-7（续）

7. 黄土重力地貌

由于黄土地区特殊的地形地貌特征，黄土滑坡及崩塌等不良地质灾害作用频发（图2-8）。黄土滑坡是土体在重力和地下水作用下产生的坡体变形地貌形态。黄土崩塌是由于岸坡高陡或人为削坡整平中黄土土体在重力或地下水作用下突然崩塌，在坡脚形成的地貌形态。

（a）陕西延安黄土滑坡

（b）陕西靖边黄土崩塌

图2-8　黄土重力地貌

### 2.1.3 黄土高原气象

黄土高原海拔 800～1300m，地势西北高、东南低，属于中温带大陆性季风气候，四季分明，日温差较大，一般日差达 10℃以上，极端日差可达 25℃，雨量少、雨季短，干季长，干湿季节明显，日照足，无霜期长，热量条件比较优越，冬春季节大风多，冬干春旱比较严重。根据 1961～2002 年陕北黄土高原 16 个气象站的气温、降水量、相对湿度和风速等资料，统计了陕北黄土高原近 42 年的气候变化数据，最终得出年平均气温为 9.2℃，年降水量平均值为 490mm，年平均风速为 2m/s，干燥指数平均值约为 25。黄土高原降水存在的问题是季节分配不均，变率大，保证率低，大部分地方降水少，而蒸发强烈，干旱问题比较普遍。

黄土高原地区各月太阳总辐射分布的共同特点是随着纬度的增高而增大，但各月之间也有显著差异。由于陕北黄土高原地区降水集中在 7 月和 8 月，整体而言，辐射值 6 月最高，11 月最低。

## 2.2 黄土地区边坡冻融病害现场调研与测试方案

如前所述，黄土高原地区温差较大，且受冷空气影响，冬季气温往往降至 0℃以下。以陕北延安市为例，多年平均气温为 7.4～10.7℃，多年 1 月平均气温为−10.2～−5℃，极端最低气温为−25.4～−22℃，陕西黄土高原区年平均气温分布图如图 2-9 所示。从图 2-9 中可以看出，该区属于典型的大陆性季风气候区，年平均气温从南到北总体上呈减小趋势。但由于陕西省南部地区秦岭山脉存在，海拔较其他地区高，其年平均温度明显较低，在−4.6～+3℃范围内，具有明显的局地气候特性。陕北地区年平均气温为 6～12℃，低于关中平原地区年平均气温 9～16℃。

图 2-10 所示为陕西黄土高原区最大冻结深度分布图。从图 2-10 中可以看出，陕北黄土高原区属典型季节冻土区，季节性冻融作用强烈。其中，延安市冬季最大冻结深度为 75～100cm，榆林市最大冻结深度为 100～125cm。

图 2-11 所示为陕西黄土高原区域五个地区一年内月平均温度及最大冻结深度变化规律。从图 2-11 中可以看出，月平均温度表现出明显的季节性变化特征，即夏季温度较高，冬季温度较低且低于 0℃。一般情况下，冻结作用持续时间为 3～5 个月；在陕西北部黄土高原地区土体冻结作用将从 9 月开始持续到次年 2 月，4 月左右冻土才完全融化；在陕西南部关中平原地区，冻结作用持续时间较短，相应最大冻结深度也较小。

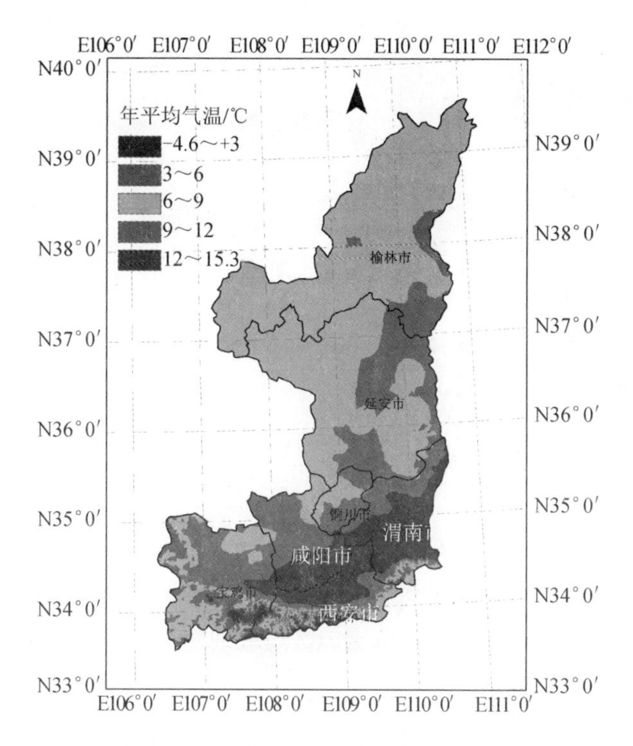


图 2-9 陕西黄土高原区年平均气温分布图

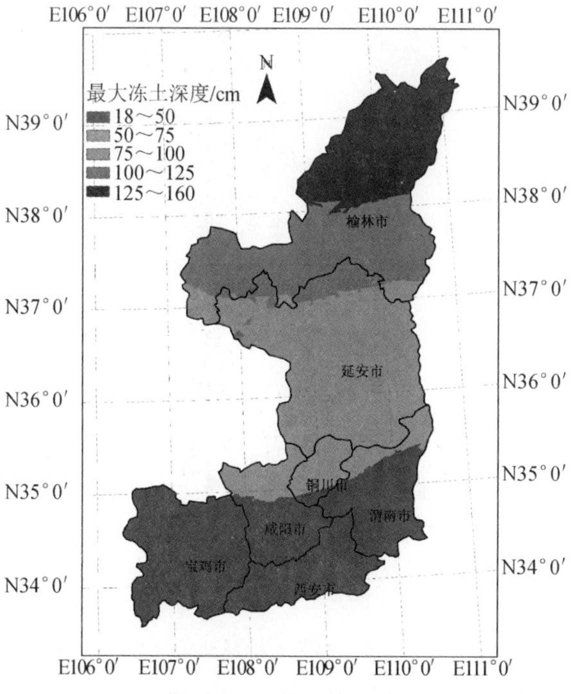


图 2-10 陕西黄土高原区最大冻结深度分布图

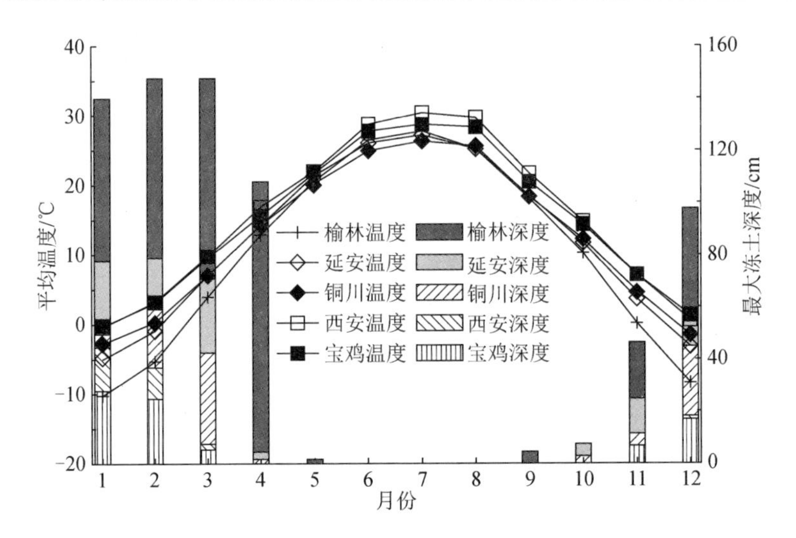


图 2-11　陕西黄土高原区域 5 个地区一年内月平均温度及最大冻结深度变化规律

黄土高原地区土性复杂、节理裂隙发育，加之地表水流的强烈侵蚀作用，导致黄土地区沟壑纵横、地形破碎，黄土地区边坡地貌特征发育。图 2-12 所示为陕西黄土高原区地形地貌分布特征图。

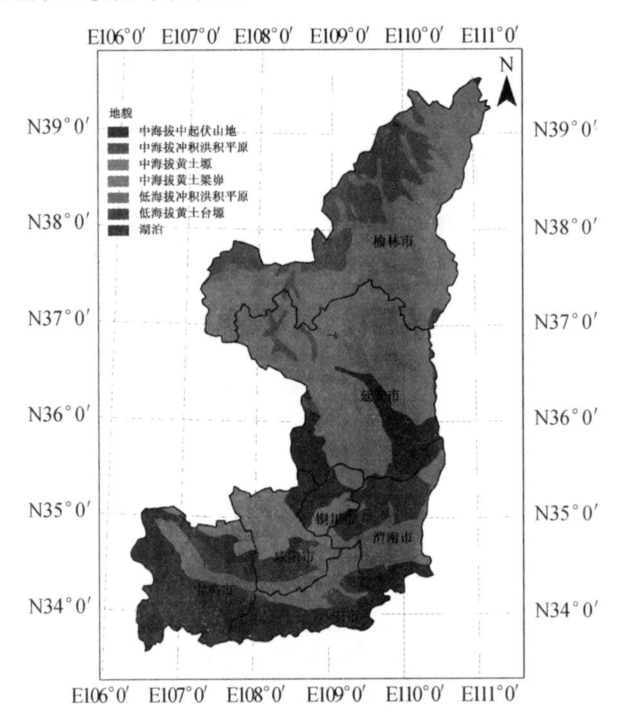


图 2-12　陕西黄土高原区地形地貌分布特征图

从图 2-12 中可以看出，陕北黄土高原地区塬梁峁地貌特征发育，在自然条件及人类工程活动影响下，容易产生黄土地区边坡的剥落、崩塌、滑坡及泥石流等灾害[6~10]。黄土地区边坡的稳定性及防护对策历来是工程建设中特别关注的技术课题，但是由于黄土地区处于季节冻土区，黄土地区边坡受季节冻融作用的影响显著，每年春季发生的冻融病害非常频繁。此外，黄土高原地区的边坡冻融病害问题目前还没有系统地、深入地研究，因此本章阐述陕北黄土高原地区边坡冻融病害的实地调查研究内容。

### 2.2.1　调研方案

为深入研究黄土高原边坡冻融病害的机理，课题组分别于 2012 年 12 月（冬季）和 2013 年 3 月（春季）到陕北黄土地区进行现场调研。考虑到黄土地区边坡冻融病害分布广的特点，自南向北选取典型的冻融病害测试点 13 处（图 2-13），具体调研方案如下：

1）调研区域：铜川—黄陵高速公路沿线，G210 沿线（黄陵、洛川、富县、甘泉、延安）路基、路堑边坡，G210 沿线（延川、清涧、绥德、子洲、米脂、榆林）路基、路堑边坡，G65 沿线（榆林、横山、靖边、安赛、延安）路基、路堑边坡。

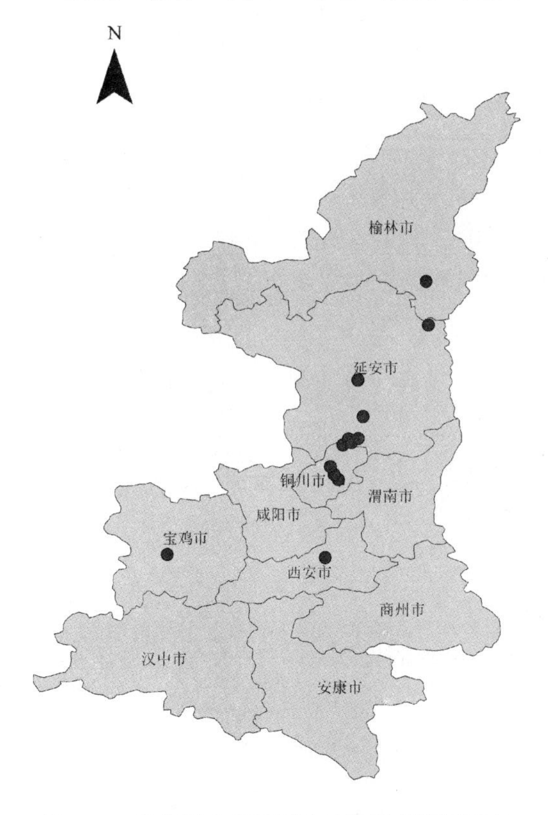


图 2-13　陕西黄土高原区边坡冻融病害测试点

2）调研内容：拍摄路基、边坡、黄土隧道洞口的灾害现象，如剥落、崩塌、滑塌；利用 GPS 对冻融灾害特征点进行定点（经度、纬度及海拔高程）；对冻融灾害点的地形地貌特征进行地质素描。

### 2.2.2　测试方案

为了能更好地研究黄土地区边坡冻融病害产生的机理，调研过程中分别选择洛川、铜川、彬县 3 个典型测试点进行浅层黄土温度场和水分场的现场测试，测试点基本概况见表 2-1。

表 2-1　测试点基本概况

| 测试点 | 干密度 /（g/cm³） | 含水率/% | 液限/% | 塑限/% | 地形地貌特征 | 位置 |
|---|---|---|---|---|---|---|
| 洛川 | 1.53 | 21.2 | 30.74 | 18.03 | 塬侧边坡阴坡坡脚平台，冲沟前缘地带 | E109°24′25″ N35°51′35″ |
| 铜川 | 1.5 | 18.5 | 29.71 | 17.75 | 冲沟前缘地带 | E109°06′57″ N35°7′49″ |
| 彬县 | 1.55 | 21.5 | 30.90 | 18.10 | 塬上平地，表层有植被覆盖 | E108°04′52″ N35°10′48″ |

温度场测试方法：预先在土层 1m 范围内每隔 10cm 埋设温度传感器，可实时监测不同深度处的温度，人工读取数据（图 2-14）。传感器采用 Pt100 铂电阻温度传感器，测温范围为-30～+85℃，精度为 0.1℃。为了更好地反映冬春季节浅层黄土温度的变化规律，地温的测试时间从 2011 年 12 月 15 日开始到 2012 年 3 月 10 日，且测试浅层黄土温度的日变化值。

（a）探坑开挖

（b）传感器埋设

图 2-14　温度场现场测试

（c）数据线连接

（d）数据采集

（e）数据记录

图 2-14（续）

含水率测试方法：含水率现场测试点和温度测试点位置相同，测试方法是在测试点开挖探坑，进而取不同深度处土样进行含水率试验，以便研究浅层土含水率的变化规律。图 2-15 所示为探坑开挖的地表浅层冻结黄土层。从图 2-15 中可明显地看出，地表浅层冻结黄土层中含有大量的冰晶颗粒，土体含水率较高。

图 2-15　地表浅层冻结黄土层

## 2.3　黄土地区边坡冻融病害调研结果与分析

根据课题组现场调研资料，黄土地区边坡冻融病害主要可以分为以下 4 类。

### 2.3.1 黄土地区边坡支护结构冻融病害

图 2-16 所示为西安—延安高速 G65 K740+850 挡土墙冻胀病害。其经纬度为 N34° 14′25.34″，E108° 57′37.04″，海拔 1135m，挖方路堑边坡。地貌形貌特征是黄土梁峁地貌，边坡坡度约 65°，倾向 234°。墙体病害特征为挡土墙排水孔排出的水形成冰块，墙体微胀裂，部分砂浆勾缝脱落。病害原因主要是该处挡土墙后坡体内含水率较高，冬季冻胀使墙体微胀裂。

图 2-16　西安—延安高速 G65 K740+850 挡土墙冻融病害

图 2-17 所示为西安—延安高速 G65 K702+150 挡土墙冻融病害。其经纬度为 N35° 31′43.57″，E109° 10′06.14″，海拔 910m，半挖半填路段。地形地貌特征是黄土高原沟谷川道地区，倾向 335°，倾角 60°。病害特征为挡土墙冻胀破坏，挡土墙面层碎裂掉落，砂浆勾缝开裂剥落。病害原因主要是墙后坡体含水率较大，墙前坡脚有大量的堆冰，反复的冻融循环使挡土墙面层及砂浆勾缝开裂剥落破坏。

图 2-17　西安—延安高速 G65 K702+150 挡土墙冻融病害

图 2-18 所示为西安—延安高速 G65 K747+750 挡土墙冻融病害。其经纬度为 N35° 7′49.02″，E109° 04′01.20″，海拔 993m，半挖半填路段。地形地貌特征是黄土高原沟谷川道地区，倾向 298°，倾角 66°。病害特征为挡土墙排水孔排出的水形成冰块，墙体胀裂，砂浆勾缝开裂破坏严重，毛石脱落，挡土结构严重破损，

影响支护作用。病害原因主要是坡体内含水率较高，墙后土体冻胀，在反复的冻融循环下墙体结构破坏。

图2-18 西安—延安高速 G65 K747+750 挡土墙冻融病害

图2-19所示为西安—延安高速 G65 K734+900 锚杆支护结构冻融病害。其经纬度为N35° 16′53.35″，E109° 01′12.13″，海拔1371m，挖方路堑边坡。地形地貌为黄土梁地貌，倾向352°，倾角48°。病害特征为锚杆护坡冻裂破坏，锚头处有大量的堆冰。病害原因主要是该处坡体含水率较大，冬季冻胀。

图2-19 西安—延安高速 G65 K734+900 锚杆支护结构冻融病害

综上所述，季节性冻融作用对边坡支护结构的破坏主要在于支护结构表面。墙后边坡土体含水率较高，冬季冻胀使墙体微胀裂，反复的冻融循环使支护结构面层及砂浆勾缝开裂剥落破坏，且在墙前坡脚有大量的堆冰。

### 2.3.2 黄土地区边坡表层冻融剥蚀

图2-20（a）所示为黄店复线半挖零填边坡表层冻融剥蚀，位于黄陵县城西侧，属黄土高原塬侧地貌特征。病害特征表现为坡面冻融剥蚀。分析其原因是冬季冻结过程冻胀力破坏了边坡表层土体结构，春融季节升温融化时土体结构强度不可恢复，反复冻融作用导致表皮土体强度大大弱化，最终导致边坡表层土体产生冻融剥蚀。

图2-20（b）和（c）所示为延川县城某居民区黄土地区边坡表层冻融剥蚀，属黄土高原沟谷地貌。病害特征表现为边坡表层大面积冻融剥蚀，冻融剥蚀程度

较一般边坡严重。分析其原因，该边坡位于群众生活区，居民生活废水由坡面或管道渗入边坡土体内部而使得边坡土体含水率较大，经过反复冻融作用后表层土体产生大面积冻融剥蚀破坏。

图 2-20（d）所示为西安南郊一人工开挖边坡剥蚀，黄土地区边坡坡面上产生较大面积的表层冻融剥蚀病害现象。分析其原因主要是冬季冻结但冻结深度较浅而使水分向表层迁移，春季融化表层土体强度降低而产生剥蚀。

（a）黄店复线半挖零填边坡表层冻融剥蚀

（b）延川县城某居民区黄土地区边坡表层冻融剥蚀（一）

（c）延川县城某居民区黄土地区边坡表层冻融剥蚀（二）

（d）西安南郊人工开挖边坡剥蚀

图 2-20　黄土地区边坡表层冻融剥蚀

### 2.3.3　黄土地区边坡冻融层状剥落

图 2-21（a）和（b）所示为宝鸡市金陵河水泥厂区某自然边坡冻融层状剥落，属黄土高原梁峁沟谷区。病害特征为冻融层状剥落，且可清晰观察到剥落面上的白色冰晶。分析其原因主要是边坡土体局部区域含水率较高，冻结过程由于水分迁移作用边坡表层含水率大幅增加而强度大幅降低，春融季节沿冰水界面产生层状剥落。

图 2-21（c）和（d）所示为黄陵县中立石油加油站黄土塬侧边坡冻融层状剥落，属黄土高原沟谷川道地区。病害特征表现为边坡表层冻融层状剥落。分析其原因主要是该边坡位于居民生活区，大量居民生活用水渗入边坡土体内部，使边坡土体内部含水率较高。冬季冻结作用下边坡土体内部水分向表层迁移，表层土

体含水率进一步增大。春季土体融化时，冰晶融水迁移到一定位置聚集，形成冰水交界面，该面土体强度大大弱化。因而在具有很好的临空面及边坡表面没有阻挡物的条件下，最终沿冰水界面产生冻融层状剥落病害。

图 2-21（e）所示为甘泉县城某基坑开挖边坡冻融层状剥落。病害特征为边坡表层大面积冻融层状剥落，剥落程度较一般边坡严重。分析其原因主要是该基坑边坡也位于居民生活区，一方面居民生活用水渗入坡体内部增大了土体含水率；另一方面，该基坑为放坡开挖，边坡开挖面较大且坡面没有防护措施，因而冬季冰雪融水及春季雨水大量渗入坡体内部，从而表层土体容重增大且强度大幅度降低，最终产生冻融层状剥落。

（a）宝鸡市金陵河水泥厂区
某自然边坡冻融层状剥落（一）

（b）宝鸡市金陵河水泥厂区
某自然边坡冻融层状剥落（二）

（c）黄陵县中立石油加油站
黄土塬侧边坡冻融层状剥落（一）

（d）黄陵县中立石油加油站
黄土塬侧边坡冻融层状剥落（二）

（e）甘泉县城某基坑开挖边坡冻融层状剥落

图 2-21　黄土地区边坡冻融层状剥落

### 2.3.4 黄土地区边坡小型冻融崩塌

图 2-22 所示为绥德县田庄镇黄土地区边坡冻融崩塌，病害特征为边坡小型冻融崩塌。主要原因是该边坡位于河流一级阶地，崩塌体内部本身含水率较大，由于冻融过程黄土本身结构强度的劣化特性及水分迁移作用，边坡表层局部区域抗剪强度大大降低，从而产生小型的黄土冻融崩塌灾害。

图 2-22 黄土地区边坡冻融崩塌

## 2.4 季节性冻结黄土层水热现场测试结果与分析

图 2-23 与图 2-24 分别给出彬县、洛川和铜川 3 个典型冻融病害测试点的土体温度变化曲线及土体含水率变化曲线。从图 2-23 中可以看出，冬季随着时间推移地表土温度逐渐降低，冻结深度越来越大，彬县在 2013 年 1 月 10 日冻结深度约为 26cm，洛川在 2013 年 1 月 25 日冻结深度约为 61cm，铜川在 2013 年 1 月 26 日冻结深度约为 28cm。到 2013 年 3 月 10 日，伴随着气温回升，表层土体温度逐渐上升，季节冻结层全部融化。表层土体在外界环境温度影响下，经历周期性的季节冻融过程。值得注意的是，春融季节活动层附近土体温度相对较低。分析其原因是，随着气温升高，土气热量交换，但土体热量传递有一个时间过程，因而冻结层附近土体的温度变化具有一定的滞后性，温度相对较低。

从图 2-24 中可以看出，3 个测试点浅层冻结活动层含水率均明显增大，活动层附近未冻土含水率明显降低。对照温度场变化规律（图 2-23），可以明显看出冬季随着地表温度降低，冻结锋面向下移动，冻土层厚度增加，冻土层整体含水率越来越大且冻结锋面的含水率也越来越大，说明冻结期土体内部水分向冻结层发生了迁移。这是由于当冬季土体温度降到冰点以下时，在冻结锋面形成抽吸力，未冻区水分不断向冻结锋面迁移，冻结区含水率增大；更深处未冻土的水分在水势差影响下向上迁移，但迁移速度较慢来不及向上补给而造成邻近冻结区的未冻土中含水率减小。春融季节浅层土温度升高融化后，原来冻结活动层范围的水分一部分向下入渗，一部分向上蒸发。由于蒸发量不同，各测试点春融季节浅层黄土含水率分布也不相同。彬县和铜川比洛川蒸发量小，以水分入渗为主，因而原冻结层以下 30cm 左右含水率增大。洛川地区蒸发量相对较大，融化下渗的水分大多蒸发，因而冻结层下方含水率没有明显增大的现象。

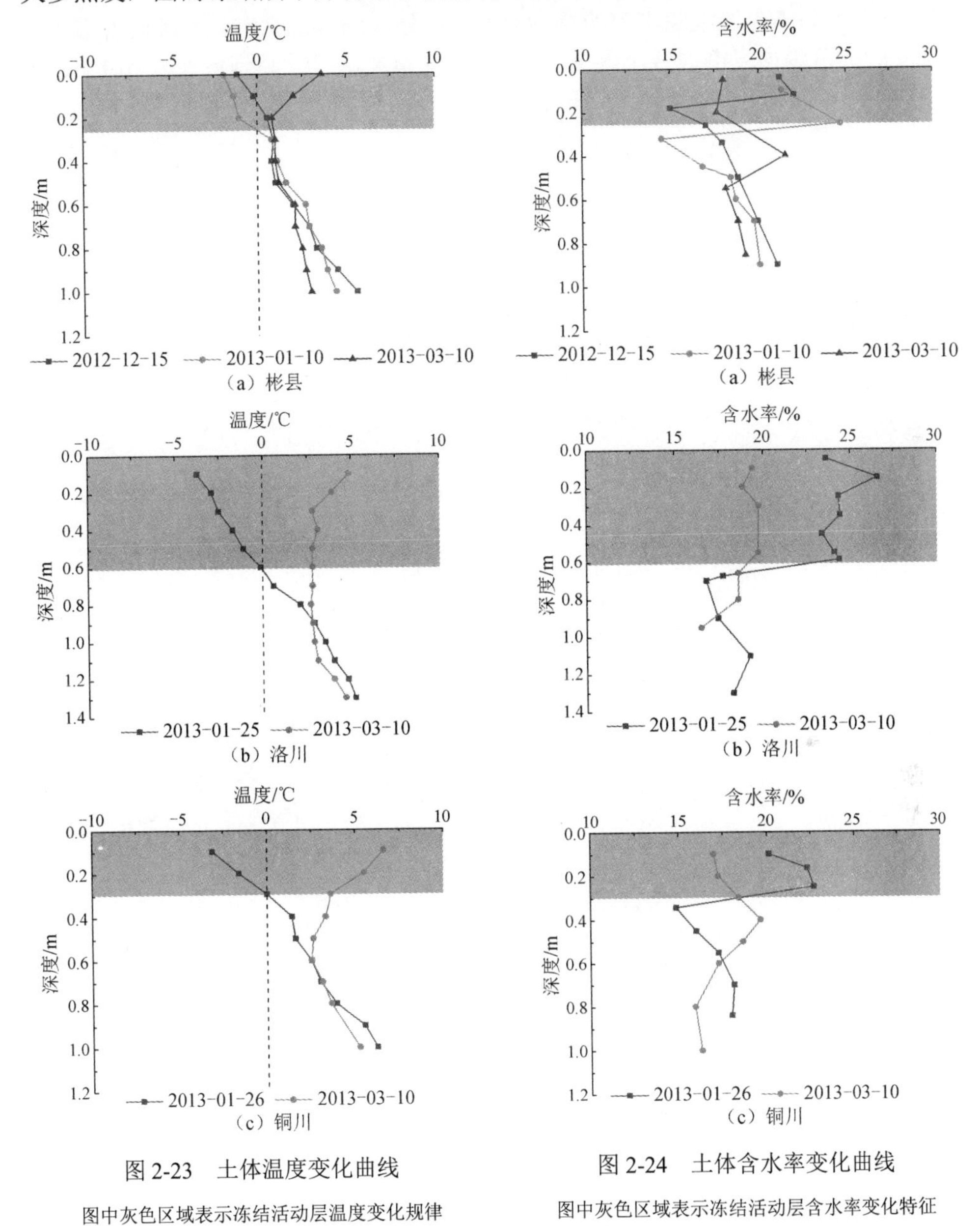


（a）彬县

（b）洛川

（c）铜川

图 2-23　土体温度变化曲线

图 2-24　土体含水率变化曲线

图中灰色区域表示冻结活动层温度变化规律

图中灰色区域表示冻结活动层含水率变化特征

图 2-25 和图 2-26 分别为彬县测试点土体温度随深度和时间日变化曲线。从图 2-25 中可以看出，随着深度增加，温度日变化幅度逐渐减小。地面温度日变化幅度最大，最大峰值温度出现在 14 时左右，且随着深度增加，出现峰值温度的时间逐渐向后推移。冬季地面深度为 0.05m 左右的土体因冻融相变影响，其温度日

变化过程比较复杂，每日经历一次冻结融化过程。当深度大于 0.2m 时，温度日变化幅度已经很小；当深度大于 0.3m 时，温度日变化幅度几乎为 0，可不考虑其日变化问题，只考虑温度随季节的变化问题。此外，图 2-26（b）中 14 时左右地表 0.1～0.2m 范围内温度曲线出现交叉现象，即当地面温度升高到最大时，0.1～0.2m 范围内土体温度反而较低，这是地表浅层黄土中热传导过程滞后性造成的。

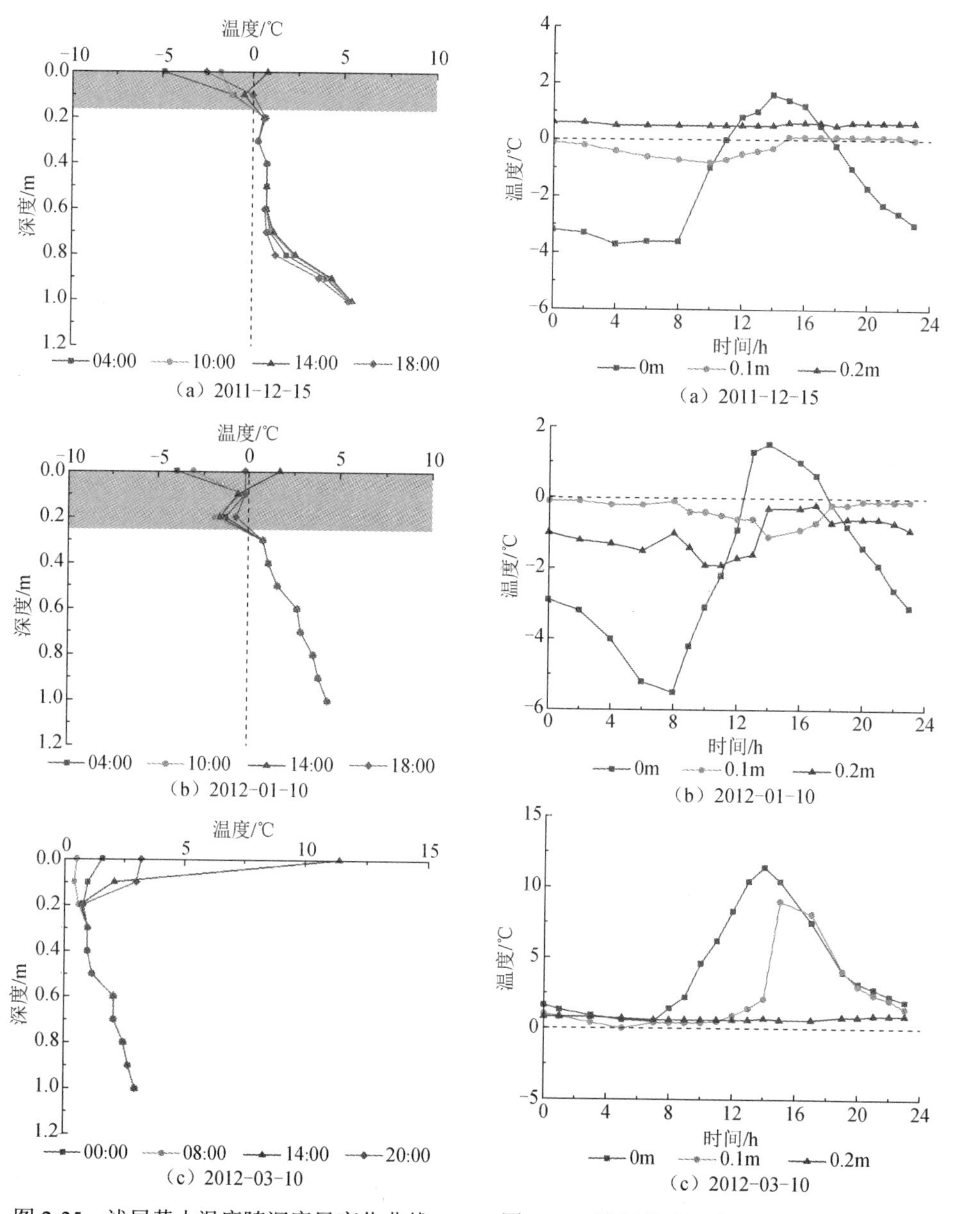


（a）2011-12-15　（b）2012-01-10　（c）2012-03-10

图 2-25　浅层黄土温度随深度日变化曲线

注：图中灰色区域表示地表日冻融活动层温度变化规律。

（a）2011-12-15　（b）2012-01-10　（c）2012-03-10

图 2-26　浅层黄土温度随时间日变化曲线

## 2.5　本 章 小 结

本章首先介绍了黄土高原地区的气候及地形地貌资料等概况，然后针对陕北黄土高原地区的边坡冻融病害进行实地调研和现场测试，得到如下结论：

1）黄土高原地区边坡冻融病害主要有 4 类：边坡支护结构冻融病害、边坡表层冻融剥蚀、边坡冻融层状剥落及边坡小型冻融崩塌。重力式挡土墙冻融病害特征表现为挡土墙排水孔排出的水形成冰块，墙体胀裂，砂浆勾缝开裂破坏严重，毛石脱落，挡土墙结构严重破损，影响支护作用。病害原因主要是坡体内含水率较高，墙后土体冻胀，在反复冻融循环作用下墙体结构破坏。锚杆支护结构冻融病害特征表现为锚杆护坡结构冻裂破坏，锚头处有大量的堆冰。病害原因主要是该处坡体含水率较大，冬季冻胀。边坡表层冻融剥蚀病害特征表现为坡面表皮冻融剥蚀。病害原因主要是冬季冻结而使水分向表皮迁移，春季融化表皮含水率增大，强度降低而产生剥蚀或日冻融循环引起表皮剥蚀。边坡冻融层状剥落病害特征表现为浅层土体成层状大块剥落。病害原因主要是边坡土体局部区域含水率较高，冻结过程中水分迁移作用使边坡表层含水率大大增加而强度大幅度降低，春融季节沿冰水界面产生层状剥落。边坡小型冻融崩塌病害的主要原因是崩塌体内部本身含水率较大。病害原因主要是冻融过程黄土本身结构强度的劣化特性及水分迁移作用，使边坡表层局部区域抗剪强度大大降低，从而产生小型黄土冻融崩塌灾害。

2）现场温度场和水分场测试结果表明：冬季随着时间推移，地表土温度逐渐降低，冻结深度越来越大，彬县在 2013 年 1 月 10 日冻土约为 26cm，洛川在 2013 年 1 月 25 日冻土约为 61cm，铜川在 2013 年 1 月 26 日冻土约为 28cm。春融季节气温回升，2013 年 3 月 10 日左右气温已经回升到正温，季节冻结层全部融化。随着深度增加，温度日变化幅度逐渐减小。地面温度日变化幅度最大，最大峰值出现在 14 时左右，且随着深度增加，出现峰值的时间逐渐向后推移。冬季地面 0.05m 深度左右因冻融相变影响，其温度日变化过程比较复杂，每日经历一次冻融过程。当深度大于 0.2m 时，温度日变化幅度已经很小；当深度大于 0.3m 时，温度日变化幅度为 0，可不考虑其日变化问题，只考虑温度随季节的变化问题。水分场受温度场的影响而变化，冬季随着地表温度降低，冻结锋面向下移动，季节冻结层厚度增加，冻结层含水率越来越大，冻结层附近未冻土区域含水率明显降低。春季冻土融化，原来冻结层范围的水分一部分向下入渗，一部分向上蒸发，浅层黄土含水率因入渗量和蒸发量的不同而有所变化。

# 参 考 文 献

[1] 刘东升，等．黄土与环境[M]．北京：科学出版社，1985．

[2] 刘祖典．黄土力学与工程[M]．西安：陕西科学技术出版社，1997．

[3] 乔平定，李增钧．黄土地区工程地质[M]．北京：水利电力出版社，1994．

[4] 徐张建，林在贯，张茂省．中国黄土与黄土滑坡[J]．岩石力学与工程学报，2007，26（7）：1297-1312．

[5] ZHAO C L, SHAO M A, JIA X X, et al. Particle size distribution of soils (0～500 cm) in the Loess Plateau,China [J]. Geoderma regional, 2016, 7(3):251-258.

[6] 许领，戴福初，邝国麟，等．黄土滑坡典型工程地质问题分析[J]．岩土工程学报，2009，31（2）：287-293．

[7] 吴玮江，王念秦．甘肃滑坡灾害[M]．兰州：兰州大学出版社，2006．

[8] 王念秦．黄土滑坡发育规律及其防治措施研究[D]．成都：成都理工大学，2004．

[9] 李忠生．地震危险区黄土滑坡稳定性研究[M]．北京：科学出版社，2004．

[10] DERBYSHIRE E. Geological hazards in loess terrain,with particular reference to the loess regions of China [J].Earth-science reviews, 2011, 54(1): 231-260.

# 第3章 黄土冻结过程水分迁移特征研究

## 3.1 引 言

常温下土体中水分的迁移主要是由重力势和基质势引起的，对于季节性冻土而言，地下水不仅在基质吸力和重力作用下会上升，同时在温度梯度影响下也向上迁移。温度梯度对土体介质中水分迁移产生的直接影响很小，但间接作用很大。例如，对于相变、冻结和融化过程，温度分布不均匀会导致未冻水含水率的分布不均匀，从而引起介质基质势的变化，引起水分迁移。同时，水分的迁移变化又会影响土体的热性能参数，从而影响土体温度场的分布。因此，季节性冻土区土体内部水分运动及含水率分布是与其热流及温度分布相互联系、相互作用的[1~4]。通过对季节冻土的冻胀机理及冻土地区工程冻融病害的进一步研究，人们已经认识到冻结过程中的水分迁移是引起冻融病害的首要原因[5~9]。季节冻土过程中，随着冻结深度增加，土中水分冻结产生相态变化，使非冻土三相（土、水、气）体系转变为冻土层的四相（土、水、冰、气）体系。土内的水分和外来水分在地基土冻结过程中不断地向冻结缘（冻结锋面）迁移，形成不同厚度的透镜状冰体，呈现整体状、层状、网状的冻土构造。图 3-1 显示了土体冻结过程水分迁移试验结束时土样的照片。从图 3-1 中可以看到，冻结过程中水分迁移所引起的分凝聚冰现象是非常显著的，由此所诱发的工程冻融病害是非常严重的。通常，季节冻土区季节冻结层内水分出现上大下小的变化，多年冻土区季节融化层冻结层则出现上大、中小、下略大的 K 形曲线。即便是季节冻结层内，冻结缘后面已冻结的冻土中，随着温度降低及在温度梯度作用下，冻土层内的未冻液态水依然会继续产生迁移（图 3-2）。

图 3-1 土体冻结过程水分迁移引起的分凝聚冰

图 3-1（续）

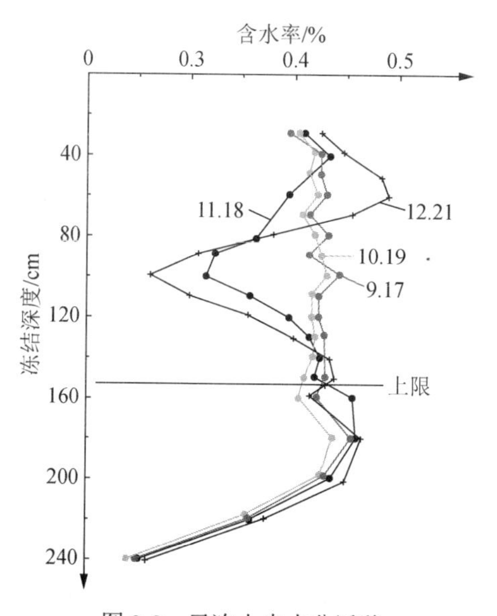


图 3-2　已冻土中水分迁移

大量的室内试验及现场观测资料都表明：土体冻结过程中的水分重分布现象会引起寒区土工程特性的重大变化。冻结过程的水分迁移作用往往在季节冻结层形成分凝冰层，使土体的含水率通常会超过液限含水率，达到饱和状态（图 3-3）。

我国黄土分布面积很广，大部分黄土分布在季节冻土区。该区域浅层黄土受自然因素影响，表层土物理力学性能变化很大，夏秋雨水入渗及冬季土层冻结均使表层土体的含水率增大，抗剪强度随之降低，因此黄土高原边坡、路基、岸坡的溜方、滑塌、剥落、挡土墙及锚杆支挡结构胀裂等工程冻融病害频发。冬季表层黄土在冻结作用下水分向上迁移而引起的工程冻融病害问题已引起高度重视。

鉴于此，本章通过室内大尺寸黄土冻结过程水分迁移试验和已冻黄土水分迁移试验，系统开展土体密度、含水率、冻结温度、冻结方式等因素对黄土水分迁移特征影响的系统研究。最后，建立冻结过程水热耦合数值计算模型，并基于数值分析方法确定相变界面水头表达式，以期探明冻结作用下黄土内部水分迁移规律，为黄土地区工程冻融病害问题防治奠定理论基础。

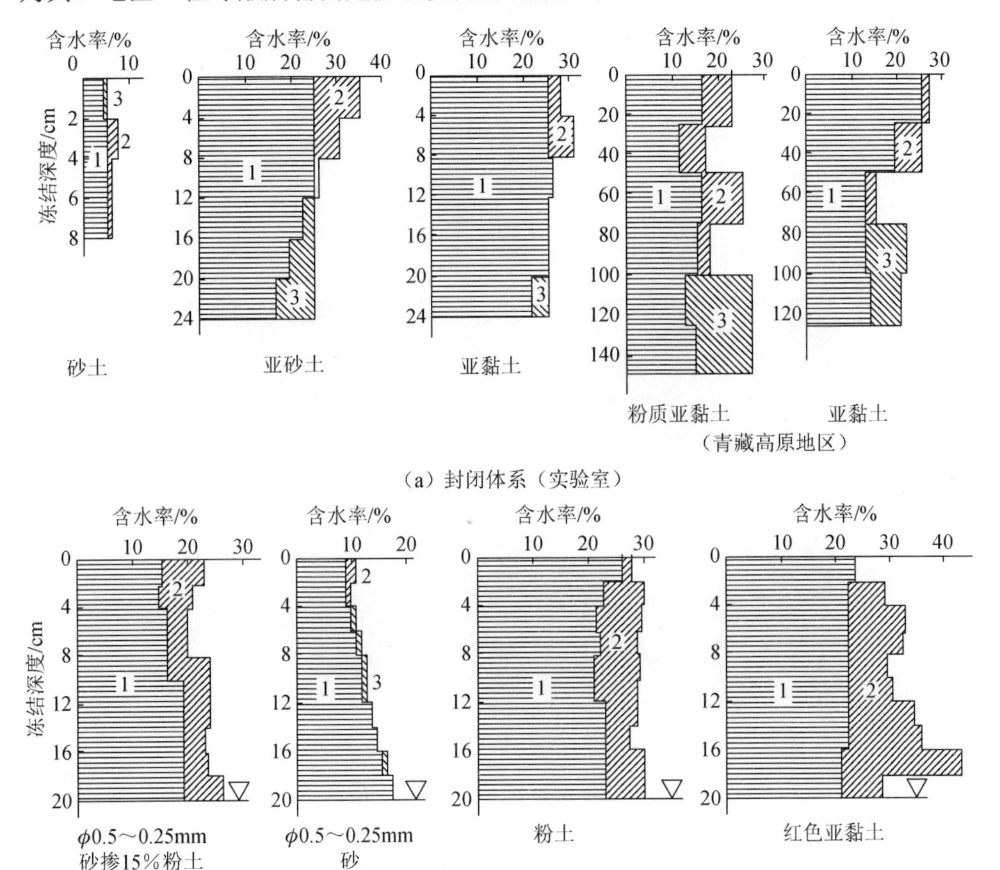


图 3-3　冻结前后土中水分重分布状况

1—冻结前土中水分；2—冻结后土中水分的增量；3—冻结后土中的水分减少量

## 3.2　黄土冻结过程水分迁移试验研究

### 3.2.1　试验方案设计

1. 试验装置及试验材料

室内水分迁移试验所用的黄土试样取自陕西省西安市北郊某工程基坑内，试验用黄土试样的物理性能参数见表 3-1。

**表 3-1　试验用黄土试样的物理性能参数**

| 相对密度 | 液限/% | 塑限/% | 塑性指数 |
|---|---|---|---|
| 2.71 | 30.9 | 18.1 | 12.8 |

水分迁移试验装置如图 3-4 所示，试验土样装在长度为 55cm、直径为 25cm 的圆柱形管内，四周包裹绝热材料，保证土样沿轴向单向导热。试验过程中，在试样两端采用冷浴装置施加温度梯度，控制温度的冷浴循环器的型号为 NESLAB LT-50DD，控温范围为−50～+40℃，控温误差为±0.03℃，其中冷端控制为负温，以使土样冻结。在试样上，每间隔 5cm 布置一个热电阻温度传感器，实时监测试样中温度的变化，传感器量测精度为±0.1℃。

（a）实体图

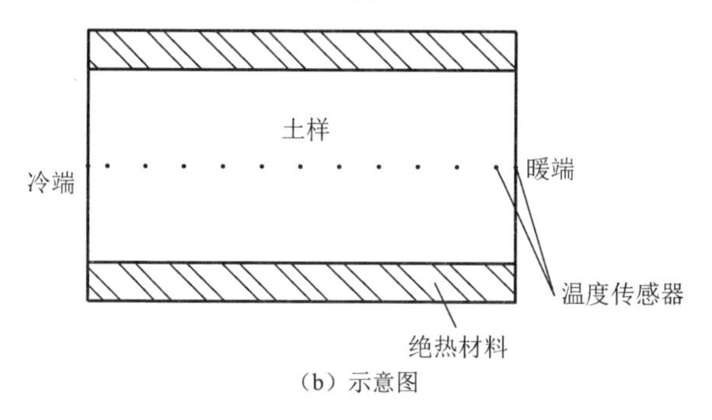


（b）示意图

图 3-4　水分迁移试验装置

2. 试验方案及试验步骤

为了研究土体密度、含水率、冻结温度（冻结速率）对黄土水分迁移进程的影响规律，试验共选用 13 组土样，具体试验条件，即试验工况见表 3-2。

表 3-2　试验工况

| 土样编号 | 干密度$\rho_d$/（g/cm$^3$） | 初始含水率 $w$/% | 暖端温度/℃ | 冷端温度/℃ | 时间/d |
|---|---|---|---|---|---|
| 1 | 1.3 | 19.4 | 20 | −13 | 14 |
| 2 | 1.5 | 19.4 | 20 | −13 | 14 |
| 3 | 1.65 | 19.4 | 20 | −13 | 14 |
| 4 | 1.3 | 16.2 | 20 | −13 | 14 |
| 5 | 1.5 | 16.2 | 20 | −13 | 14 |
| 6 | 1.65 | 16.2 | 20 | −13 | 14 |
| 7 | 1.3 | 13.3 | 20 | −13 | 14 |
| 8 | 1.5 | 13.3 | 20 | −13 | 14 |
| 9 | 1.65 | 13.3 | 20 | −13 | 14 |
| 10 | 1.3 | 19.4 | 20 | −7 | 14 |
| 11 | 1.3 | 19.4 | 20 | −10 | 14 |
| 12 | 1.3 | 19.4 | 20 | −7℃冻结 5d；<br>−10℃冻结 5d；<br>−13℃冻结 4d | 14 |
| 13 | 1.3 | 19.4 | 20 | −7℃冻结 7d；<br>−13℃冻结 7d | 14 |

具体试验步骤如下：

1）制备试样。将试验用黄土过 2mm 筛，按照试验需要配成不同含水率的试样，保湿静置 48h 后根据设计干密度每 5cm 一层分层装进管内，保证土样干密度是一致的，然后用塑料薄膜密封土样两端，使土样处于封闭系统。

2）在管壁一侧沿长度方向每隔 5cm 预设小孔，土样装填后，从预设孔植入温度传感器，然后管周包裹绝热材料。

3）将土样水平放置，按试验条件要求施加温度梯度，在冻结过程中记录温度随时间的变化规律。

4）根据试验方案设计每个试样冻结 14d（根据试验数据知 14d 可使试样温度场稳定），冻结过程水分迁移时间结束后立即取出土样，保持土样冻结状态削取不同位置的试样，并测定其含水率分布规律（图 3-5）。

（a）削取土样

（b）称土样质量

图 3-5　含水率测定

5）采用上述步骤完成所有试样的试验。

### 3.2.2　温度场分析

按照上述试验步骤，完成了对不同密度、含水率的黄土试样在不同冻结温度（冻结速率）下的水分迁移试验。由于温度测试数据很多，下面仅列出有代表性的温度场试验结果，如图 3-6～图 3-11 所示。

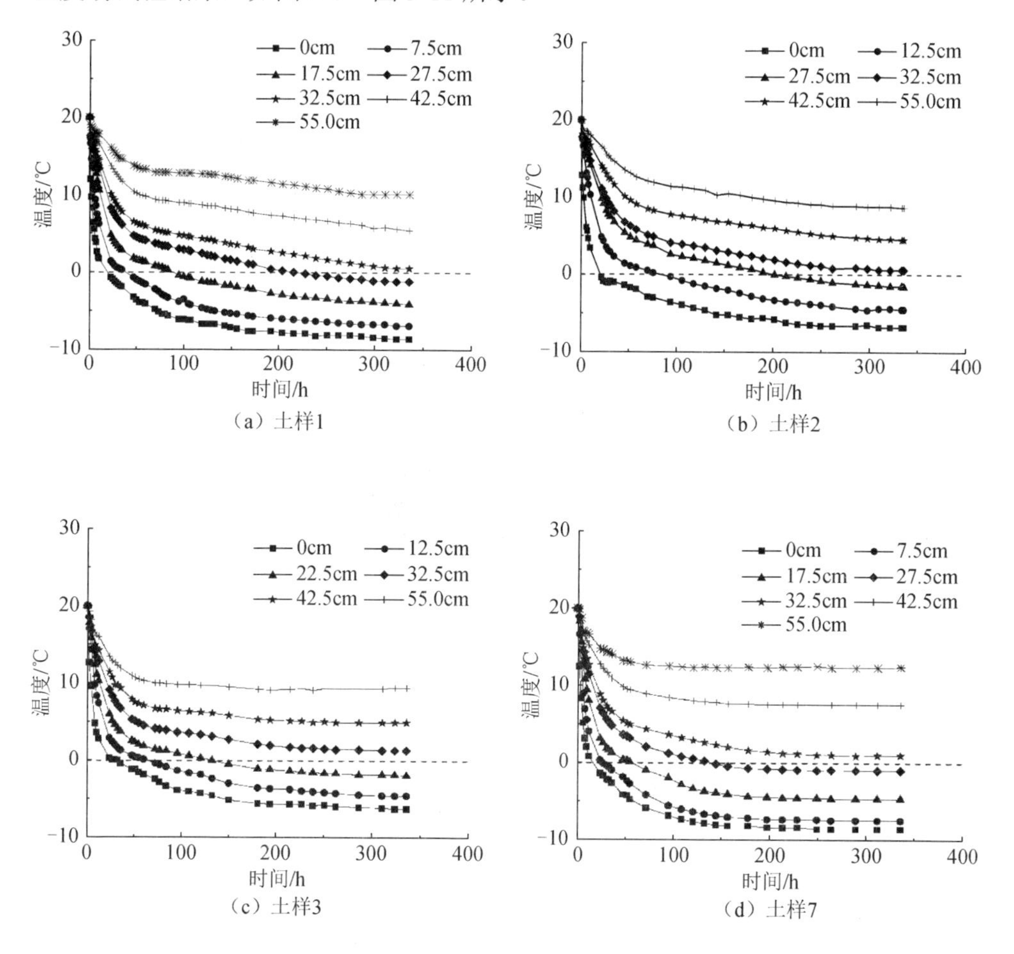


图 3-6　距冷端不同距离温度随时间的变化规律曲线（冷端温度为-13℃）

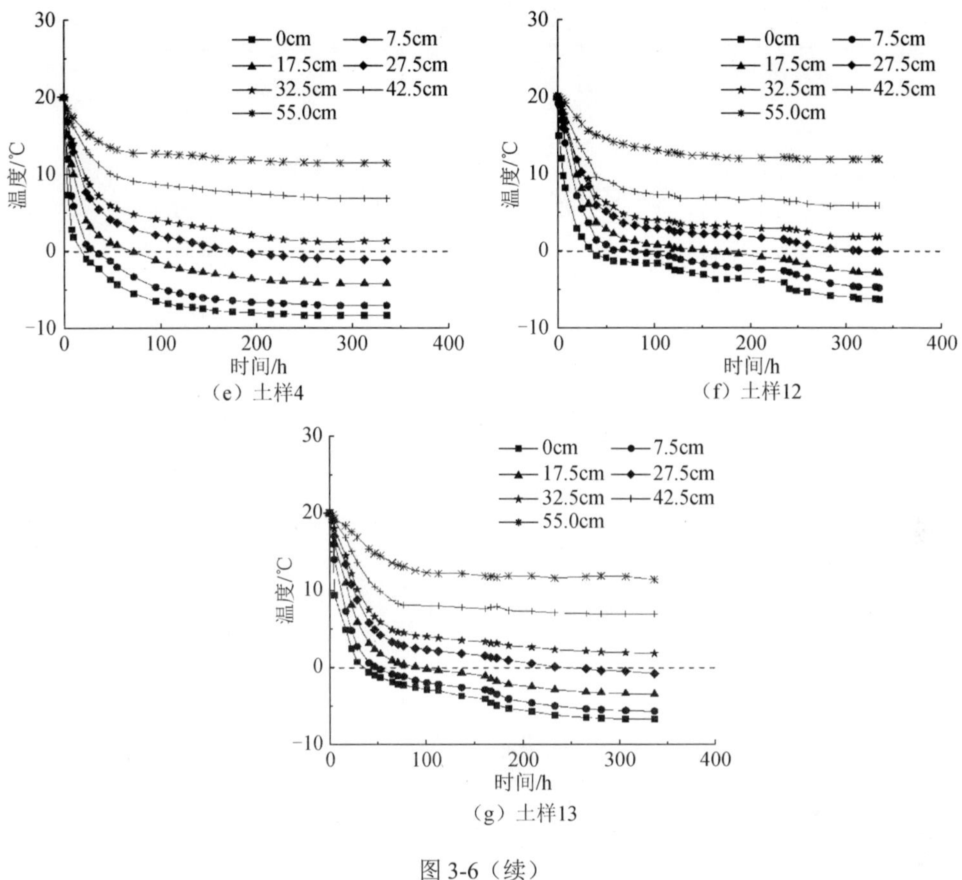


（e）土样4

（f）土样12

（g）土样13

图 3-6（续）

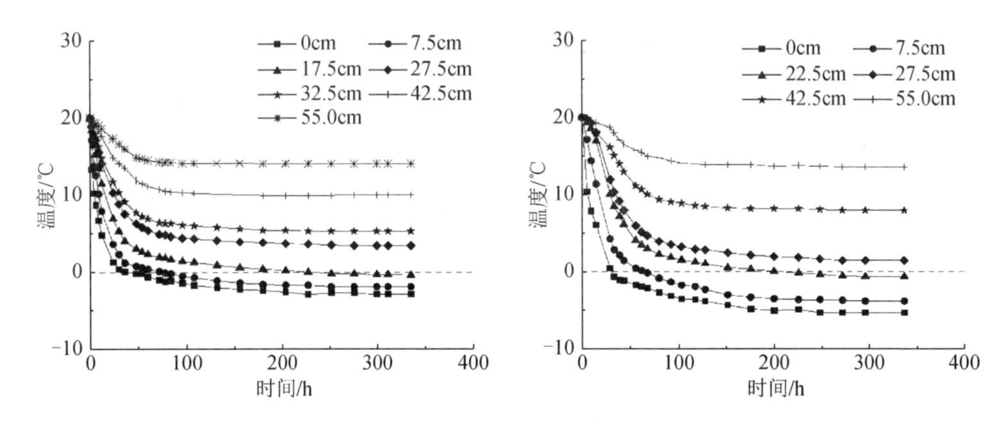


图 3-7　距冷端不同距离温度随时间的变化规律曲线（冷端温度为−7℃）

图 3-8　距冷端不同距离温度随时间的变化规律曲线（冷端温度为−10℃）

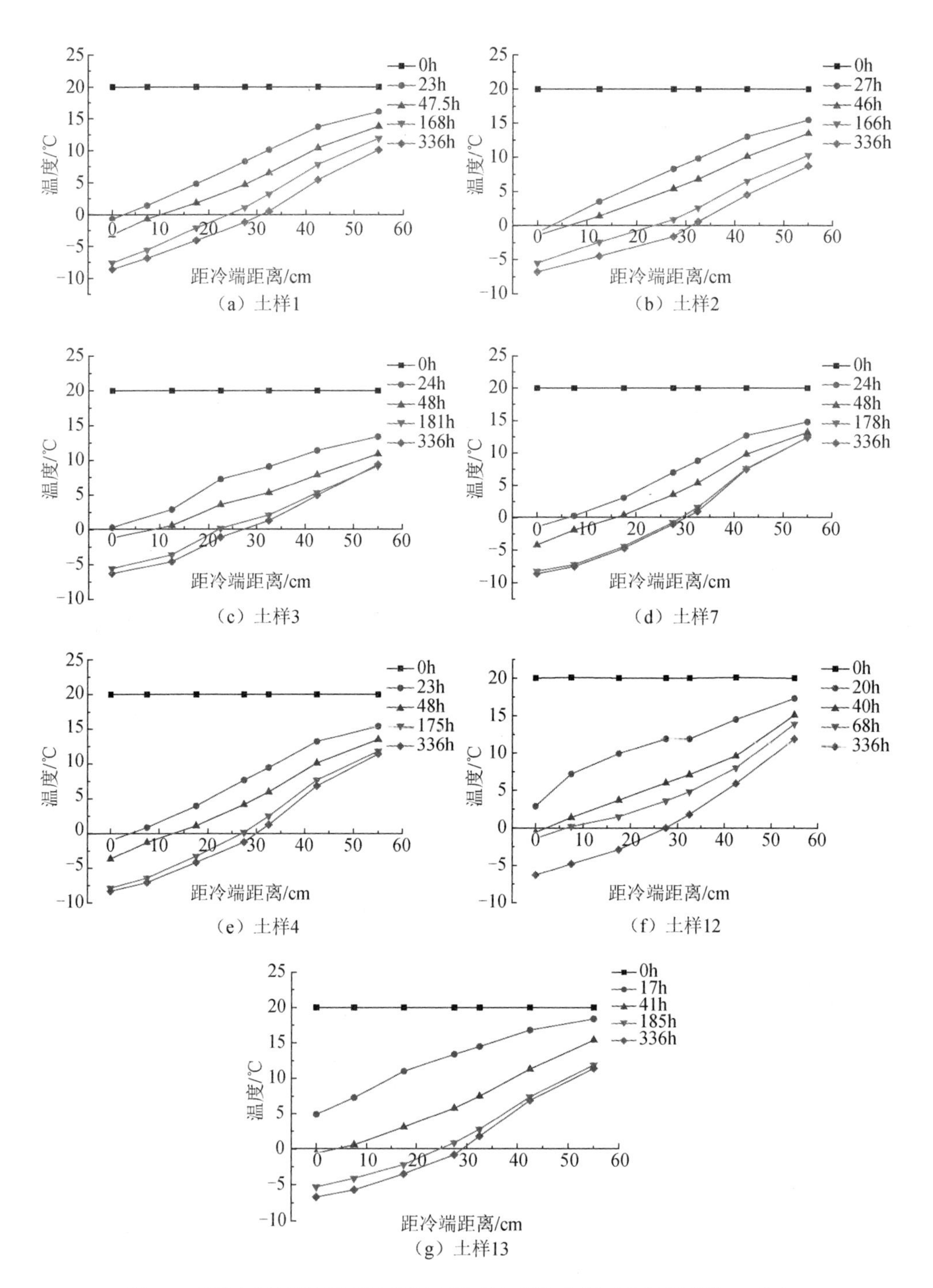


图 3-9　不同时刻温度随距冷端距离的变化规律曲线（冷端温度为-13℃）

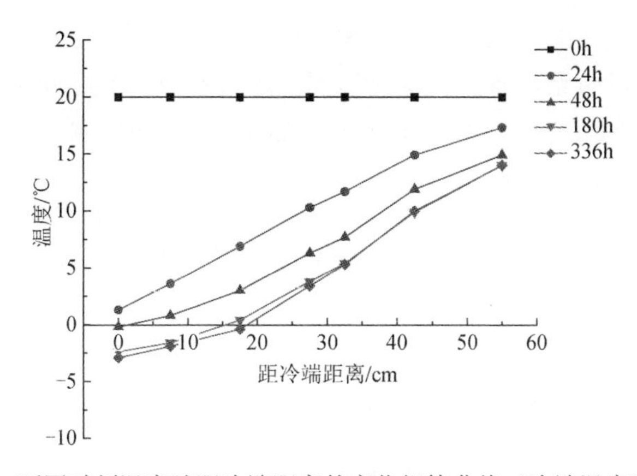


图 3-10　不同时刻温度随距冷端距离的变化规律曲线（冷端温度为-7℃）

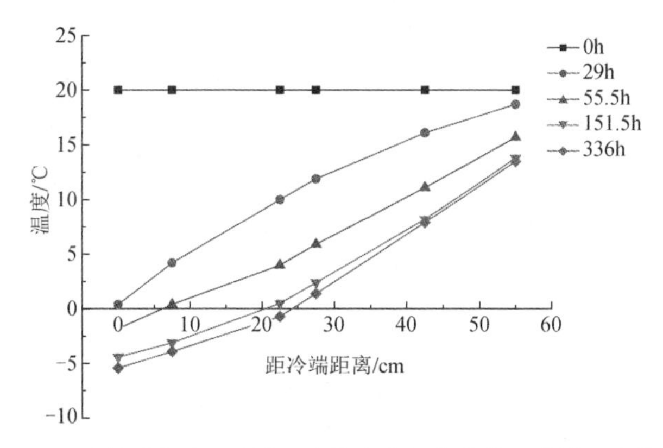


图 3-11　不同时刻温度随距冷端距离的变化规律曲线（冷端温度为-10℃）

从图 3-6～图 3-11 中可看出，在降温初期，土样冷端处的温度急剧降低，随着冻结时间的增长，降温速率逐渐减小，最终维持在一个稳定的温度数值。随着距冷端距离的增大，温度变化表现出相似的变化规律，但降温速率和温度降低的幅度逐渐减小，最终试样内部温度随距冷端距离的变化呈现一个近似线性的稳定温度梯度分布。值得注意的是，干密度越大，试样温度达到稳定所需时间越短，这是由于干密度较大的试样导热系数较大；含水率越大，温度达到稳定所需的时间越长，这是由于含水率较高的试样冻结过程中放出的相变潜热也越大，温度变化速率较缓慢。此外，从图 3-9～图 3-11 中还可以看出，在距冷端附近一定范围之内，试样出现冻结，为试样的冻结区；其余位置土体在试验过程中一直未发生冻结，为试样的未冻区。

### 3.2.3　水分场分析

1. 初始干密度对水分迁移的影响

图 3-12 所示为不同干密度试样冻结稳定后的含水率分布。图 3-12 显示，干

密度越大，冻结锋面的含水率增幅越大，冻结区的水分迁移量越小。这是因为干密度越大，土样导热系数越大，冻结锋面到达稳态位置的时间越短，相应的温度稳定时冻结锋面在稳态位置的时间越长，冻结锋面聚集的水分越多。在冻结区，因为干密度大的试样冻结锋面推进快，且渗透系数小，所以水分迁移少，含水率增幅较小。进一步研究发现，土样干密度不同，冻结锋面位置不同，干密度越大，冻结锋面位置越靠近冷端。产生这一现象的原因主要与冻结区土体的含水率分布差异有关，干密度较大时，冻结区含水率增幅较小，导热系数增幅较小，阻碍了冻结锋面向前推进。反之，干密度较小时，冻结区导热系数增幅较大，有利于冻结锋面向前推进。

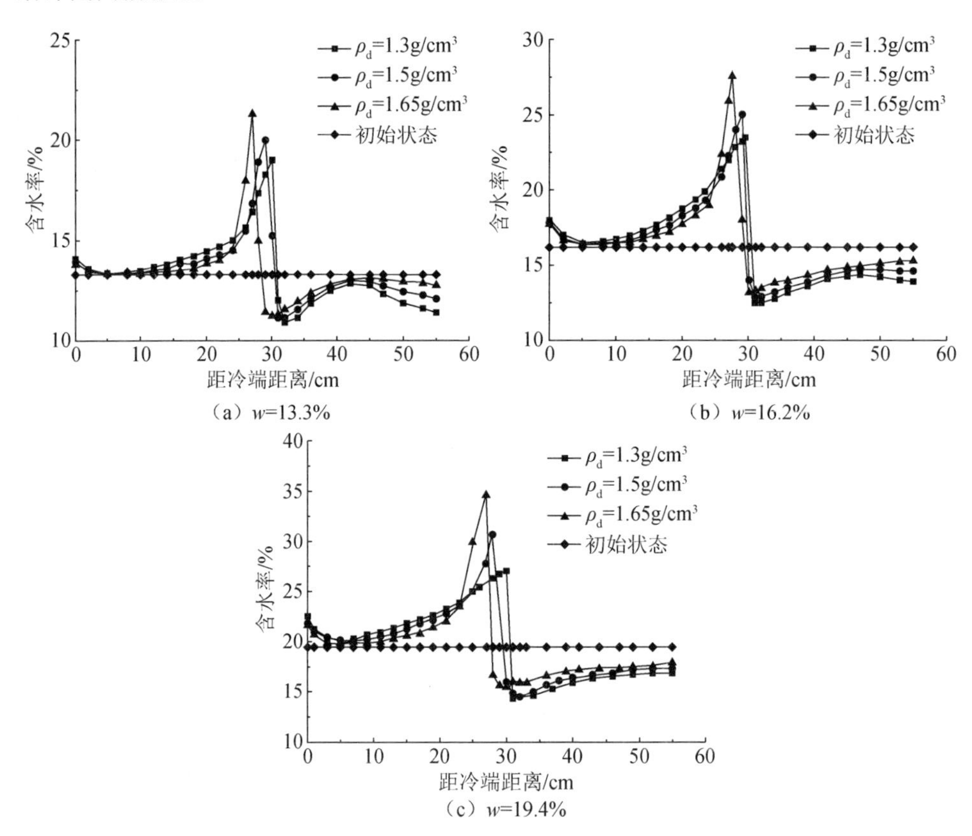


图 3-12　不同干密度试样冻结稳定后的含水率分布（冷端温度为−13℃）

2. 初始含水率对水分迁移的影响

图 3-13 所示为不同初始含水率试样冻结稳定后的含水率分布。从图 3-13 中可以看出，初始含水率对冻结过程试样的水分迁移影响显著，但对冻结锋面的位置影响不大。初始含水率越大，渗透系数越大，水分迁移量越大，冻结锋面处含

水率增加量越大。此外，冻结稳定时在与冻结锋面邻近的未冻区含水率相比初始含水率明显减小，这是因为冻结锋面对未冻区产生抽吸力，且未冻区存在温度梯度，温度梯度使未冻区出现基质吸力差，导致水分从暖端高温区向低温区迁移，出现低温区含水率增大现象，但在紧邻冻结锋面附近的未冻区段，水分迅速向冻结锋面迁移，导致该段出现含水率减小的现象。值得注意的是，冻结稳定后，在未冻区从邻近冻结锋面到暖端，含水率先增大后减小，且初始含水率越小，这种现象越明显。产生这一现象的原因是，在冻结锋面抽吸力作用下，冻结锋面邻近的未冻区水分向冻结锋面迁移，距冻结锋面较远的未冻区在温度梯度和较大水势差作用下加速补给，但土体含水率越小，渗透系数越小，补给越缓慢，从而造成了未冻区从邻近冻结锋面到暖端出现含水率先增大后减小的现象。

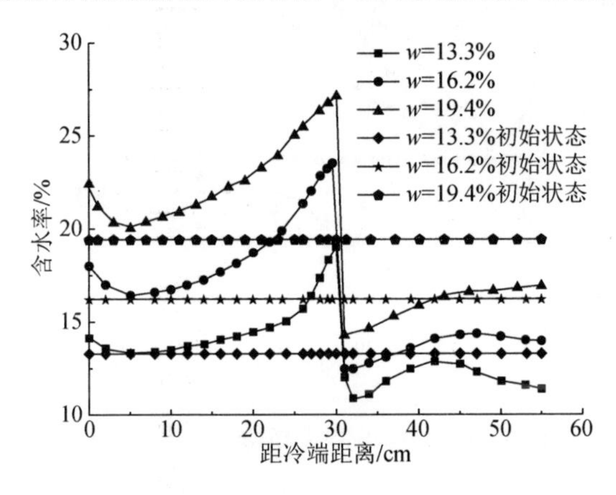


图 3-13　不同初始含水率试样冻结稳定后的含水率分布（冷端温度为-13℃）

### 3. 冷端冻结温度对水分迁移的影响

图 3-14 所示为不同冷端温度冻结稳定后的含水率分布。从图 3-14 中可以看出，冷端温度对冻结锋面位置影响显著，冷端冻结温度越低，稳态冻结锋面越远离冷端，冻结区越大，且冷端冻结温度对冻结区含水率增加幅度有一定影响。分析其原因，冻结温度越低，土样温度梯度越大，冻结速率越大，试样的冻结速度越快，水分迁移时间较短，因而靠近冷端冻结区含水率增幅较小；反之，冻结温度越高，土样温度梯度越小，冻结速率越小，试样的冻结速度越慢，水分迁移时间较长，因而靠近冷端冻结区含水率增幅较大。

### 4. 冻结方式对水分迁移的影响

图 3-15 所示为不同冻结方式冻结稳定后的含水率分布。3 个土样经历不同方式的冻结过程，最终冷端冻结温度相同，为-13℃。在相同冻结时间内，土样 1 冷端在始终维持在负温（-13℃）情况下冻结，土样 12 冷端在经历二次变温情况

下冻结，土样 13 冷端在经历一次变温情况下冻结。图 3-15 中显示出，冷端维持一个负温冻结条件下，试样温度场达到稳态后冻结区含水率总体上呈现自冷端到冻结锋面单调增大的分布。但在冷端变温冻结情况下，冻结区含水率分布出现谷峰相连的波形分布，波峰数量与变温次数相对应。这主要是因为每次变温都会有较短的快速降温过程，这个过程使冻结锋面快速推进，冻结锋面的快速推进使水分向冻结锋面迁移相对较少，所以出现谷峰相连波形。最终在冻结温度相同情况下，不同冻结方式也使得水分迁移量发生变化，土样 1 的水分迁移量相对较大。因此，冻结方式直接影响冻结区的含水率分布和水分迁移总量。

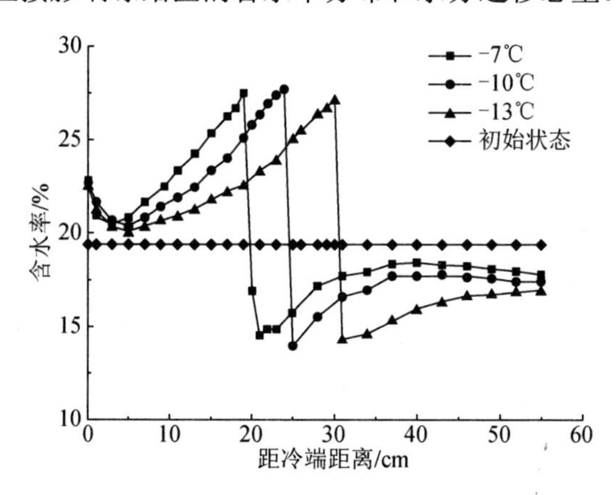


图 3-14　不同冷端温度冻结稳定后的含水率分布

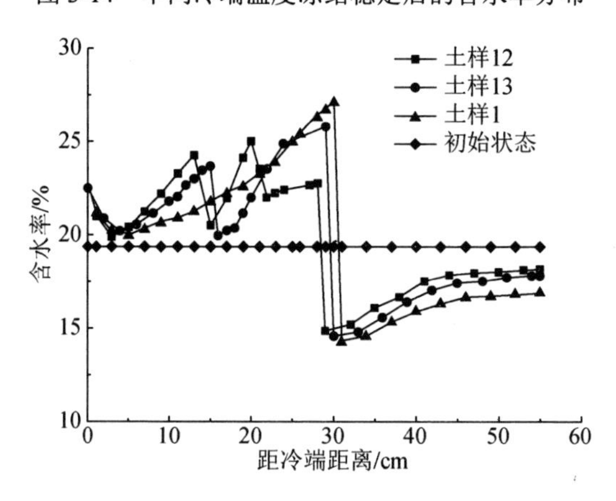


图 3-15　不同冻结方式冻结稳定后的含水率分布

综合上述水分迁移试验结果，可以发现对每一个试样，在冷端施加负温一定时间后，试样分成两个部分，含水率明显增大部分为冻结区，含水率明显减小部分为未冻区，含水率在冻结锋面处增加最大。冻结锋面在土样冷端开始施加负温后处于非稳态，自冷端向暖端逐渐推进，直到稳态冻结锋面。冻结区含水率增大，未冻区含水率减小是由于在非稳态冻结锋面变化过程中，未冻区水分向冻结锋面迁移，未冻区没有水分补给。每个试样冻结区距离冷端 2cm 左右内含水率局部增大，这是因为试样冻结前其温度为室温，当试验开始时，试样冷端从室温降温到 0℃需要一段时间，温度变化剧烈水势差较大且有充足的水分补给，所以在冷端端部出现了局部含水率增大的现象。

## 3.3　已冻黄土水分迁移试验研究

已冻黄土水分迁移包括气态水迁移和液态水迁移，下面分别就这两方面进行试验研究。

### 3.3.1　试验方案设计

1. 试验装置及试验材料

试验所用黄土试样与上述冻结过程水分迁移试验所用黄土试样相同，试验用黄土试样的物理性能参数见表 3-1。

已冻黄土气态水迁移试验装置如图 3-16 所示。试验装置为长 21cm、直径 10cm 的圆柱形 PVC 管，一端装干土（含水率较小），一端装湿土（含水率较大），分别按照试验条件要求分层装填 10cm，然后两两对接，对接处留出约 1cm 的空间，在其中放置纱网，以便土中的水分只能以气态水方式通过网孔迁移，再用塑料纸及胶带密封两端头。已冻黄土液态水迁移装置和气态水迁移装置基本相同，唯一不同的是中间没有 1cm 的纱网间隔，两端土样紧挨。

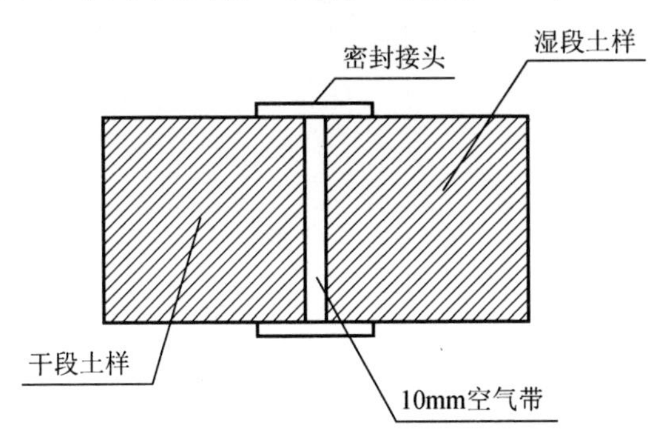


图 3-16　已冻黄土气态水迁移试验装置

2. 试验方案及试验步骤

考虑含水率梯度、含水率水平对已冻黄土水分迁移的影响变化规律，试验条件见表 3-3。

**表 3-3　已冻黄土水分迁移试验条件**

| 干密度/（$g/cm^3$） | 含水率梯度/% | 含水率水平 *w*/% | 冻结时间/d |
|---|---|---|---|
| 1.3 | 5 | 10～15 | 14 |
| 1.3 | 5 | 15～20 | 14 |
| 1.3 | 5 | 20～25 | 14 |
| 1.3 | 10 | 10～20 | 14 |
| 1.3 | 15 | 10～25 | 14 |

具体试验步骤如下：

1）将试验用黄土过 2mm 的筛，按照试验需要配置成不同含水率，保湿静置 2d 后根据设计的干密度分层装进管内。

2）根据试验条件安装试验装置分别将 PVC 管两两对接，然后密封两端及接缝处。

3）将土样水平放置，放入冻融箱 14d，冻结温度为-10℃。

4）冻结时间结束后立即取出土样，放入烘干箱，以 50℃的温度快速融化土样，然后取不同位置的土样测定其含水率分布。

5）采用上述步骤完成所有试样的试验。

### 3.3.2　试验结果分析

图 3-17 所示为已冻黄土液态水迁移试验结果。从图 3-17 中可以看出，含水率梯度、含水率水平对已冻黄土液态水迁移基本没有影响。分析其原因，主要是土中水分在较低的负温下均已冻结成固体，剩余水分也只有强结合水，而强结合水发生迁移是很困难的。图 3-18 所示为已冻黄土气态水迁移试验结果。从图 3-18 中可以看出，含水率梯度、含水率水平对已冻黄土气态水迁移影响也较微弱。综合起来分析，不难发现已冻黄土中水分迁移对工程而言可忽略不计。

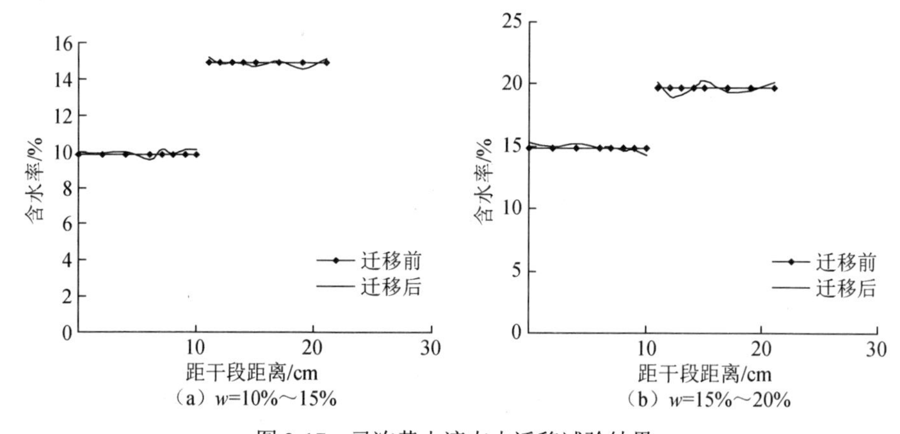


图 3-17　已冻黄土液态水迁移试验结果

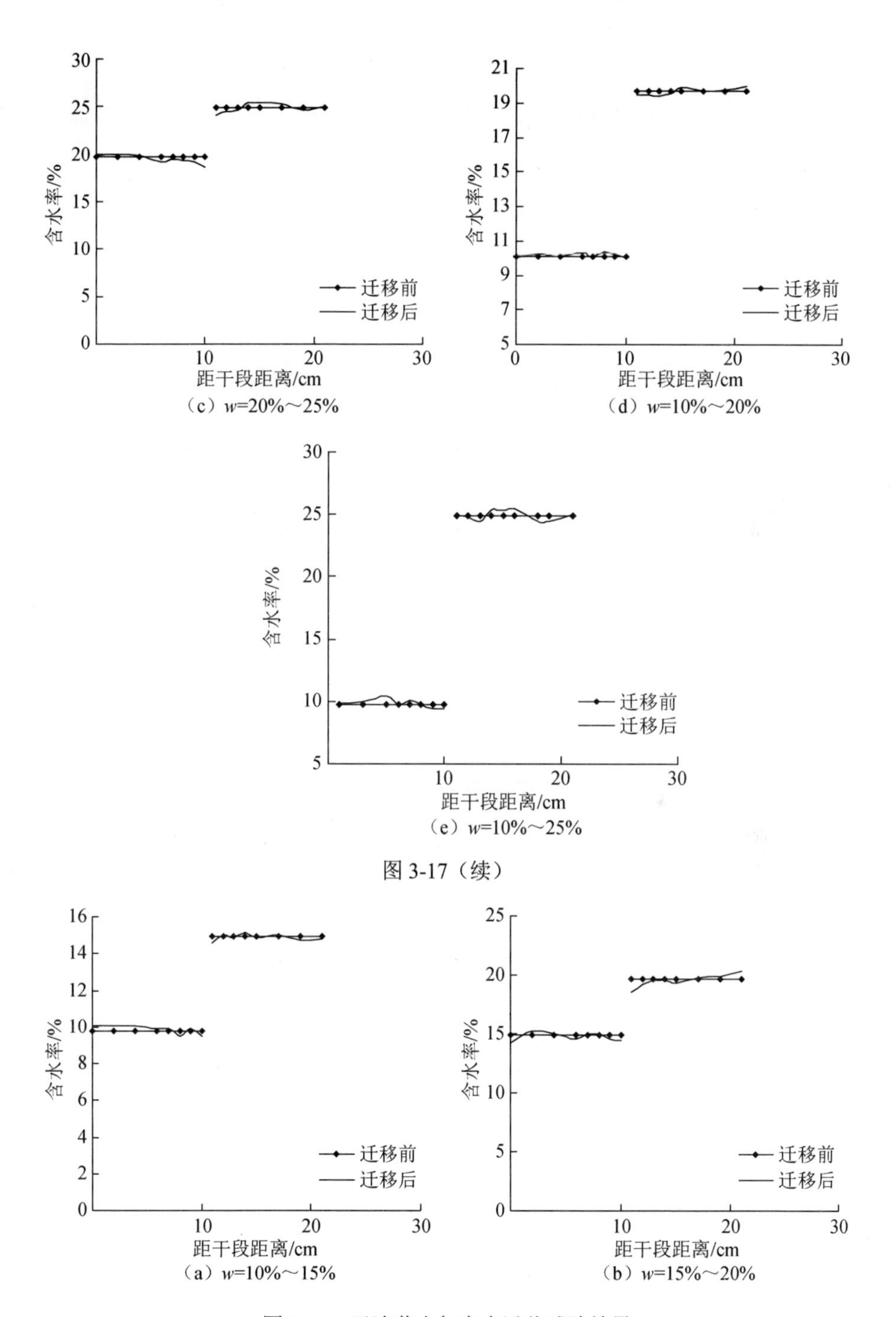


（c）$w$=20%～25%

（d）$w$=10%～20%

（e）$w$=10%～25%

图 3-17（续）

（a）$w$=10%～15%

（b）$w$=15%～20%

图 3-18　已冻黄土气态水迁移试验结果

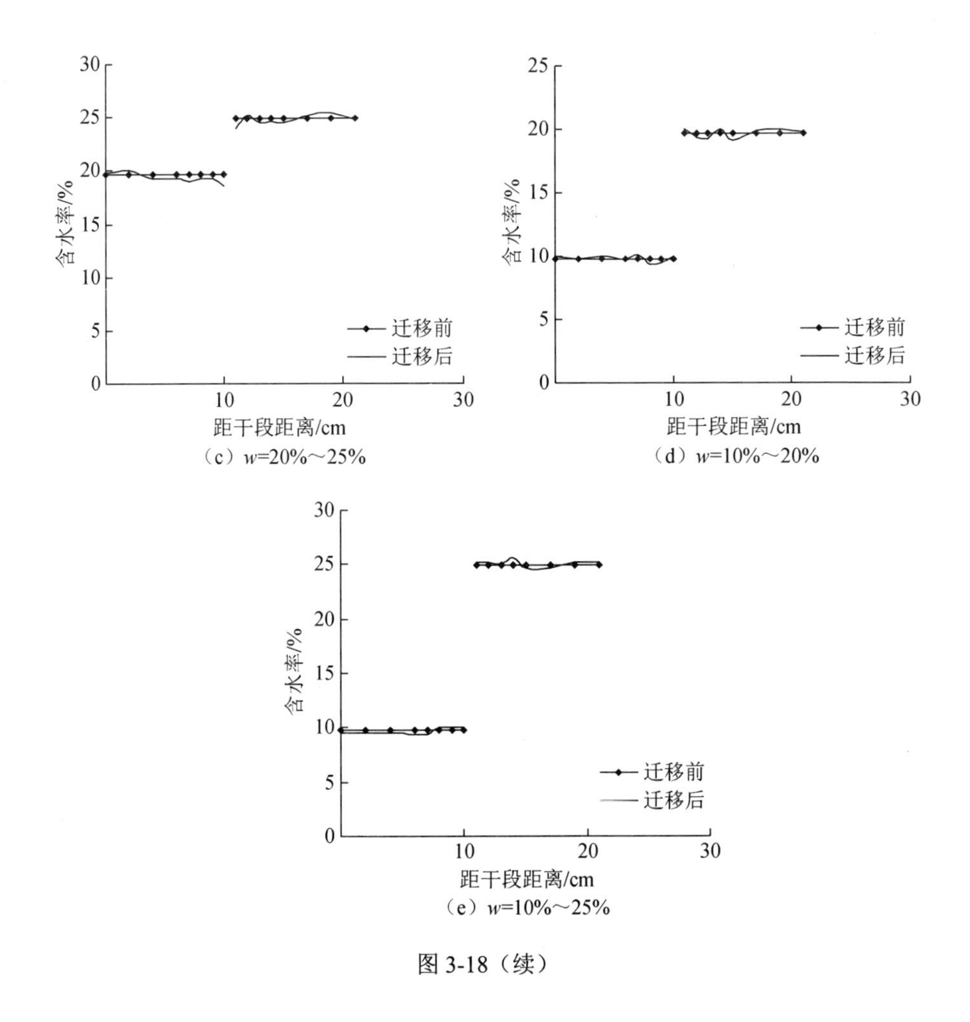

（c）$w$=20%～25%

（d）$w$=10%～20%

（e）$w$=10%～25%

图 3-18（续）

## 3.4　冻结过程水分迁移机理分析

土体的冻结和融化过程是指其中的水分在相应过程中的固液相变，由于土颗粒及其所构成的孔隙空间与水分的相互作用，负温条件下的土水并不完全冻结，而是与温度满足动态平衡关系，即随着温度的降低其中未冻水含水率减小。试验研究表明，土体在冻结过程中伴生一系列物理、物理化学和物理力学过程的变化及水分迁移和析冰作用。按照冻土力学观点，对正冻土进行典型区域划分（图 3-19）：①根据是否被冻结，稳定温度场及水分场的试样内被划分为未冻区和广义的冻结区[10]；②根据水分迁移的活跃程度，把广义的冻结区划分为冻结区和冻结缘，冻结区和冻结缘的交界面是冰透镜体，冻结缘和未冻区的交界面是冻结锋面。试验结束后，用肉眼看到试样外侧冰的存在，认为这部分就是冻土力学上划分的冻结区，在试验过程中，冻结区是逐渐增大的。

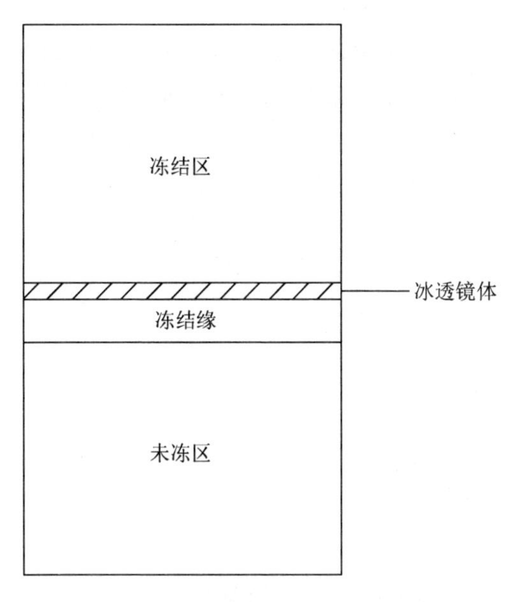


图 3-19　正冻土区域划分示意图

如前所述，当温度降到土体冻结温度以下时，土体内部就形成一个冻土与非冻土的界面，即为冻结锋面，或称冻结缘。孔隙水产生冻结，在冻结缘形成冰晶体，体积膨胀而使土颗粒位移，非冻土颗粒孔隙出现真空和负压。在土颗粒、冰晶体的抽吸力和真空负压的作用下，非冻结带的水分被抽吸到冻结缘上，形成新的冰晶体。由于这种“力”或“势”的驱动，冻结缘下部一定范围内的水分子不断地流向冻结缘，这就产生了向冻结锋面的水分迁移[11~15]，如图 3-20 所示。

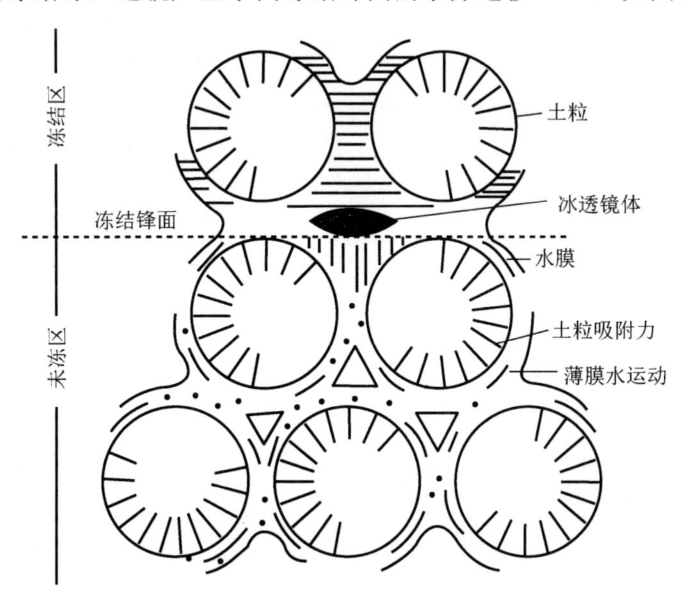


图 3-20　土中水分向冻结锋面迁移示意图

在冰晶体增长引起土颗粒间距扩大和土颗粒位移的过程中，水分子不断流入且结晶，产生“冰劈”作用而在冻土中形成层理及厚度不等的冰透镜体。当冻结缘的冷能和水分结冰放出的潜热及冻结缘下卧的未冻土传来的地热相平衡时，冻结缘就能相对稳定在某个位置，可以形成很厚的冰层。水分向冻结缘迁移，导致有效水分补给区水分减小，冻结缘下卧土体产生收缩。冻结缘得不到水分补给而破坏了热平衡状态，随着土温继续降低，冻结缘就继续向未冻土移动。到达水分能补给的地段，又出现新的热平衡状态，冻结缘又会缓慢地停止移动，冰晶的分凝作用又活跃起来，形成新的冰透镜体（图 3-21）。这样，冻结缘时慢时快，在冻结过程便可形成冻土中冰透镜体成层分布的规律。

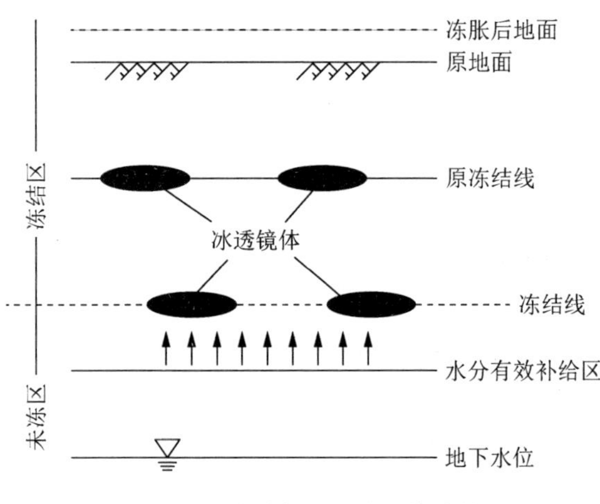


图 3-21　不同冻结锋面上冰透镜体的形成

## 3.5　黄土冻结过程水分迁移数值计算分析

### 3.5.1　水分场的数值计算方法

1. 水分场控制方程

假定引起土中水分迁移的唯一原因是水头（势能）差。温度、含水率、冻结等因素引起土中的水分迁移都是因为这些因素引起了土体中水头的变化，且这些因素均在不断地变化，因此冻结作用下水分迁移是非稳态的。二维非稳态水分迁移的偏微分方程可表示为

$$\frac{\partial}{\partial x}\left(k_{xx}\frac{\partial h}{\partial x}+k_{xy}\frac{\partial h}{\partial y}\right)+\frac{\partial}{\partial y}\left(k_{xy}\frac{\partial h}{\partial x}+k_{yy}\frac{\partial h}{\partial y}\right)=m_2^{\mathrm{w}}\rho_{\mathrm{w}}g\frac{\partial h}{\partial t} \tag{3-1}$$

式中，$h$ 为水头；$m_2^{\mathrm{w}}$ 为与基质吸力变化有关的水的体积变化系数；$\rho_{\mathrm{w}}$ 为水的密度；$g$ 为重力加速度；$k_{xx}$、$k_{xy}$、$k_{yy}$ 的意义为

$$\begin{cases} k_{xx} = k_1 \cos^2 \alpha + k_2 \sin^2 \alpha \\ k_{yy} = k_1 \sin^2 \alpha + k_2 \cos^2 \alpha \\ k_{xy} = (k_1 - k_2) \cos \alpha \sin \alpha \end{cases} \tag{3-2}$$

其中，$k_1$、$k_2$ 分别为大、小渗透系数；$\alpha$ 为大渗透系数方向与 $x$ 方向的夹角。

采用简单的三节点三角形单元（图 3-22），通过 Galerkin（伽辽金）加权残余原理建立相应的非稳态渗流问题的有限元公式。

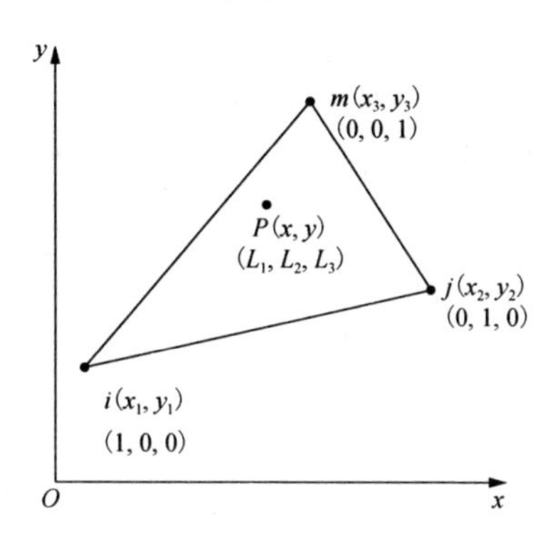


图 3-22　三角形单元

图中点处对应上方符号为笛卡儿坐标，下方符号为面积坐标

方程（3-1）的 Galerkin 解可由三角形单元的面积和边界表面的积分得到

$$\int_A [B]^{\mathrm{T}} [k_{\mathrm{w}}][B] \mathrm{d} A \{h\} + \int_A [L]^{\mathrm{T}} \lambda [L] \mathrm{d} A \frac{\partial \{h\}}{\partial t} - \int_S [L]^{\mathrm{T}} \overline{v}_{\mathrm{w}} \mathrm{d}S = 0 \tag{3-3}$$

式中，$[B]$为面积坐标的导数矩阵，可表达为$\frac{1}{2A}\begin{bmatrix} (y_2 - y_3) & (y_3 - y_1) & (y_1 - y_2) \\ (x_2 - x_3) & (x_3 - x_1) & (x_1 - x_2) \end{bmatrix}$，$x_i$、$y_i$（$i$=1，2，3）为单元三节点的坐标；$A$ 为单元面积；$[k_{\mathrm{w}}]$为单元内的渗透系数矩阵，可表达为$\begin{bmatrix} k_{xx} & k_{xy} \\ k_{xy} & k_{yy} \end{bmatrix}$；$\{h\}$为水头列阵，其为单元三节点的水头，可表达为$\begin{Bmatrix} h_1 \\ h_2 \\ h_3 \end{Bmatrix}$；$\lambda = \rho_{\mathrm{w}} g m_2^{\mathrm{w}}$，其中，$\rho_{\mathrm{w}}$ 为水的密度，$g$ 为重力加速度；$\overline{v}_{\mathrm{w}}$ 为单元外部垂直于单元边界方向的水流速度；$S$ 为单元周长；$[L]$为单元的面积坐标矩阵，可表达为$\{L_1 \quad L_2 \quad L_3\}$，$L_1$、$L_2$、$L_3$ 为单元内各点的面积坐标，与单元节点的 Cartesion（笛卡儿）坐标的关系为

$$\begin{cases} L_1 = (1/2A)\{(x_2 y_3 - x_3 y_2) + (y_2 - y_3)x + (x_3 - x_2)y\} \\ L_2 = (1/2A)\{(x_3 y_1 - x_1 y_3) + (y_3 - y_1)x + (x_1 - x_3)y\} \\ L_3 = (1/2A)\{(x_1 y_2 - x_2 y_1) + (y_1 - y_2)x + (x_2 - x_1)y\} \end{cases}$$

式中，$x_i$、$y_i$（$i$=1，2，3）为单元内一点的坐标。

对式（3-3）进行数值积分，得到如下表达式：

$$[D]\{h\}+[E]\frac{\partial\{h\}}{\partial t}=[F] \tag{3-4}$$

式中，$[D]$为刚度矩阵，即$[B]^{\mathrm{T}}[k_{\mathrm{w}}][B]A$；$[E]$为容量矩阵，即$\frac{\lambda A}{12}\begin{bmatrix}2&1&1\\1&2&1\\1&1&2\end{bmatrix}$；$[F]$为反应边界条件的流量矢量，即$\int_S[L]^{\mathrm{T}}\overline{v}_{\mathrm{w}}\mathrm{d}S$；$\{h\}$为节点上的水头向量。

对式（3-4）中的时间导数采用向后差分法进行近似表达，最终可得两维水分迁移的有限元控制方程为

$$\left([D]+\frac{[E]}{\Delta t}\right)\{h\}_{t+\Delta t}=\frac{[E]}{\Delta t}\{h\}_t+[F] \tag{3-5}$$

式中，$\Delta t$为时间步长。

2. 水分场数值计算模型参数取值

求解方程（3-5）之前首先要确定式中水头的大小。影响水头大小的因素很多，但对冻土而言，主要考虑重力、基质吸力、温度和相变，其中相变只发生在相变区域。考虑这些因素后，水头$h$应由重力水头$h_{\mathrm{g}}$、基质吸力水头$h_{\mathrm{u}}$、温度水头$h_{\mathrm{T}}$和相变界面水头$h_{\mathrm{c}}$组成，即

$$h=h_{\mathrm{g}}+h_{\mathrm{u}}+h_{\mathrm{T}}+h_{\mathrm{c}} \tag{3-6}$$

重力水头是土中水在重力场中相对于基准面的位置时具有的重力势，只要基准面确定，重力水头即可确定。

基质吸力是孔隙气压力与孔隙水压力的差值，通常孔隙气压力等于大气压（$u_{\mathrm{a}}$=0），基质吸力在数值上就等于负孔隙水压力，其值随土中含水率的减小而增大，饱和土的基质吸力等于零。基质吸力一般通过实测得到，可采用张力计量测，知道基质吸力$u_{\mathrm{w}}$后，便可计算吸力水头$h_{\mathrm{u}}$为

$$h_{\mathrm{u}}=u_{\mathrm{w}}/(g\rho_{\mathrm{w}}) \tag{3-7}$$

温度的变化会引起土中水的密度及表面张力发生变化，从而引起基质吸力发生变化，基质吸力的变化又必然对水分迁移产生影响。由温度差引起的基质吸力差即为温度水头。因此温度水头和基质吸力水头可一起综合考虑，引用张辉等[16]的研究结论，将温度作为基质吸力的一个影响因素，综合表达基质吸力水头，表达式为

$$\theta(h)=\theta_{\mathrm{r}}+\frac{\theta_{\mathrm{s}}-\theta_{\mathrm{r}}}{[1+|\alpha h|^n]^m} \tag{3-8}$$

式中，$\theta_r = -0.38 + 0.36\rho_d$；$\theta_s = 1 - 0.38\rho_d$；$\alpha = e^{[(8.89-0.08T)+(-9.36+0.07T)]\rho_d}$；$n = (10.51-0.78T+90.015T^2)+(-14+1.14T-0.022T^2)\rho_d+(5.56-0.41T+0.008T^2)\rho_d^2$；$m=1-1/n$。

在未冻区水头由式（3-8）计算的基质吸力水头组成，相变界面水头取零。对于冻结区，因其中的水分迁移量很小，可忽略不计，取渗透系数为零，此时，计算水头对水分迁移已无意义，但对冻结锋面处，相变界面水头 $h_c$ 尚无法确定。上述试验结果表明，土体密度和含水率均影响冻结锋面水分迁移量，说明相变界面水头与土体密度和含水率有关。后面基于试验结果通过数值模拟试算拟合的方法确定相变界面水头。

与基质吸力（$u_a - u_w$）有关的水体积变化系数 $m_2^w$ 可确定[17]为

$$m_2^w = \alpha mn(\theta_s - \theta_r)\frac{|\alpha h_u|^{n-1}}{\rho_w g(1+|\alpha h_u|^n)^{m+1}} \tag{3-9}$$

非饱和土的渗透系数是比水溶和扩散率的乘积，而比水容和扩散率均与土体的干密度和体积含水率有函数关系，即

$$k_w = C(\theta,\rho_d)D(\theta,\rho_d) = \rho_w g m_2^w D(\theta,\rho_d) \tag{3-10}$$

扩散率根据水平土柱法的试验结果[18]可以描述为

$$D(\theta,\rho_d) = e^{(a\theta^2+b\theta+c)} \tag{3-11}$$

式中，$a$、$b$、$c$ 为回归系数，分别为 $a$=84.5$\rho_d$−57.1，$b$=−56$\rho_d$+61.8，$c$=5.7$\rho_d$−12。

### 3.5.2　温度场的数值计算方法

1. 温度场控制方程

二维非稳态温度场的导热微分方程为

$$\frac{\partial T}{\partial t} = \frac{k}{\rho C_p}\left(\frac{\partial^2 T}{\partial x^2} + \frac{\partial^2 T}{\partial y^2} + \frac{q_v}{k}\right) \tag{3-12}$$

式中，$T$ 为物体的瞬态温度（℃）；$t$ 为过程进行的时间（s）；$k$ 为材料的导热系数[W/（m·℃）]；$\rho$ 为材料的密度（kg/m$^3$）；$C_p$ 为材料的定压比热容[J/（kg·℃）]；$q_v$ 为材料的内热源强度（W/m$^3$）；$x$、$y$ 为直角坐标。

采用加权余量法解方程（3-12），并根据 Galerkin 法可得如下四边形等参单元平面温度场有限元计算的基本方程为

$$\begin{bmatrix} k_{ii} & k_{ij} & k_{ik} & k_{im} \\ k_{ji} & k_{jj} & k_{jk} & k_{jm} \\ k_{ki} & k_{kj} & k_{kk} & k_{km} \\ k_{mi} & k_{mj} & k_{mk} & k_{mm} \end{bmatrix}\begin{Bmatrix} T_i \\ T_j \\ T_k \\ T_m \end{Bmatrix} + \begin{bmatrix} \eta_{ii} & \eta_{ij} & \eta_{ik} & \eta_{im} \\ \eta_{ji} & \eta_{jj} & \eta_{jk} & \eta_{jm} \\ \eta_{ki} & \eta_{kj} & \eta_{kk} & \eta_{km} \\ \eta_{mi} & \eta_{mj} & \eta_{mk} & \eta_{mm} \end{bmatrix}\begin{Bmatrix} \partial T_i/\partial t \\ \partial T_j/\partial t \\ \partial T_k/\partial t \\ \partial T_m/\partial t \end{Bmatrix} = \begin{Bmatrix} p_i \\ p_j \\ p_k \\ p_m \end{Bmatrix} \tag{3-13}$$

将其简写成

$$[K]\{T\}+[N]\left\{\frac{\partial T}{\partial t}\right\}=\{P\} \tag{3-14}$$

式中，各系数表达式为

$$k_{ln}=\int_{-1}^{1}\int_{-1}^{1}\frac{\lambda}{16|J|}\left(D_2\frac{\partial H_n}{\partial \xi}+D_1\frac{\partial H_n}{\partial \eta}\right)\mathrm{d}\xi\mathrm{d}\eta+A\alpha s\quad (l,n=i,j,k,m) \tag{3-15}$$

$$n_{ln}=\int_{-1}^{1}\int_{-1}^{1}\rho C_{\mathrm{p}}|J|H_t H_n\mathrm{d}\xi\mathrm{d}\eta+A\alpha s\quad (l,n=i,j,k,m) \tag{3-16}$$

$$p_l=p_{1l}+p_{2l}=\int_{-1}^{1}\int_{-1}^{1}q_{\mathrm{v}}|J|H_l\mathrm{d}\xi\mathrm{d}\eta+\oint_{\Gamma}kw_l\frac{\partial T}{\partial n}\mathrm{d}s \tag{3-17}$$

式中，$i$、$j$、$k$、$m$ 为单元节点；$k$ 为导热系数；$\rho C_{\mathrm{p}}$ 为容积比热容；$|J|$、$D_1$、$D_2$、$H$ 均为积分基点坐标（$\zeta$，$\eta$）的函数，与节点坐标有关；$\alpha$ 为对流换热系数；$s$ 为换热边界长。$A$ 对非第三类边界取 0；对第三类边界，$l$ 等于 $n$ 时，$A$ 取 1/3，$l$ 不等于 $n$ 时，$A$ 取 1/6。

2. 边界方程

根据不同的边界条件，计算式（3-17）中的 $p_{2l}$，对于第一类边界条件，其边界上的温度为已知，线积分项为零，即对第一类边界条件有

$$p_{2l}=0 \tag{3-18}$$

对于第二类边界条件，已知边界上的热流密度为 $q$，$-k\frac{\partial T}{\partial n}=q$，此时，由于 $w_i=w_j=0$，则可得

$$p_{2t}=p_{2j}=0 \tag{3-19}$$

$$p_{2k}=-\oint_{\Gamma}qw_k\mathrm{d}s=-\int_0^{s_{km}}q\left(1-\frac{s}{s_{km}}\right)\mathrm{d}s=-q-\frac{s_{km}}{2} \tag{3-20}$$

$$p_{2m}=-\oint_{\Gamma}qw_k\mathrm{d}s=-\int_0^{s_{km}}q\frac{s}{s_{km}}\mathrm{d}s=-q-\frac{s_{km}}{2} \tag{3-21}$$

对于第三类边界条件，已知大气的温度为 $T_{\mathrm{a}}$，大气和地表的换热系数为 $\alpha$，其表达式为

$$p_{2t}=\ p_{2j}=0 \tag{3-22}$$

$$p_{2k}=-\frac{\alpha s_{km}}{3}T_k-\frac{\alpha s_{km}}{6}T_m+\frac{\alpha s_{km}}{2}T_\alpha \tag{3-23}$$

$$p_{2k}=-\frac{\alpha s_{km}}{6}T_k-\frac{\alpha s_{km}}{3}T_m+\frac{\alpha s_{km}}{2}T_\alpha \tag{3-24}$$

3. 相变的处理

由于土在冻结和融化过程中会发生冰水相变，考虑相变过程的平面导热微分方程为

$$\rho C_{\mathrm{p}} \frac{\partial T}{\partial t} = \frac{\partial}{\partial x}\left(k\frac{\partial T}{\partial x}\right) + \frac{\partial}{\partial y}\left(k\frac{\partial T}{\partial y}\right) + q_{\mathrm{v}} + \rho L\frac{\partial f_{\mathrm{S}}}{\partial t} \tag{3-25}$$

式中，$L$ 为土体冻结或融化相变潜热；$f_{\mathrm{S}}$ 为固相率。

根据固相增量法模量，$f_{\mathrm{S}}$ 含义为

$$f_{\mathrm{S}} = (T_{\mathrm{L}} - T)(T_{\mathrm{L}} - T_{\mathrm{S}}) \tag{3-26}$$

式中，$T_{\mathrm{L}}$、$T_{\mathrm{S}}$ 分别为融化及冻结温度；$T$ 为相变区间温度。

导热系数 $k$ 和容积比热容 $C$ 在固相和液相区分别取为 $k_{\mathrm{S}}$、$k_{\mathrm{L}}$、$C_{\mathrm{S}}$、$C_{\mathrm{L}}$，在相变区内则根据温度 $T$ 做线性插值，则在相变区有

$$k = \begin{cases} k_{\mathrm{S}} & (T \leqslant T_{\mathrm{S}}) \\ k_{\mathrm{S}} + \dfrac{k_{\mathrm{L}} - k_{\mathrm{S}}}{T_{\mathrm{L}} - T_{\mathrm{S}}}(T - T_{\mathrm{S}}) & (T_{\mathrm{S}} < \mathrm{T} < T_{\mathrm{L}}) \\ k_{\mathrm{L}} & (T \geqslant T_{\mathrm{L}}) \end{cases} \tag{3-27}$$

$$C = \begin{cases} C_{\mathrm{S}} & (T \leqslant T_{\mathrm{S}}) \\ \dfrac{C_{\mathrm{S}} + C_{\mathrm{L}}}{2} & (T_{\mathrm{S}} < \mathrm{T} < T_{\mathrm{L}}) \\ C_{\mathrm{L}} & (T \geqslant T_{\mathrm{L}}) \end{cases} \tag{3-28}$$

比较式（3-12）和式（3-25）就会发现，如果将式（3-25）中的相变潜热项当作内热源项处理，则式（3-25）和式（3-12）是一样的，经过前述同样分析过程，同样可得相变导热的有限元方程为式（3-14），但式（3-17）的 $p_{1l}$ 应加上相变潜热项，即

$$p_{1l} = \sum_{s=1}^{2}\sum_{s=1}^{2}\omega_s\omega_t\left(q_{\mathrm{v}} + \rho L\frac{(\Delta f_{\mathrm{S}})_{\mathrm{L}}}{\Delta t}\right)|J|\left[H_{\mathrm{L}}\right]_{\xi_{\mathrm{S}}\cdot\eta_t} \tag{3-29}$$

式中，$(\Delta f_{\mathrm{S}})_{\mathrm{L}}$ 为节点 1 在相应 $\Delta t$ 时间间隔内固相率的变化值；$\omega_s$、$\omega_t$ 为权数；$\xi_s$、$\eta_t$ 为积分基点坐标。

在 $\Delta t$ 时间间隔内，若 1 节点的温度从 $T_t$ 变化到 $T_{t+\Delta t}$，按下列 8 种情况取值：

1）$T_t$ 和 $T_{t+\Delta t}$ 均大于 $T_{\mathrm{L}}$ 或均小于 $T$ 时有

$$\Delta f_{\mathrm{S}} = 0 \tag{3-30}$$

2）$T_t$ 在液相区，$T_{t+\Delta t}$ 在固相区时有

$$\Delta f_{\mathrm{S}} = 1 \tag{3-31}$$

3）$T_t$ 在固相区，$T_{t+\Delta t}$ 在液相区时有

$$\Delta f_{\mathrm{S}} = -1 \tag{3-32}$$

4）$T_t$ 在液相区，$T_{t+\Delta t}$ 在相变区时有

$$\Delta f_{\mathrm{S}} = \frac{T_{\mathrm{L}} - T_{t+\Delta t}}{T_{\mathrm{L}} - T_{\mathrm{S}}} \tag{3-33}$$

5）$T_t$ 在相变区，$T_{t+\Delta t}$ 在液相区时有

$$\Delta f_{\mathrm{S}} = \frac{T_t - T_{\mathrm{L}}}{T_{\mathrm{L}} - T_{\mathrm{S}}} \tag{3-34}$$

6）$T_t$ 在相变区，$T_{t+\Delta t}$ 在固相区时有

$$\Delta f_{\mathrm{S}} = \frac{T_t - T_{\mathrm{S}}}{T_{\mathrm{L}} - T_{\mathrm{S}}} \tag{3-35}$$

7）$T_t$ 在固相区，$T_{t+\Delta t}$ 在相变区时有

$$\Delta f_{\mathrm{S}} = \frac{T_{\mathrm{S}} - T_{t+\Delta t}}{T_{\mathrm{L}} - T_{\mathrm{S}}} \tag{3-36}$$

8）$T_t$ 和 $T_{t+\Delta t}$ 均在相变区时有

$$\Delta f_{\mathrm{S}} = \frac{T_t - T_{t+\Delta t}}{T_{\mathrm{L}} - T_{\mathrm{S}}} \tag{3-37}$$

4. 黄土热参数的确定

导热系数和容积比热容的取值采用王铁行等[19]的研究结果，按式（3-38）和式（3-39）取值：

$$\lambda = (4.17w^2 + 1504) \times 10^{0.25\rho_{\mathrm{d}}^{-3.9}} \tag{3-38}$$

$$C = \rho_{\mathrm{d}}(1.27 + 0.021w) \times 10^3 \tag{3-39}$$

式中，$\rho_{\mathrm{d}}$ 为土的干密度。

土的相变潜热按式（3-40）计算：

$$L = 80\,\gamma_{\mathrm{d}}\,(w - w_{\mathrm{u}}) \tag{3-40}$$

式中，$\gamma_{\mathrm{d}}$ 为土的干容重；$w$ 为天然含水率；$w_{\mathrm{u}}$ 为未冻水含水率。土中未冻水主要与土性和温度有关。黄土在不同温度下未冻水含水率可参照徐学祖《冻土物理学》中的取值[13]。

### 3.5.3 相变界面水头的确定

前述黄土冻结过程水分迁移试验结果清楚揭示了水分向冻结相变界面运移的现象，说明冻结相变界面对水产生抽吸力。这是由于在相变界面处，水相变为固相冰，土中的固相成分增多，对水的作用增强，冰晶对水产生抽吸力，水向冻结锋面运移。采用岩土工程中广泛采用的水头概念，将这一抽吸力定义为相变界面水头。

前述黄土冻结过程水分迁移试验问题属于一维问题。土样冻结过程中，土体温度场和水分场均是非稳态的，二者相互影响，需进行水热耦合计算。水热耦合计算实际上就是式（3-5）和式（3-14）两个方程的耦合计算，计算分时段进行，每一时段计算时均应考虑两个方程间的相互影响。导热系数、比热容、相变潜热等热参数不能采用定值，而应充分考虑水分迁移的影响，根据计算时段含水率进行计算确定。确定水头时，也应根据计算时段温度值计算。水热耦合计算采用迭代法，但不宜单纯采用迭代法，单纯迭代虽然程序简单，但收敛性能较差。为了改进收敛性能，应在两次迭代之间用矩阵消元法直接求解，再用低松弛因子来确定下次迭代值。如果第 $i$ 次迭代消元计算得到 $T^{(i)}$、$h^{(i)}$，经过验算表明此值不满足精度要求，须继续进行迭代计算，但不宜直接将 $T^{(i)}$、$h^{(i)}$ 作为迭代值，应先对 $T^{(i)}$、$h^{(i)}$ 做下述修正：

$$\overline{T}^{(i)} = \omega T^{(i)} + (1-\omega)\overline{T}^{(i-1)} \tag{3-41}$$

$$\overline{h}^{(i)} = \omega h^{(i)} + (1-\omega)\overline{h}^{(i-1)} \tag{3-42}$$

式中，$\overline{T}^{(i-1)}$、$\overline{h}^{(i-1)}$ 为第 $i$ 次代入迭代值；$\omega$ 为松弛因子，对冻土的非稳态相变温度场问题，应取 $\omega<1$，即采用低松弛迭代。在计算过程中，为了加速收敛，应根据迭代次数不断调整 $\omega$ 值；$T^{(i)}$、$h^{(i)}$ 经过修正后得到新值 $\overline{T}^{(i)}$、$\overline{h}^{(i)}$，将新值 $\overline{T}^{(i)}$、$\overline{h}^{(i)}$ 作为迭代值进行计算，计算得到的值经修正后再代入迭代式计算，依此类推，直到计算值能满足精度要求为止。

水热耦合计算的总体流程如图 3-23 所示。图 3-23 中 Y 表示满足精度要求，N 表示不满足，计算时应选取合适的时间步长 $\Delta t$ 和单元的尺寸 $\Delta x$。一般来说，减小 $\Delta t$ 能使求解的稳定性和精度提高，但在单元边长 $\Delta x$ 保持不变的情况下，并非 $\Delta t$ 越小越好，$\Delta t$ 的最小值应满足式（3-43），即

$$\frac{k\Delta t}{C\Delta x^2} > 0.1 \tag{3-43}$$

如果 $\Delta t$ 小于规定的最小值，就会产生振荡现象。因此，$\Delta t$ 的选取应在满足式（3-43）的条件下越小越好。

根据上述水热耦合数值计算方法，采用课题组建立的水热耦合计算软件对试验进行数值模拟，但是其中适用于黄土冻结过程的相变界面水头尚难以确定。试验结果表明，土体密度和含水率均影响冻结锋面水分迁移量，说明相变界面水头与土体密度和含水率有关，以下基于试验结果通过数值模拟试算拟合的方法确定相变界面水头。

计算时水分场的边界条件是两端为水头边界，可根据土水特征曲线拟合方程计算，流量边界为 0；温度场的边界条件是第一类边界，没有第二类和第三类边

界，第一类边界的取值根据试验实测数据，如图 3-24 所示。

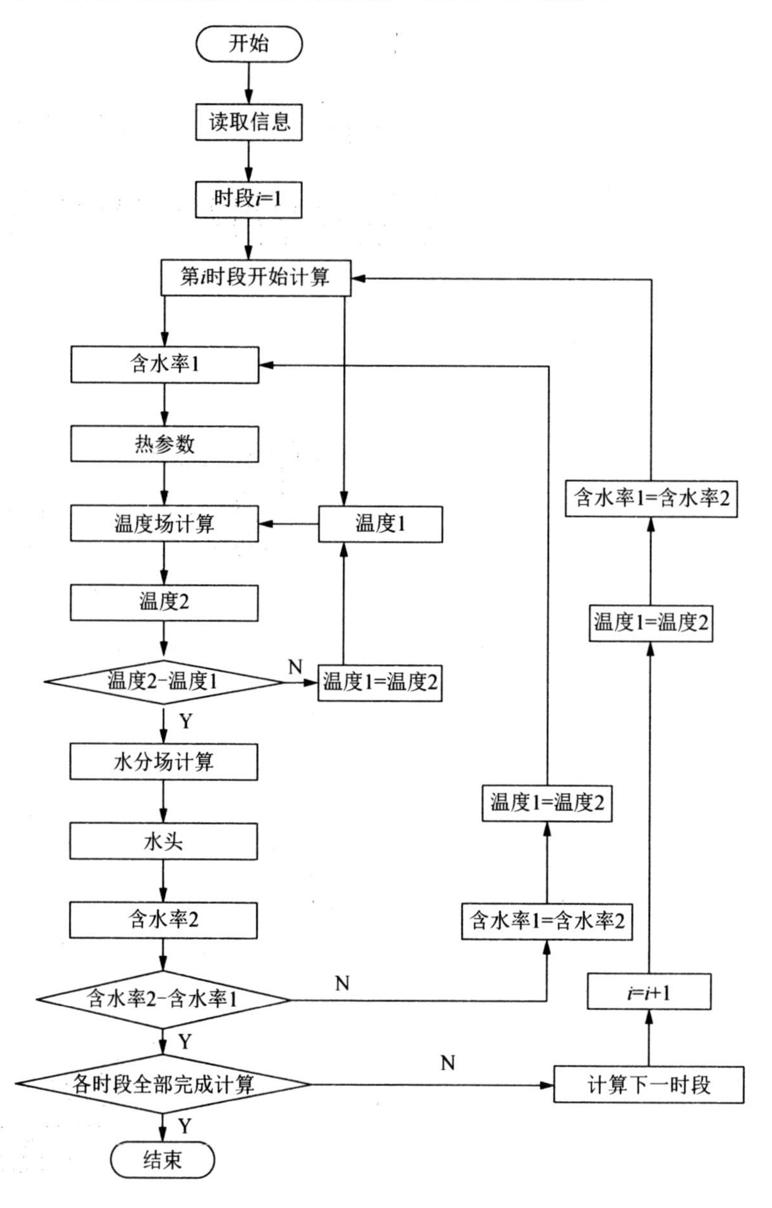


图 3-23　水热耦合计算的总体流程

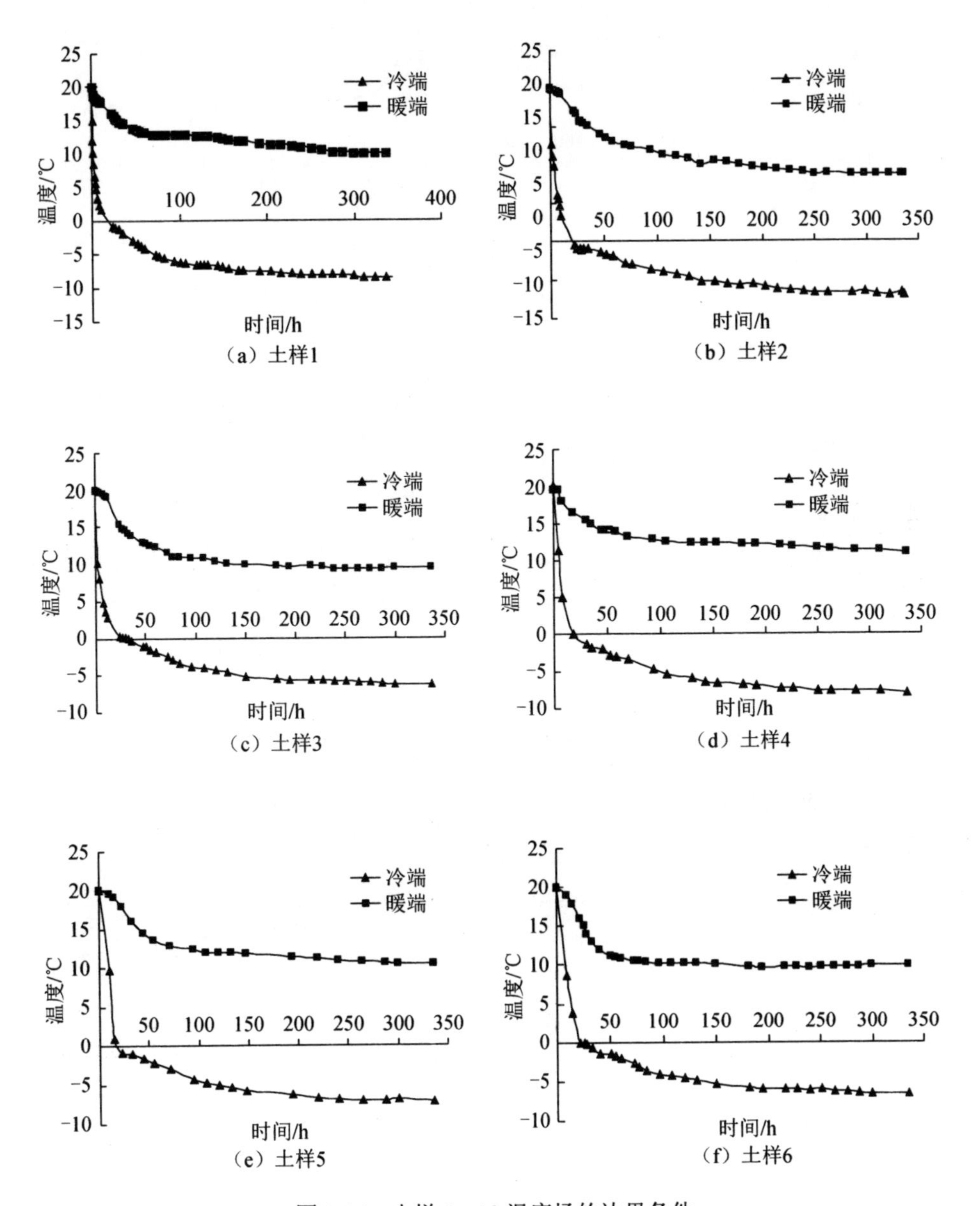


图 3-24　土样 1～13 温度场的边界条件

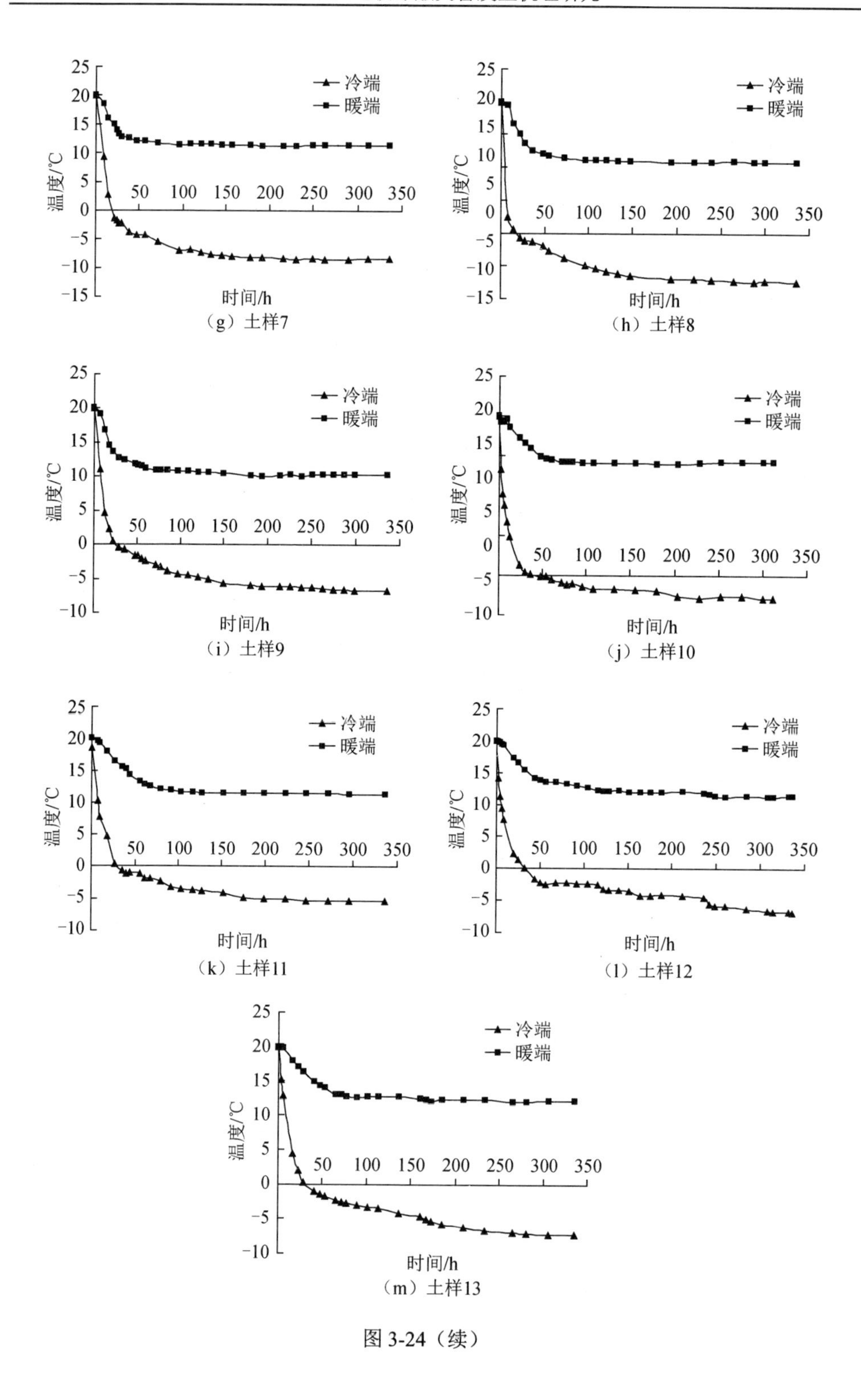


（g）土样7

（h）土样8

（i）土样9

（j）土样10

（k）土样11

（l）土样12

（m）土样13

图 3-24（续）

计算前，先参考试验结果初步拟定相变界面水头表达式，此表达式是土体密度和含水率的函数，初步拟定式可能并不合理，但可以在不断试算中得到完善。水热耦合计算中，将每一时段冻结锋面处的含水率和土体密度代入拟定相变界面水头表达式，确定相变界面水头并施加在冻结锋面处。计算完成后，将计算得到的含水率分布与试验结果进行对比拟合，若二者差异性大或拟合度低，则根据拟合结果修正相变界面水头表达式，代入修正公式重新进行水热耦合计算，直至计算与试验结果相符合。计算与试验结果相符合时的相变界面水头表达式即可作为最终确定的相变界面水头表达式。

经过大量试算拟合，得到了相变界面水头表达式为

$$h_{\mathrm{c}} = 0.00025\mathrm{e}^{6.4\rho_{\mathrm{d}}}(1 - 0.5S_{\mathrm{r}}) \tag{3-44}$$

式中，$h_{\mathrm{c}}$为相变界面水头（m）；$\rho_{\mathrm{d}}$为干密度（g/cm$^3$）；$S_{\mathrm{r}}$为饱和度。

基于上述相变界面水头表达式，对前述试验土样 1～10 进行数值模拟计算分析，计算结果如图 3-25 所示。从图 3-25 中可以看出，含水率计算值与试验值曲线基本吻合，相对误差较小，这表明上述相变界面水头表达式是合理的。值得注意的是，含水率计算值和试验值仍然存在些许差异，主要是在设置初始条件及水热耦合计算参数选取时产生的误差。

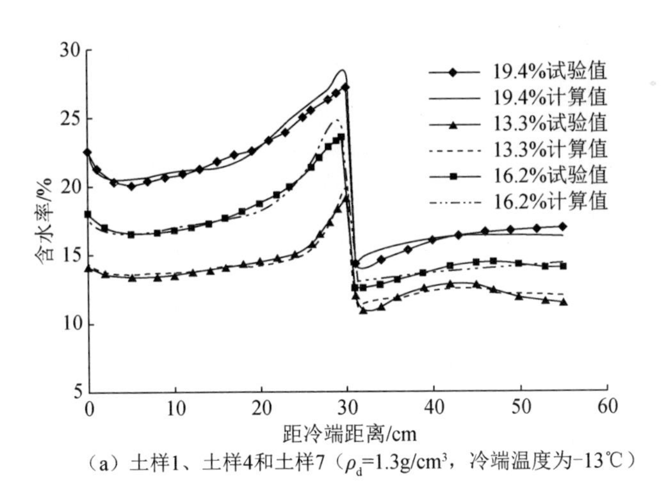


（a）土样1、土样4和土样7（$\rho_{\mathrm{d}}$=1.3g/cm$^3$，冷端温度为−13℃）

图 3-25　土样 1～10 含水率数值计算与试验结果对比分析

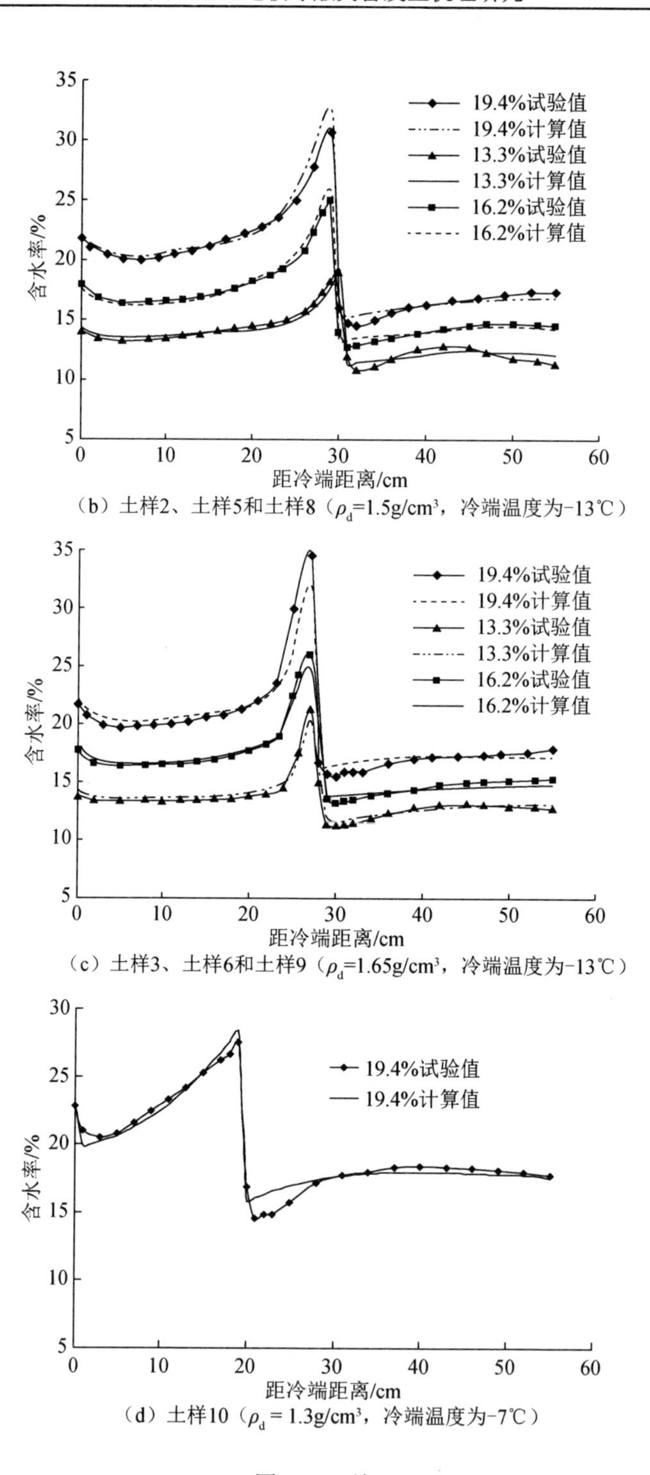


（b）土样2、土样5和土样8（$\rho_d$=1.5g/cm³，冷端温度为-13℃）

（c）土样3、土样6和土样9（$\rho_d$=1.65g/cm³，冷端温度为-13℃）

（d）土样10（$\rho_d$ = 1.3g/cm³，冷端温度为-7℃）

图 3-25（续）

## 3.6　自然气候条件下浅层黄土冬季温度场数值计算分析

黄土地区大多属于干旱、半干旱地区，且属于季节冻土区，受辐射、湿度、蒸发、风速等自然因素影响，浅层黄土温度场季节性变化较大。黄土冬季温度低于 0℃时发生冻结，春融季节气温回升便会融化。黄土的物理力学性能因冻融作用发生变化，进而导致一系列工程冻融病害问题，如水渠冻害，冻胀形成的路基纵向裂缝和道路翻浆，黄土地区边坡剥落、溜方、滑塌，挡土墙及锚杆等支挡结构胀裂等。这些工程冻害的发生主要是由于冻结作用下发生水分迁移，冻结区含水率增大，冻结区土体的物理力学性能也随冻结融化过程发生很大变化。水分迁移的发生过程就是未冻区水分在水头差的作用下向冻结锋面迁移的过程，而对于密度、含水率一定的土体，引起水头差的一个主要因素就是温度梯度。因此，研究温度场的变化是探究水分迁移及由此引起的冻害问题的基础。王铁行等[20,21]在现有冻土理论、热力学原理及流体力学理论等基础上，提出了一套考虑风速、辐射和蒸发等多种自然因素及工程外表特征的温度场有限元数值模型与分析方法，并以青藏高原和西安为例对浅层土体温度场进行了数值分析。但是数值计算均是以月平均气温等参数进行计算，得到每个月的温度场平均值，对于更小时间步长计算黄土地区温度场的精度还需验证。国外研究学者[22~25]先后对各种边界因素的温度场进行了研究，得到了在加拿大和阿拉斯加冻土区考虑风速、辐射和蒸发等因素的差分方程，但仅限于一维问题。高玉佳等[26]对吉林粉质黏土浅层土体温度场变化进行了监测，简单探讨了温度的变化规律。唐朝生等[27]利用自主开发的土体温度物理模型试验系统，以南京地区的下蜀土为研究对象，研究了土体剖面温度随时间的变化规律，但是整个试验是在正温下进行的，没有分析冻结作用下温度场的变化规律。目前对于黄土高原地区浅层黄土冬季温度场变化规律研究尚少。基于此，本节试图建立黄土高原地区温度场数值计算方法，并与第 2 章现场测试数据进行对比分析，以期验证该计算模型的合理性，为以后的工程计算提供理论依据。

辐射、蒸发、湿度、风速等气候因素是随时间变化的，受此影响，浅层黄土温度场属非稳态相变温度场，其基本方程为

$$\left([K]+\frac{[N]}{\Delta t}\right)\{T\}_t=\{P\}_t+\frac{[N]}{\Delta t}\{T\}_{t-\Delta t} \tag{3-45}$$

式中，$[K]$为温度刚度矩阵；$[N]$为非稳态变温矩阵；$\{T\}$为温度值的列向量；$\Delta t$ 为时间步长；$\{P\}$为合成列阵；下标 $t$ 表示时间。

采用等参四边形单元，刚度矩阵和变温矩阵参数确定为

$$k_{l\cdot n}=\int_{-1}^{1}\int_{-1}^{1}\frac{\lambda}{16|J|}\left(D_2\frac{\partial H_n}{\partial \xi}+D_1\frac{\partial H_n}{\partial \eta}\right)\mathrm{d}\xi\mathrm{d}\eta+A\alpha s\quad (l,n=i,j,k,m) \tag{3-46}$$

$$n_{l\cdot n}=\int_{-1}^{1}\int_{-1}^{1}\rho C_{\mathrm{p}}|J|H_t H_n\mathrm{d}\xi\mathrm{d}\eta\quad (l,n=i,j,k,m) \tag{3-47}$$

式中，$i$、$j$、$k$、$m$ 为单元节点；$\lambda$ 为导热系数；$\rho C_{\mathrm{p}}$ 为容积比热容；$|J|$、$D_1$、$D_2$、$H$ 都是积分基点坐标（$\xi$，$\eta$）的函数，与节点坐标有关；$\alpha$ 为对流换热系数；$s$ 为换热边界长。$A$ 对非第三类边界取 0；对第三类边界，$l$ 等于 $n$ 时，$A$ 取 1/3，$l$ 不等于 $n$ 时，$A$ 取 1/6。

参考有关文献[28]，确定列阵$\{P\}$由 4 项组成，按下式进行计算：

$$\{P\}=\{P_1\}+\{P_2\}+\{P_3\}+\{P_4\} \tag{3-48}$$

式中，$\{P_1\}$为相变列阵；$\{P_2\}$为辐射换热列阵，由太阳短波辐射列阵$\{P_{2\mathrm{S}}\}$、大地长波辐射列阵$\{P_{2\mathrm{E}}\}$和大气长波辐射列阵$\{P_{2\mathrm{A}}\}$构成；$\{P_3\}$为对流换热列阵；$\{P_4\}$为蒸发耗热列阵。

$$P_{1l}=\sum_{s=1}^{2}\sum_{t=1}^{2}\omega_s\omega_t\frac{\rho L}{\Delta t}(\Delta f)_l|J||H_L|_{\xi_s\cdot\eta_t} \tag{3-49}$$

$$\{P_2\}=\{P_{2\mathrm{S}}\}+\{P_{2\mathrm{E}}\}+\{P_{2\mathrm{A}}\} \tag{3-50}$$

$$(P_{2\mathrm{S}})_l=\frac{Q_h(1-\lambda_1)s}{2} \tag{3-51}$$

$$(P_{2\mathrm{E}})_l=\frac{-\ell_1\times 4.88\times 10^{-8}\times(273+T)^4\cdot s}{2} \tag{3-52}$$

$$(P_{2\mathrm{A}})_l=\frac{\ell_2\times 4.88\times 10^{-8}\times(273+T_{\mathrm{a}})^4\beta' s}{2} \tag{3-53}$$

$$(P_3)_l=\frac{\alpha s T_{\mathrm{a}}}{2} \tag{3-54}$$

$$(P_4)_l=\frac{UGs}{2} \tag{3-55}$$

式中，$l$ 为第三类边界节点；$(\Delta f)_l$ 为节点 1 在时间间隔 $\Delta t$ 内固相率的变化值；$L$ 为相变潜热；$\omega_s$、$\omega_t$ 为权数；$\rho$ 为密度；$Q_{\mathrm{h}}$ 为地平面每平方米受到的太阳辐射量；$\lambda_1$ 为路面对太阳辐射的反射率；$\ell_1$、$\ell_2$ 分别为大地辐射黑度和大气辐射黑度；$\beta'$ 为大地对大气辐射的吸收率；$T$、$T_{\mathrm{a}}$ 分别为地面温度和大气温度；$U$ 为地表土面蒸发量；$G$ 为水的汽化潜热。

查阅气象资料可得地表每平方米太阳辐射量，表 3-4 为根据近 30 年的气象资料得到的彬县地区冬季每旬平均太阳辐射量。

表 3-4　彬县地区冬季每旬平均太阳辐射量　　（单位：$MJ/m^2$）

| 时　间 | 太阳辐射 | 时间 | 太阳辐射 |
|---|---|---|---|
| 12 月中旬 | 76.2 | 2 月上旬 | 95.3 |
| 12 月下旬 | 73.1 | 2 月中旬 | 84.4 |
| 1 月上旬 | 69.7 | 2 月下旬 | 99.2 |
| 1 月中旬 | 47.9 | 3 月上旬 | 128.2 |
| 1 月下旬 | 80.8 | — | — |

参考有关文献[29]，取大地辐射黑度 $\ell_1=0.68$。大气辐射黑度 $\ell_2$ 与大地对大气辐射的吸收率 $\beta'$ 的取值比较复杂，其值与气温、云量、湿度、粉尘含量等因素有关。气温和湿度不仅可以反映空气中水蒸气的多少，也可以反映云量和空气质量。因此，本节选取气温和湿度作为气候的特征指标确定 $\ell_2$ 与 $\beta'$，经拟合气象实测天然地表温度，并考虑到式（3-54）中 $\ell_2$ 与 $\beta'$ 作为一个整体，得到 $\ell_2\ \beta'$ 的确定关系式为

$$\ell_2\beta' = f + 0006T_a + 0.004S_d \tag{3-56}$$

式中，$T_a$ 为气温（℃）；$S_d$ 为相对湿度（%）；$f$ 为综合考虑其他因素影响的区域性系数，渭北旱塬取值为 0.25。

对流换热系数 $\alpha$ 由自然对流系数和强迫对流系数两部分组成，对流换热系数可计算为

$$\alpha = 7.5 + 4.1V \tag{3-57}$$

式中，$V$ 为风速（m/s）；$\alpha$ 为对流换热系数［W/（$m^2$·℃）］。

土面蒸发量可计算为

$$U = (-0.1 + 0.118w - 0.0043w^2)u_w \tag{3-58}$$

式中，$w$ 为土表面含水率；$u_w$ 为水面蒸发量。

以渭北旱塬彬县为例，彬县地区冬季平均气温和相对湿度见表 3-5。以彬县 2012 年 12 月 15 日实测数据为已知温度场，时间步长取 1d，采用上述方法计算冬季温度场的变化过程，可得到彬县地区浅层黄土温度场数值计算结果如图 3-26 所示。

表 3-5　彬县地区平均气温和相对湿度

| 月份 | $T_a$ /℃ | $S_d$ /% |
|---|---|---|
| 12 | −3.2 | 65 |
| 1 | −5.0 | 59 |
| 2 | −2.1 | 62 |
| 3 | 4.5 | 63 |

从图 3-26（a）中可以看出，温度场计算值和实测值曲线较吻合，说明上述数

值计算模型是较为合理的。从图 3-26（b）中可以看出，彬县地区从 12 月开始，表层土体温度逐渐降低，到 1 月下旬，浅层黄土达到最大冻结深度约为 42cm。随后，土体温度开始回升，到 3 月 10 日左右，土体温度已经全部回到正温。

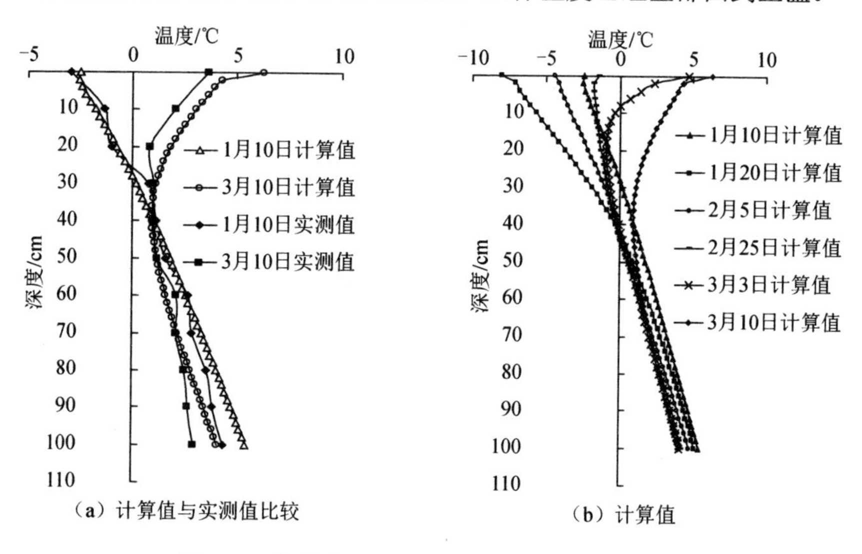

（a）计算值与实测值比较　　（b）计算值

图 3-26　彬县地区浅层黄土温度场数值计算结果

浅层黄土温度场受多种因素影响，但在同一区域，极端气候对浅层黄土最大冻结深度的影响主要是气温的影响。进一步考虑极端气温对彬县地区最大冻结深度的影响，分别取 1 月气温为−8℃、−11℃、−15℃，持续时间分别为 10d、20 d、30d，计算最大冻结深度，则气温和最大冻结深度的关系如图 3-27 所示。

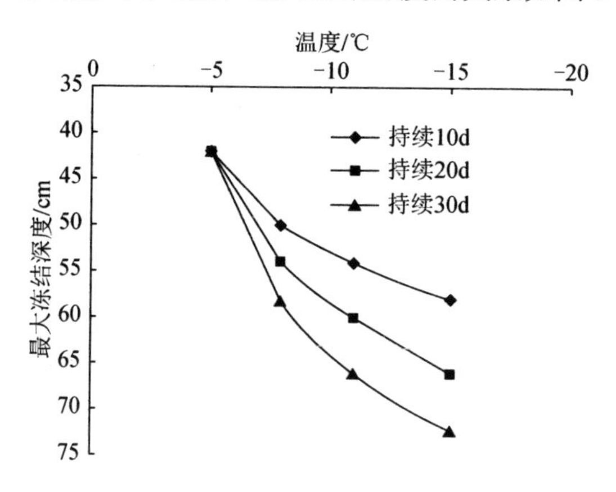


图 3-27　气温和最大冻结深度的关系

从图 3-27 中可以看出，最大冻结深度随气温的降低而增大，但增幅逐渐减小。极端气温持续时间越长，最大冻结深度越大。极端气温持续 30d 的曲线可反映最大冻结深度与正常自然气温的关系，对该曲线进行最优拟合分析，拟合公式如下：

$$h = 18.3\times\sqrt{T_a} + 3.7 \tag{3-59}$$

式中，$h$ 为最大冻结深度（cm）；$T_a$ 为气温的绝对值（℃），该气温指距地面 1.5m 处的大气温度。

同一区域，由于土体含水率、相变潜热、导热系数、比热容不同，浅层黄土的温度场便不相同，也影响最大冻结深度。考虑不同含水率的影响，模拟自然条件下的温度场，得到最大冻结深度与含水率的关系，如图 3-28 所示。从图 3-28 中可以看出，最大冻结深度随土体含水率的增大而减小，这是因为含水率越大，土体的比热容越大，相变潜热越大，相应最大冻结深度就越小。

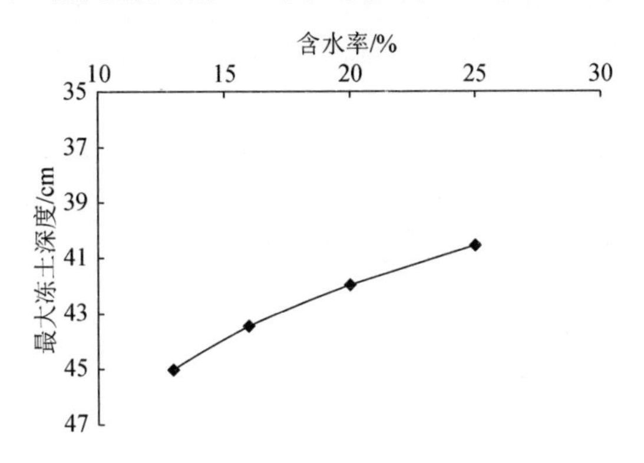


图 3-28　最大冻结深度与含水率的关系

## 3.7　自然气候条件下浅层黄土水分场数值计算分析

黄土地区各种工程冻融病害计算分析除了温度场之外，还有水分场的计算，并且浅层黄土水分场的分布直接影响冻融病害。因此，本节建立模拟自然因素气候条件下浅层黄土水分场的数值计算方法，并与第 2 章浅层黄土水分场的现场测试数据进行对比分析，以期验证该计算方法的合理性。

浅层黄土冻结过程水分场有限元计算方程可表示为

$$\left([D]+\frac{[E]}{\Delta t}\right)\{h\}_{t+\Delta t} = \frac{[E]}{\Delta t}\{h\}_t + \{F\} \tag{3-60}$$

式中，$[D]$为刚度矩阵；$\{F\}$为反映边界条件的流量矢量列阵；$[E]$为容量矩阵；$\{h\}$为水头列阵；$\Delta t$ 为时间步长。

水头、渗透系数、水体积变化系数 $m_2^{\mathrm{w}}$、相变界面水头等的取值参考 3.5 节相关内容。相变界面水头采用前述得出的结论：

$$h_c = 0.00025\mathrm{e}^{6.4\rho_d}(1-0.5S_r) \tag{3-61}$$

式中，$h_c$ 为相变界面水头（m）；$\rho_d$ 为干密度（g/cm$^3$）；$S_r$ 为饱和度。

结合温度场计算模型，可将温度场和水分场进行耦合计算，建立水热耦合计算模型，水热耦合计算过程就是将温度场和水分场两个控制方程进行耦合计算，对每一个时间步，导热系数、比热容、相变潜热、水头等水热参数均不采用定值，而考虑水分迁移后含水率变化的影响取值。水热耦合计算采用迭代法，为了改进收敛性能，在两次迭代之间用矩阵消元法直接求解，再用低松弛因子来确定下次迭代值，迭代值按式（3-41）和式（3-42）修正。

根据上述思路，用 Fortran 语言编制相应有限元计算软件，以彬县地区的温度场和水分场现场测试数据为例，把 2011 年 12 月 10 日的土体温度和含水率作为已知条件，进行水热耦合计算 2012 年 1 月 10 日的含水率，计算结果如图 3-29（a）所示。从图 3-29（a）中可以看出，含水率计算值与实测值基本吻合，验证了该数值计算方法的合理性，同时也证明了由室内试验得出的相变界面水头表达式应用于现场分析也是可行的。

图 3-29（b）所示为冻结期水分场随时间变化规律。从图 3-29（b）中可以看出，随时间的推移，冻结锋面向下移动，季节冻结层厚度越来越大，季节冻结层含水率越来越大，冻结层下方未冻区含水率相应减小，这是未冻区水分向冻结锋面迁移的结果。

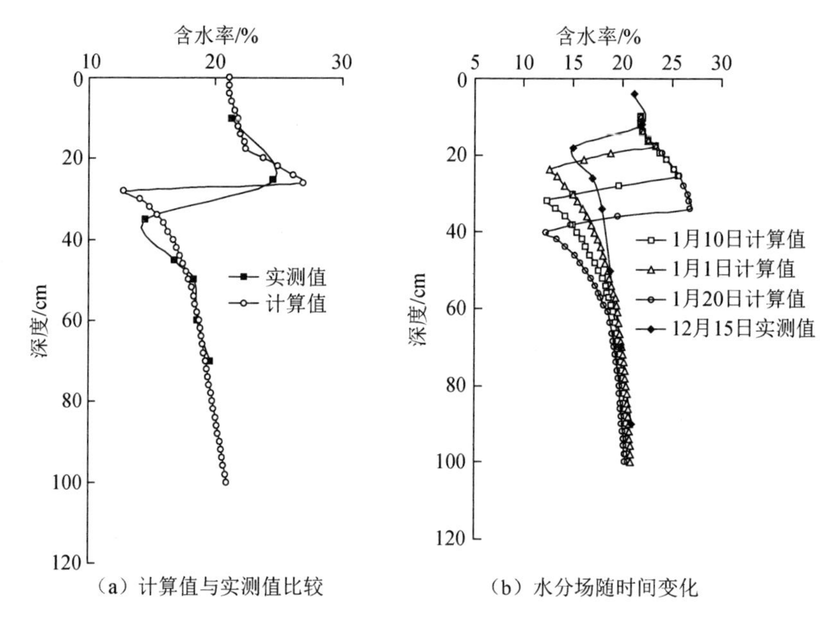


图 3-29　冻结期水分场计算结果

## 3.8　本 章 小 结

本章通过室内黄土冻结作用下水分迁移试验和已冻黄土水分迁移试验建立黄

土冻融过程水热耦合数值计算模型，模拟自然条件下黄土高原地区浅层黄土温度场和水分场变化规律，得到如下结论：

1）降温初期土样冷端处的温度急剧降低，随着冻结时间增长，降温速率逐渐减小，最终维持在一个稳定的温度数值。随着距冷端距离的增大，温度变化表现出相似的变化规律，但降温速率和温度降低的幅度逐渐减小，最终试样内部温度随距冷端距离的变化呈现一个近似线性的稳定温度梯度分布。干密度越大，试样温度达到稳定所需时间越短；含水率越大，温度达到稳定所需时间越长。距冷端附近一定范围之内，试样出现冻结，为试样的冻结区；其余位置土体在试验过程中一直未发生冻结，为试样的未冻区。

2）试样干密度越大，冻结锋面的含水率增幅越大，冻结区的水分迁移量越小；干密度越大，冻结锋面位置越靠近冷端。初始含水率越大，渗透系数越大，水分迁移量越大，冻结锋面处含水率增加量越大；冻结稳定时与冻结锋面邻近的未冻区含水率相比初始含水率明显减小。冷端冻结温度越低，稳态冻结锋面越远离冷端，冻结区越大，且冷端冻结温度对冻结区含水率增加幅度有一定影响。冻结方式直接影响冻结区的含水率分布和水分迁移总量。较低负温下已冻黄土的水分迁移对工程而言可以忽略。

3）黄土冻结作用下水分迁移试验结果揭示了水分向冻结相变界面运移的现象，说明冻结相变界面对水产生抽吸力。基于此，采用水头的概念，将该抽吸力定义为相变界面水头，并进一步给出了冻结条件下黄土水热耦合的有限元计算方法及参数取值。基于数值计算分析方法，得到了黄土冻结过程相变界面水头表达式 $h_c = 0.00025e^{6.4\rho_d}(1-0.5S_r)$，该表达式反映了影响水分向冻结锋面迁移的主要因素，且与试验结果拟合度较高，表明该表达式计算相变界面水头是合适的。

4）建立了模拟自然气候条件下黄土高原地区浅层黄土温度场和水分场的数值计算模型，并给出了相关参数的取值方法；模拟计算了渭北旱塬彬县地区温度场与水分场的变化规律，数值计算结果和实测结果由此表明该计算模型及参数选取是合理的，且证明了由室内试验得出的相变界面水头表达式应用于现场分析也是可行的；计算分析了彬县地区不同气温和含水率条件下的最大冻结深度，结果表明：最大冻结深度随气温的降低而增大且增幅逐渐减小，最大冻结深度随土体含水率的增大而减小；进一步基于最优化拟合分析，得到了渭北旱塬最大冻结深度与气温的关系式，该式可适用于预估渭北旱塬地区 1 月气温为−15～−5℃条件下的最大冻结深度。

## 参 考 文 献

[1] 何平，程国栋，朱元林．土体冻结过程中的热质迁移研究进展[J]．冰川冻土，2001，23（1）：92-98．
[2] 李述训，南卓铜，赵林．冻融作用对地气系统能量交换的影响分析[J]．冰川冻土，2002，24（5）：506-511．

[3] 李述训，南卓铜，赵林．冻融作用对系统与环境间能量交换的影响[J]．冰川冻土，2002，24（2）：109-115.

[4] 郑秀清，樊贵盛，赵生义．水分在季节性冻土中的运动[J]．太原理工大学学报，1998，29（1）：62-66.

[5] 王志胜．长春市道路冻胀翻浆模型研究[D]．长春：吉林大学，2006.

[6] 谷宪明，王海波，梁士忠，等． 季冻区路基土水分迁移数值模拟分析[J]．公路交通科技（应用技术版），2007，（9）：51-54.

[7] 谷宪明．季节区道路冻胀翻浆机理及防治研究[D]．长春：吉林大学，2007.

[8] 孔令坤．土体水分迁移试验及数值模拟[D]．西安：长安大学，2009.

[9] 王威娜．季节性冰冻地区路基变形数值模拟[D]．西安：长安大学，2009.

[10] 陈飞熊．饱和正冻土温度场、水分场和变形场的三场耦合理论构架[D]．西安：西安理工大学，2001.

[11] 李述训，程国栋．冻融土中的水热输运问题[M]．兰州：兰州大学出版社，1995.

[12] 徐学祖，邓友生．冻土中水分迁移的试验研究[M]．北京：科学出版社，1991.

[13] 徐学祖，王家澄，张立新．冻土物理学[M]．北京：科学出版社，2001.

[14] DALL'AMICO M, RIGON R, GRUBER S. The thermodynamics of freezing soils [D]. Sweden: Lulea University of Technology, 1994.

[15] KONRAD J M, MORGENSTERN N R. The segregation potential of a frozen soil [J]. Canadian geotechnical journal, 1981, 18(4): 482-491.

[16] 王铁行，卢靖，岳彩坤．考虑温度和密度影响的非饱和黄土土-水特征曲线研究[J]．岩土力学，2008，29（1）：1-5.

[17] 王铁行．非饱和黄土路基水分场的数值分析[J]．岩土工程学报，2008，30（1）：41-45.

[18] 王铁行，卢靖，张建锋．考虑干密度影响的人工压实非饱和黄土渗透系数的试验研究[J]．岩石力学与工程学报，2006，25（11）：2364-2368.

[19] 王铁行，刘自成，卢靖．黄土导热系数和比热容的实验研究[J]．岩土力学，2007，28（4）：655-658.

[20] 王铁行，刘自成，岳彩坤．浅层黄土温度场数值分析[J]．西安建筑科技大学学报（自然科学版），2007，39（4）：463-467.

[21] WANG T H, HU C S, LI N, et al. Numerical analysis of ground temperature in Qinghai-Tibet Plateau [J]. Science in China (technological sciences), 2002, 45(4): 433-443.

[22] GOODRICH L E. An introductory review of numerical methods for ground thermal regime calculations[R]. DBR Paper No.1061, Ottawa: National Research Council of Canada,Division of Building Research, 1982.

[23] BERG R L. Effect of color and texture on the surface temperature of asphalt concrete pavements[C]. Proceedings of the fourth International Conference on Permafrost. Fairbanks: National Academy Press, 1983: 57-61.

[24] ZARLING J P, BRALEY W A, PELZ C. The modified Berggren method-a review[C]. Proceedings of the Fifth International Conference on Cold Regions Engineering. New York: American Society of Civil Engineering, 1989: 262-273.

[25] HEINZ G S, FANG X. Simulated climate change effects on ice and snow covers on lakes in a temperature region[J]. Cold regions science and technology, 1997(25): 137-152.

[26] 高玉佳，王清，陈慧娥，等．温度对季节性冻土水分迁移的影响研究[J]．工程地质学报，2010，18（5）：698-702.

[27] 唐朝生，施斌，高磊，等．土体剖面温度物理模型试验研究[J]．工程地质学报，2010，18（6）：913-919.

[28] 白冰，刘大鹏．非饱和介质中热能传输及水分迁移的数值积分解[J]．岩土力学，2006，27（12）：2085-2089.

[29] 铁道部第三勘测设计院．冻土工程[M]．北京：中国铁道出版社，1994.

# 第4章　黄土冻融过程抗剪强度劣化机理试验研究

## 4.1　引　　言

黄土是我国分布较为广泛的土类之一，约占我国国土面积的6.3%，其中大部分集中在黄土高原等季节冻土区。由于气温周期性波动的作用，地表土层受季节冻融作用的影响显著[1,2]。因此，土坝、堤防、路基、边坡等黄土构筑物在其运行期内都不可避免地要经受冻融循环作用[3]。冻融循环作为一种强风化作用，对土体结构和物理力学性质产生强烈影响，是导致黄土劣化的重要因素[4~6]。在寒区进行路堑开挖、新削边坡和路基修建等工程活动时，会使土体新近暴露于冻融作用之下，在相关变形计算和稳定性分析中，必须考虑其物理力学性能的变化[7]。

国内外学者针对冻融作用对土体物理力学性能影响问题做了大量科学研究，积累了丰富科研成果。Viklander[8]根据冻融对松散土体具有压密作用，对于密实土冻胀作用，提出基于冻融作用的残余孔隙比概念。冻融对经历过一次冻融循环后不同干容重的兰州黄土具有强化和弱化双重作用，并由此导致其力学性能发生相应变化[9]。Chuvilin 和 Yazynin[10]研究发现，土体的抗剪强度经过冻融作用之后有所降低。Bondarenko 和 Sadovsk [11]发现冻融作用前后土的强度变化不大。Yong 等[12]研究认为，经过冻融作用之后土体的抗剪强度有所增加。齐吉琳等[13]以饱和兰州黄土和天津粉质黏土为研究对象，对经过一次冻融循环前后的土样进行土力学试验，发现冻融后土的力学特征有一定变化。李国玉等[14]对冻融后压实黄土的工程性能进行试验研究。王铁行等[15]以非饱和原状黄土为试验对象，研究冻融循环对其剪切强度性能的影响。叶万军等[16]研究了冻融作用对超固结黄土和正常固结黄土物理力学性能的影响，揭示了冻融循环导致黄土地区边坡剥落病害产生的机理。董晓宏等[17]针对重塑黄土冻融过程抗剪强度劣化规律，开展了部分研究工作。

综上所述，由于土的性能、初始状态及试验条件等的差异，冻融作用对土体力学性能影响的研究结论差异很大，有些结论甚至是完全相反的。因此，开展不同地区不同土类冻融作用下物理力学性能变化规律的研究仍是十分必要的。此外，对于原状黄土而言，长时间成岩作用导致其具有较强的结构性[18]，冻融作用会破坏原状黄土已存在的联结和内部结构。重塑黄土是一种天然结构强度被扰动后的黄土，其物理力学性能与原状黄土有较大差异[19,20]。因此，考察冻融作用对黄土物理力学性能的影响时，应当区分原状黄土和重塑黄土，并对比两者之间的差异[21]。然而现有对冻融后黄土强度的研究大多集中在单一重塑黄土（压实黄土）[22]或原状黄土[23,24]，针对两者之间冻融过程强度劣化特性对比的研究相对较少，并且不够系统全面，不能很好地揭示冻融作用对黄土强度的劣化作用机理。基于此，本章将冻融作用作为外界诱因，分别进行原状黄土和重塑黄土冻融过程抗剪强度劣化机理试验研究，并结合试样 SEM 图像，揭示原状黄土和重塑黄土冻融过程抗剪强度劣化机理及规律，以期为季节冻融条件下黄土地区边坡、道路及堤坝等冻融病害的防治提供科学依据。

## 4.2 试验材料

本次试验所用土样取自陕西省西安市长安区某基坑工程现场，取土深度 5～6m，属于晚更新世（$Q_3$）黄土（图 4-1）。试验用黄土的物理性能参数列于表 4-1，其颗粒级配曲线如图 4-2 所示。

图 4-1　陕西省西安市长安区某基坑工程现场原状黄土取样

**表 4-1　试验用黄土的物理性能参数**

| 相对密度 | 干密度/（g/cm$^3$） | 含水率/% | 液限/% | 塑限/% | 塑性指数 |
| --- | --- | --- | --- | --- | --- |
| 2.65 | 1.70 | 17.50 | 33.86 | 18.65 | 15.21 |

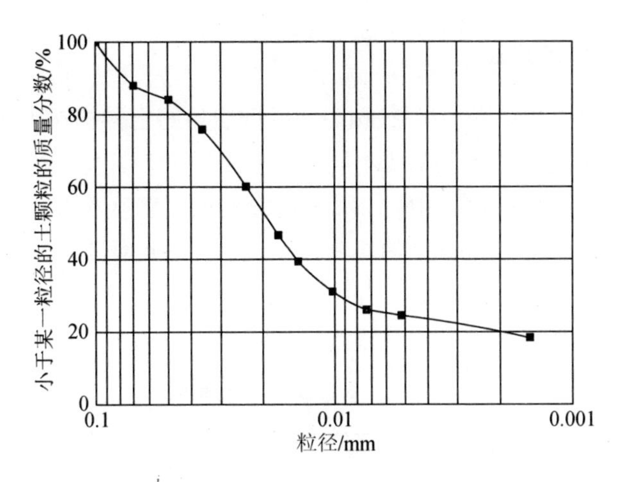


图 4-2　试验用土颗粒级配曲线

## 4.3　试验方案与步骤

本章主要从两个方面研究冻融作用对黄土力学性能的影响规律。一方面，通过 SEM 试验定量分析冻融作用后黄土微观结构的劣化规律；另一方面，对经历不同冻融次数的黄土试样进行直剪试验，分析其宏观力学性能的劣化规律。

### 4.3.1　原状黄土试样制备

取出大块原状黄土试样，将其削制成 7cm×7cm×6cm（长×宽×高）小块土样，并分成 A、B 两部分。首先，对 A 部分试样进行自然风干减湿或滴水增湿，使其平均含水率分别达到 15%和 18%；其次，把减湿和增湿后的小块土样放入不同保湿缸中，让水分均化不少于 96h；按照《土工试验方法标准（2007 版）》(GB/T 50123—1999)，将土样削制成直径为 61.8mm、高度为 20mm 的环刀样。将 B 部分小块土样先削制成环刀样，然后利用抽气饱和法进行饱和。选取含水率与要求含水率之差不大于 0.2%的黄土试样，以保证试验结果离散性较小。具体原状黄土试样种类见表 4-2。

表 4-2　原状黄土试样种类

| 干密度 /（g/cm$^3$） | 含水率 1 /% | 含水率 2 /% | 含水率 3 /% | 含水率 4 /% | 含水率 5（饱和）/% |
|---|---|---|---|---|---|
| 1.7 | 15.0 | 16.5 | 18.0 | 19.5 | 21.0 |

### 4.3.2　重塑黄土试样制备

首先，将所取土样风干后过 2mm 筛，并取出足够土样放在干燥器中备用。然后，称取足够土量用蒸馏水配制成不同含水率土样。为了使土样的含水率比较均匀，将制配的土样放在保湿缸中 24h。根据试样的干密度称取足够湿土，压制成直径为 61.8mm、高度为 20mm 的环刀样。试样制备过程中要求试样干密度与所需干密度之差小于或等于 0.01g/cm$^3$，含水率与要求含水率之差不大于 0.1%，以保证试验结果离散性较小。具体重塑黄土试样种类见表 4-3。

**表 4-3　重塑黄土试样种类**

| 干密度/（g/cm$^3$） | 含水率 1/% | 含水率 2/% | 含水率 3/% | 含水率 4/% | 含水率 5（饱和）/% |
|---|---|---|---|---|---|
| 1.4 | 15.0 | 18.0 | 21.0 | 28.0 | 33.6 |
| 1.5 | 15.0 | 18.0 | 21.0 | — | 28.9 |
| 1.6 | 15.0 | 18.0 | 21.0 | — | 24.7 |
| 1.7 | 15.0 | 18.0 | — | — | 21.0 |

注：表中符号“—”表示不存在此种试样。

### 4.3.3　冻融循环试验

利用保鲜膜将直剪试样包裹，构造一个不补（散）水的密闭环境，随后置于恒温试验箱内进行冻融循环试验。由于环刀试样尺寸较小，土样端部和侧面换热条件虽有所差异，但影响不大。因而，可近似认为本次冻融试验为封闭系统下的多向快速冻融循环试验，以保证冻融时试样水分迁移较少。参照快速冻融循环试验操作规程及陕北黄土高原地区实际气候条件，以当地最低气温（约-20℃）为冻结温度，夏季平均气温（约 20℃）为融化温度，进行冻融循环试验。冻融循环试验方案如下：低温-20℃条件下冻结 12h，高温 20℃条件下融化 12h；冻融循环试验次数为 0、2、5、10、12、17、20 次。冻融循环试验具体条件见表 4-4。

**表 4-4　冻融循环试验条件**

<table>
<tr><th>试样种类</th><th>冻结条件</th><th>融化条件</th><th>冻融次数/次</th></tr>
<tr><td>微观结构试样</td><td rowspan="3">低温-20 ℃；冻结 12 h</td><td rowspan="3">高温 20℃；融化 12 h</td><td>0、2、10、20</td></tr>
<tr><td>表面结构环刀样</td><td>0～20</td></tr>
<tr><td>直剪环刀样</td><td>0、2、5、10、20</td></tr>
</table>

冻融循环试验采用杭州雪中炭恒温技术有限公司生产的 XT5402-TC400-R60 型高低温试验箱。本仪器恒温范围为-60～+100℃，恒温波动为±0.5℃（图 4-3）。

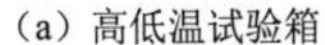
（a）高低温试验箱

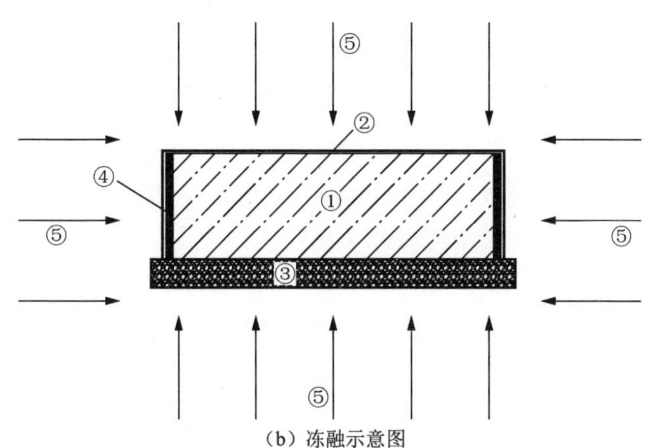


（b）冻融示意图

①—试样；②—保鲜膜；③—透水石；④—环刀；⑤—气流

图 4-3　冻融循环试验装置

### 4.3.4　SEM 试验

将含水率为 18.0%的黄土样削制成 10mm×10mm×20mm（长×宽×高）的长条形样品。将用保鲜膜包裹的长条形样品置于恒温试验箱内进行冻融循环试验。取出经冻融后的样品并风干，在长条形样品中部刻一圈深约 1.5mm 的槽，以便扫描时从中间掰开一个较为平整的新鲜断面。利用西安近代化学研究所 Quanta 600 FEG 场发射扫描电镜（图 4-4）对试样进行微观结构测试。最后，利用 SEM 图像处理软件对冻融后黄土骨架颗粒形态、连接方式、孔隙形态及孔隙面积比等微观结构特征进行定量分析。

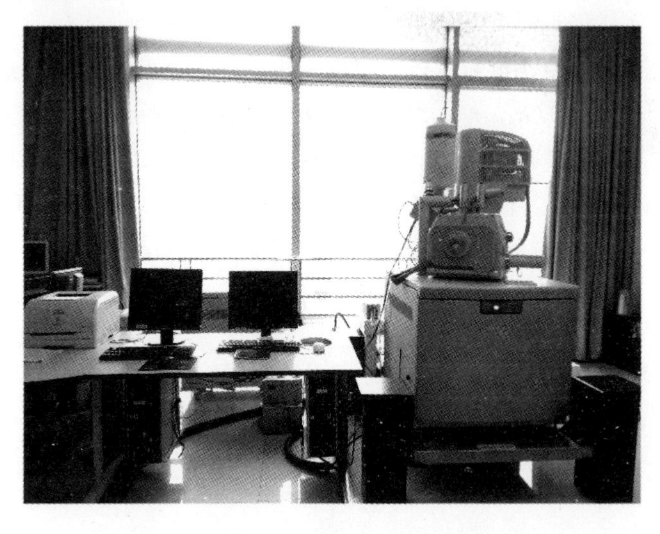

图 4-4　Quanta 600 FEG 场发射扫描电镜

### 4.3.5 剪切试验

直接剪切试验仪器采用南京土壤仪器厂的 ZJ 型应变控制式直剪仪，试验方法采用快剪试验。快剪试验是指在试样上施加垂直压力后，立即快速施加水平剪切力，一般使试样在 3～5min 内剪坏。在整个试验过程中，不允许试样的原始含水率有所改变。主要操作步骤如下：

1）制备黄土试样，每组试样不得少于 4 个。

2）对准剪切容器上下盒，插入固定销，在下盒内放透水石和滤纸，将带有试样的环刀刃口向上，对准剪切盒口，在试样上放滤纸和透水石，将试样小心地推入剪切盒内。

3）移动传动装置，使上盒前端钢珠刚好与测力计接触，顺次加上传压板，加压框架。

4）施加垂直压力，拔去固定销，立即以 0.8mm/min 的剪切速度进行剪切，使试样在 3～5min 内剪坏。

5）剪切结束后，退去剪切力和垂直压力，移开加压框架，取出试样，清理剪切盒。

对直剪试验数据的处理，按《土工试验方法标准（2007 版）》（GB/T 50123—1999）推荐的作图法作图，具体做法如下：以抗剪强度为纵坐标，垂直压力为横坐标，绘制抗剪强度与垂直压力关系曲线，直线的倾角为摩擦角，直线在纵坐标上的截距为黏聚力。显然，作图法处理试验数据比较粗糙，很难避免人为因素，对最终结果不利。为了减少人为因素造成的误差，本书采用最小二乘法处理直剪试验数据。

最小二乘法是指，若直剪试验中每组 $n$ 个土样的试验数据为（$\sigma_1$，$\tau_1$），（$\sigma_2$，$\tau_2$），…，（$\sigma_i$，$\tau_i$），…，（$\sigma_n$，$\tau_n$）。因 $n$ 个土样的试验数据点绘到 $\sigma$-$\tau$ 坐标中不在一条直线上，而是呈线性相关关系，故将库仑公式 $\tau=c+\sigma\tan\varphi$ 作为 $\sigma$ 和 $\tau$ 之间的经验关系公式，$c$ 和 $\varphi$ 视为待定系数，以偏差[$\tau_i$–（$\sigma_i\tan\varphi+c$）]平方和最小为目标来确定 $c$ 和 $\varphi$ 值，这一方法称为最小二乘法，即

$$M=\sum_{i=1}^{n}[\tau_i-(\sigma_i\tan\varphi+c)]^2$$

为使 $M$ 为最小，可令

$$\begin{cases}M_c(c,\varphi)=0\\M_\varphi(c,\varphi)=0\end{cases}$$

即令

$$\begin{cases}\dfrac{\partial M}{\partial c}=-2\sum_{i=1}^{n}[\tau_i-(\sigma_i\tan\varphi+c)]=0\\ \dfrac{\partial M}{\partial\varphi}=-2\sum_{i=1}^{n}\left[\tau_i-(\sigma_i\tan\alpha+c)\cdot\sec^2\alpha\right]=0\end{cases}$$

也即

$$\begin{cases}\tan\varphi\sum_{i=1}^{n}\sigma_i+nc=\sum_{i=1}^{n}\tau_i\\ \tan\varphi\sum_{i=1}^{n}\sigma_i^2+c\sum_{i=1}^{n}\sigma_i=\sum_{i=1}^{n}\tau_i\sigma_i\end{cases}$$

解得

$$\begin{cases}c=\dfrac{\sum_{i=1}^{n}\sigma_i\sum_{i=1}^{n}(\tau_i\sigma_i)-\sum_{i=1}^{n}\sigma_i^2\sum_{i=1}^{n}\tau_i}{\left[\sum_{i=1}^{n}\sigma_i\right]^2-n\sum_{i=1}^{n}\sigma_i^2}\\ \varphi=\arctan\left[\dfrac{\sum_{i=1}^{n}\tau_i\sum_{i=1}^{n}\sigma_i-n\sum_{i=1}^{n}\tau_i\sigma_i}{\left[\sum_{i=1}^{n}\sigma_i\right]^2-n\sum_{i=1}^{n}\sigma_i^2}\right]\end{cases}$$

由上式即可计算得到各种不同情况下的 $c$ 和 $\varphi$ 值。

## 4.4　试验结果与分析

### 4.4.1　微观结构分析

土体微观结构可通过颗粒形态（颗粒大小、颗粒形状、表面起伏）、颗粒排列形式、孔隙特征（孔隙大小、孔隙分布情况）及颗粒接触关系等性能来描述。

图 4-5 和图 4-6 分别给出不同冻融次数下原状黄土与重塑黄土（放大倍数为 2000 倍）的微观 SEM 图像。从图 4-5 和图 4-6 中可以看出，试样黄土的骨架颗粒以单体颗粒（部分为片状）和胶结而成的集粒为主，且原状黄土胶结连接的天然结构性特征更明显。原状黄土扰动重塑后微结构遭受破坏，因而重塑黄土骨架形态以单体颗粒为主，呈密实的堆砌状态。

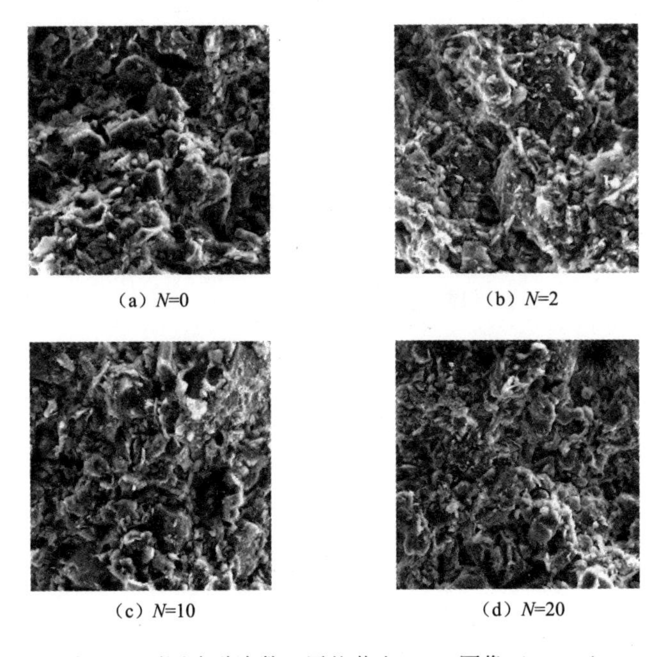

（a）$N$=0　（b）$N$=2　（c）$N$=10　（d）$N$=20

图 4-5　不同冻融次数下原状黄土 SEM 图像（×2000）

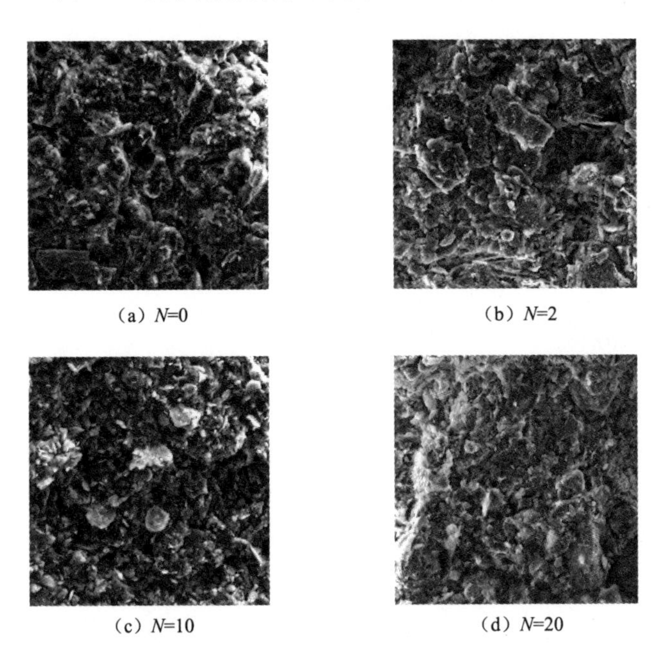

（a）$N$=0　（b）$N$=2　（c）$N$=10　（d）$N$=20

图 4-6　不同冻融次数下重塑黄土 SEM 图像（×2000）

冻融过程中试样内部冰晶生长及冷生结构形成导致土样中孔隙体积增加，挤压黄土颗粒，使黄土结构发生显著变化。多次冻融后，原状黄土与重塑黄土大颗粒集粒数量都明显减少，土粒胶结性变差，颗粒变得较为松散，小孔隙也随之增多，并且有潜在的裂隙发展。

基于数字图像处理技术，对冻融条件下黄土微观结构变化规律进行定量分析，SEM 图像识别流程主要包括图像读入、选定区域、图像编辑、灰度变换、图像二值化、参数设置、分割、测量、统计分析、处理数据并输出[25]。

土体微观结构量化指标较多，本章选取土粒等效直径、走向、圆形度和孔隙面积比 4 个典型指标，利用图像处理软件对不同冻融次数下（放大倍数为 2000 倍）的微观 SEM 图像分别进行统计分析。土粒等效直径为与土颗粒面积相等的等效圆的直径；走向表示土颗粒最长弦所对应的方位角，取值范围为 0°～180°；圆形度描述土颗粒形状接近圆形的程度；孔隙面积比表示同一截面孔隙面积与土颗粒面积的比值。上述 4 个指标中的土颗粒走向是几何变量，无具体计算公式，其他指标的具体计算公式如下。

1）等效直径（$d$）：

$$d=(4S/\pi)^{1/2} \tag{4-1}$$

式中，$S$ 为土颗粒面积。

2）圆形度（$R$）：

$$R=4S\pi/L^2 \tag{4-2}$$

式中，$S$ 为土颗粒面积；$L$ 为土颗粒的周长。$R$ 的取值范围为 0～1，$R$ 值越大，则区域越接近标准圆。

3）孔隙面积比（$\lambda$）：

$$\lambda=A_{\mathrm{V}}/A_{\mathrm{S}} \tag{4-3}$$

式中，$A_{\mathrm{V}}$ 为统计区域内孔隙所占面积；$A_{\mathrm{S}}$ 为统计区域内土颗粒所占面积。

图 4-7 给出原状黄土与重塑黄土冻融过程土颗粒等效直径分析曲线。由图 4-7 可见，冻融过程原状黄土与重塑黄土颗粒粒径的分布特征均发生显著变化，较小粒径颗粒所占比例随冻融次数增加明显增多。以原状黄土为例，冻融条件下等效直径 5～20μm 范围土颗粒占比明显增加。原状黄土颗粒组成以粉粒（5～75μm）为主，上述粒径变化特征表明冻融过程小粒径粉粒占比增加，大颗粒数量明显减少，原状黄土胶结性变差。

图 4-8 和图 4-9 分别为原状黄土与重塑冻融过程黄土颗粒圆形度和走向分析曲线。从图 4-8 和图 4-9 中可以看出，不同冻融次数作用后原状黄土与重塑黄土颗粒圆形度和走向分布曲线均出现交叉现象且各曲线分布特征近似重合，说明冻融作用对黄土颗粒形状和走向影响不大。分析其原因，冻融作用主要表现为土体内部冰晶生长及冷生构造形成挤压黄土颗粒，使土体孔隙体积增加，胶结性变差，而对土颗粒本身的形状和走向并无明显影响。

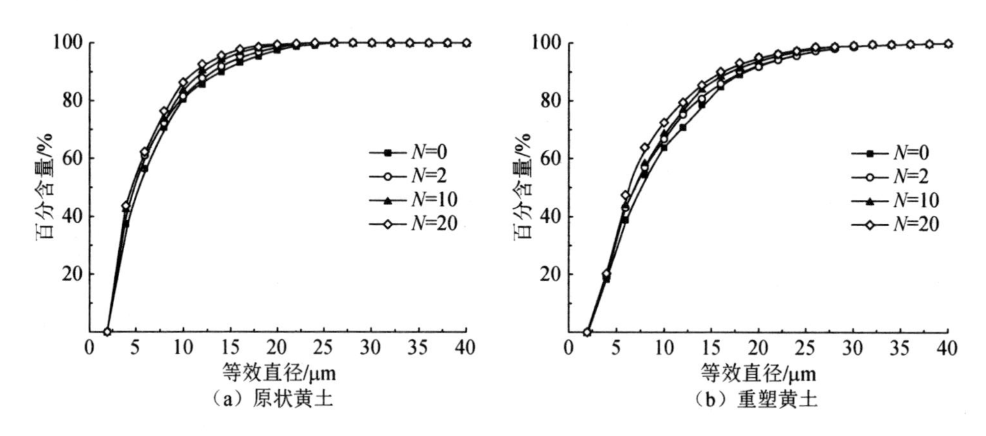


（a）原状黄土　（b）重塑黄土

图 4-7　原状黄土与重塑黄土冻融过程土颗粒等效直径分析曲线

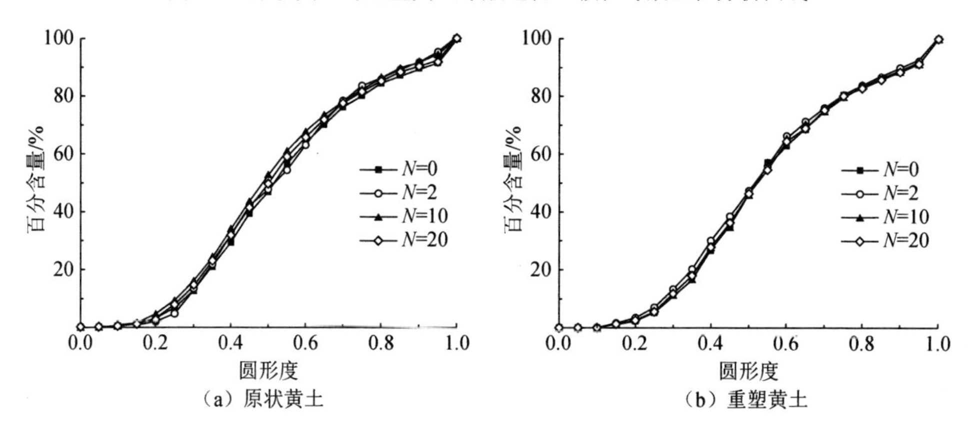


（a）原状黄土　（b）重塑黄土

图 4-8　原状黄土与重塑黄土冻融过程土颗粒圆形度分析曲线

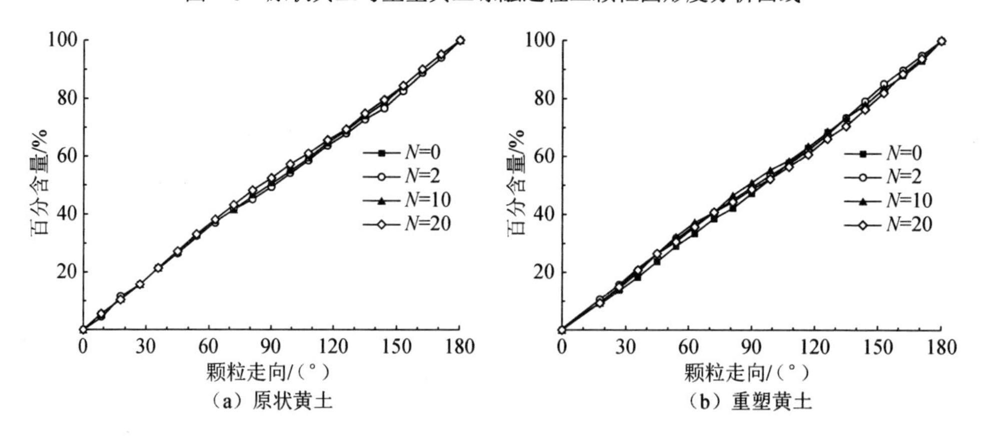


（a）原状黄土　（b）重塑黄土

图 4-9　原状黄土与重塑黄土冻融过程土颗粒走向分析曲线

图 4-10 反映了原状黄土与重塑黄土孔隙面积比与冻融次数的变化关系。从图 4-10 中可以看出，随冻融次数增加，黄土孔隙面积比有显著增大趋势，但增

幅逐渐减小，最终趋于一个稳定数值，呈指数变化规律，可用式（4-4）和式（4-5）进行描述：

原状黄土：

$$\lambda = 0.81 - 0.89\mathrm{e}^{-0.126N} \tag{4-4}$$

重塑黄土：

$$\lambda = 0.797 - 0.036\mathrm{e}^{-0.1N} \tag{4-5}$$

式中，$\lambda$ 为孔隙面积比；$N$ 为冻融次数。

冻融过程孔隙面积比的指数变化规律表明冻融条件下黄土的结构强度一定程度上遭受破坏，土体结构变疏松，因而强度劣化。值得注意的是，多次冻融循环作用后原状黄土与重塑黄土结构强度均趋于稳定。

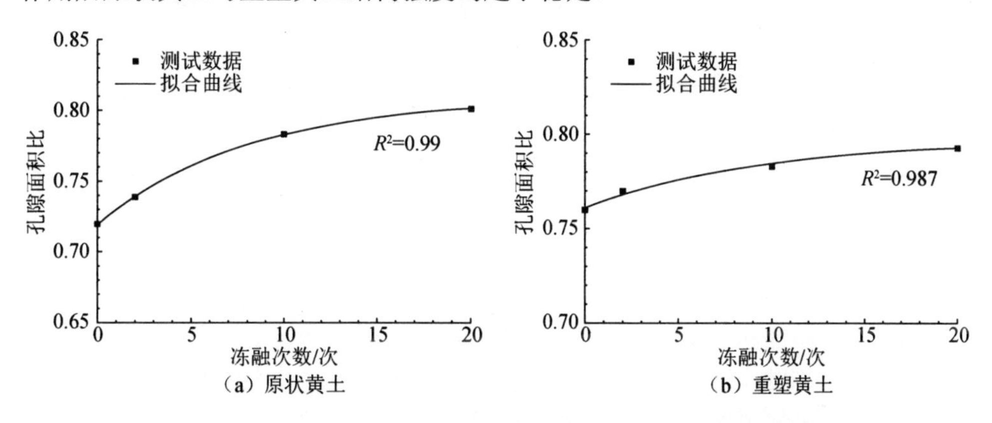


（a）原状黄土　　（b）重塑黄土

图 4-10　原状黄土与重塑黄土冻融过程孔隙面积比变化规律

基于连续介质损伤力学概念[26]，材料劣化的主要机制是缺陷导致有效承载面积的减少，由此提出连续度 $\varphi$ 的概念，具体为

$$\varphi = \tilde{A}/A \tag{4-6}$$

式中，$A$ 为冻融前的有效承载面积；$\tilde{A}$ 为冻融损伤后的有效承载面积。

基于连续度 $\varphi$ 的概念，引入连续度 $\varphi$ 的一个相补参量，即损伤度 $D$[27]为

$$D = 1 - \varphi \tag{4-7}$$

式中，$D$ 为标量，$D$=0 时为无损状态，$D$=1 时为完全冻融损伤状态。

基于前述 SEM 冻融后孔隙面积比的概念，损伤度 $D$ 可进一步表示为

$$D = \frac{\lambda - \lambda_0}{1 + \lambda} \tag{4-8}$$

式中，$\lambda_0$ 表示某一截面冻融前孔隙面积比；$\lambda$ 表示相同截面冻融损伤后孔隙面积比。

依据式（4-8），结合上述冻融过程孔隙面积比试验数据，可以得到损伤度与冻融次数关系变化曲线，如图 4-11 所示。由图 4-11 可见，随冻融次数增加，冻融

损伤度有显著增大趋势，但增幅逐渐减小，最终趋向于一个稳定数值。冻融损伤度 $D$ 与冻融次数 $N$ 之间的关系可用如下指数函数公式进行拟合分析：

原状黄土：

$$D=\left[48.85-48.93\exp\left(-0.131N\right)\right]\times10^{-3} \tag{4-9}$$

重塑黄土：

$$D=\left[19.11-19.32\exp\left(-0.133N\right)\right]\times10^{-3} \tag{4-10}$$

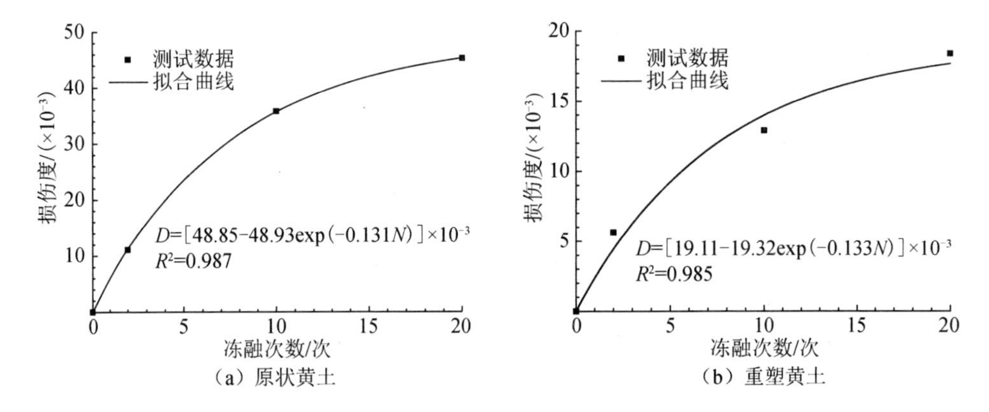


图 4-11 冻融损伤度与冻融次数关系变化曲线

与上述孔隙面积比变化规律相似，微观结构冻融损伤度随冻融次数的变化规律再次反映出冻融作用一定程度上破坏黄土的结构强度，使土体变疏松，但多次冻融后黄土的结构强度趋于稳定的残余强度。

### 4.4.2 表面结构特征分析

冻融循环作为一种强风化作用，对黄土具有强烈劣化作用。本章在黄土冻融试验过程中，观察到土样表面结构特征有一定变化。图 4-12 所示为饱和（含水率为 21%）原状黄土试样冻融过程表面结构特征变化规律。由图 4-12 可见，冻融前原状黄土试样表面可以观察到其天然大孔隙特征；冻融 5 次后，原状黄土试样表面结构特征发生变化，表层薄弱部位出现微裂缝；冻融 12 次后，原状黄土试样表面局部出现片状剥落现象，裂缝扩展且开度增加；冻融 17 次后，原状黄土表层冻融剥落破坏呈稳定状态。

图 4-13 和图 4-14 给出不同含水率原状黄土试样冻融过程表面结构特征变化规律。由图 4-13 和图 4-14 可见，冻融前后，含水率为 15%和 18%试样表面结构特征没有明显变化。对比图 4-12，不难发现，原状黄土试样表面结构破坏程度与含水率关系密切。含水率较高时，原状黄土试样表面冻融变形和形态破坏严重，这主要是冻融过程中的水分迁移作用使得土体表面含水率增加，因而原状黄土试

样表面结构破坏严重。

（a）$N$=0　　（b）$N$=5

（c）$N$=12　　（d）$N$=17

图 4-12　饱和原状黄土试样冻融过程表面结构特征变化规律（含水率为 21%）

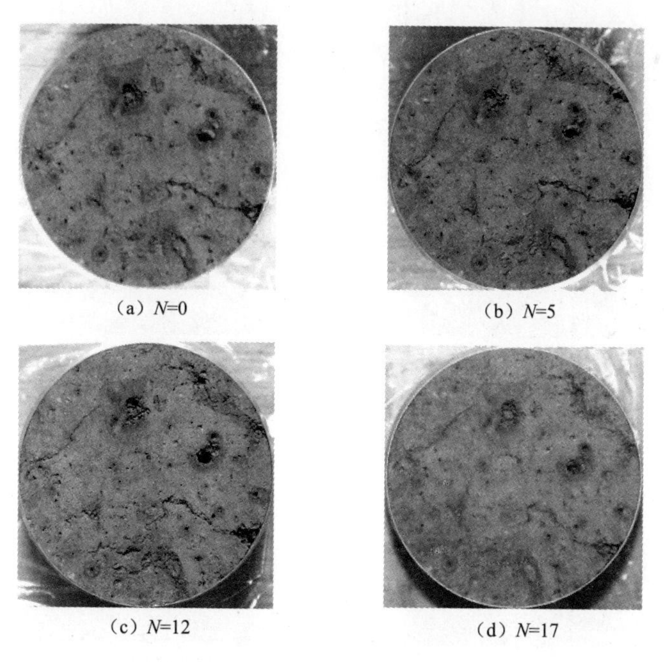

（a）$N$=0　　（b）$N$=5

（c）$N$=12　　（d）$N$=17

图 4-13　原状黄土试样冻融过程表面结构特征变化规律（含水率为 15%）

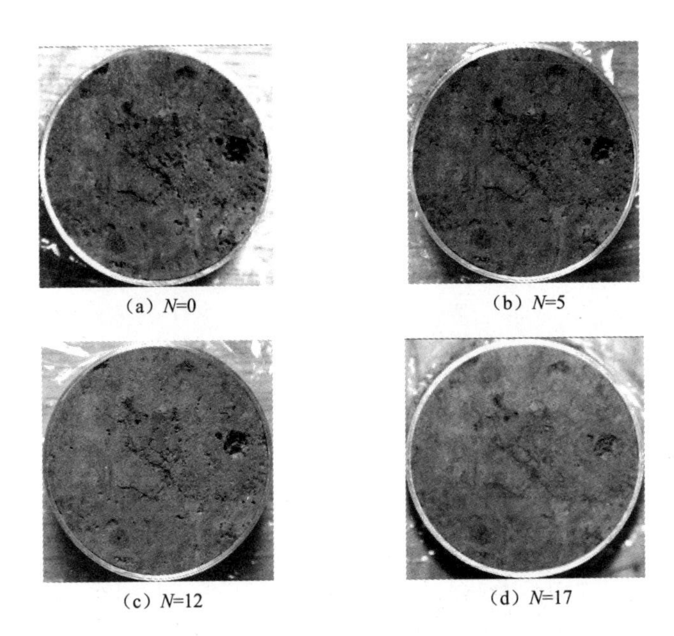

（a）$N$=0　（b）$N$=5

（c）$N$=12　（d）$N$=17

图 4-14　原状黄土试样冻融过程表面结构特征变化规律（含水率为 18%）

图 4-15 所示为不同含水率重塑黄土试样冻融循环 17 次后试样表面结构特征变化规律。由图 4-15 可见，含水率为 15%和 18%的重塑黄土试样在冻融后试样表面特征变化不大；含水率为 21%的重塑黄土试样冻融后表面结构变得较为疏松，孔隙比增大，出现碎屑；饱和的重塑黄土试样表面产生较大裂缝。

（a）$w$=15%　（b）$w$=18%

（c）$w$=21%　（d）$w$=28.9%（饱和）

图 4-15　不同含水率重塑黄土试样冻融过程表面结构特征变化规律（$\rho_d$ = 1.5g/cm$^3$，$N$=17）

图 4-16 和图 4-17 所示为不同冻融次数下重塑黄土试样表面结构特征变化规律。由图 4-16 可见，含水率为 21%的重塑黄土试样冻融过程中表面出现碎屑，随着冻融次数增加，结构试样表面碎屑增多。饱和的重塑黄土试样冻融过程中首先出现碎屑，在冻融 14 次后开始出现裂缝，随冻融次数增加，表面裂缝增多增大且裂缝开始相互贯通。

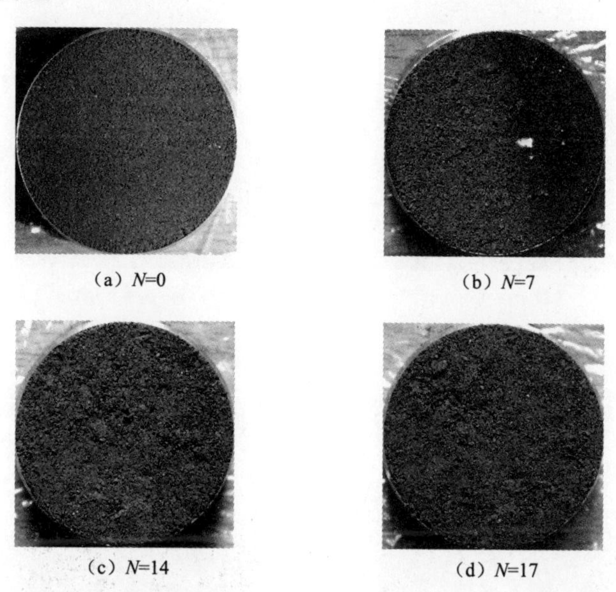

（a）$N$=0　（b）$N$=7　（c）$N$=14　（d）$N$=17

图 4-16　重塑黄土试样冻融过程表面结构特征变化规律（$\rho_d = 1.6\text{g/cm}^3$，$w = 21\%$）

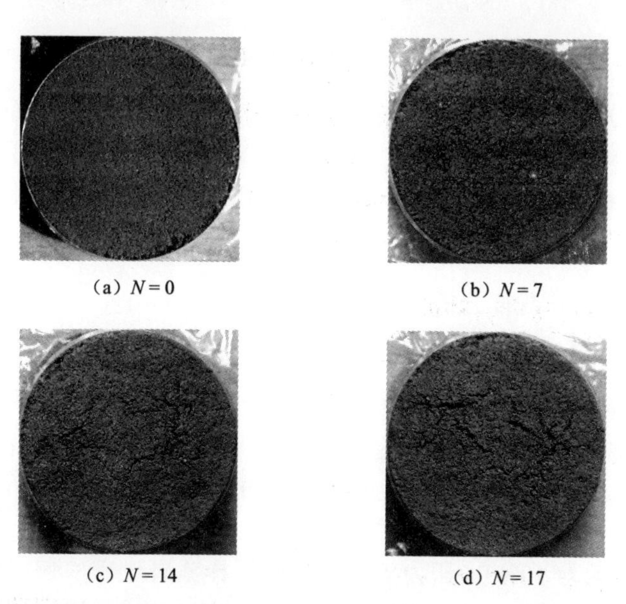

（a）$N = 0$　（b）$N = 7$　（c）$N = 14$　（d）$N = 17$

图 4-17　重塑黄土试样冻融过程表面结构特征变化规律（$\rho_d = 1.6\text{g/cm}^3$,$w = 24.7\%$饱和）

图 4-18 所示为不同干密度饱和试样冻融作用后表面结构特征变化规律。由图 4-18 可见，干密度为 1.4g/cm$^3$ 的饱和试样表面出现较大裂缝，裂缝相互贯通，将试样表面分割成块；干密度为 1.5g/cm$^3$ 和 1.6g/cm$^3$ 的饱和试样表面裂缝数量相对较少、宽度较窄；干密度为 1.7g/cm$^3$ 的饱和试样仅有几条微裂缝。

（a）$\rho_d = 1.4$g/cm$^3$ （b）$\rho_d = 1.5$g/cm$^3$

（c）$\rho_d = 1.6$g/cm$^3$ （d）$\rho_d = 1.7$g/cm$^3$

图 4-18 不同干密度饱和试样冻融作用后表面结构特征变化规律（$N$=17）

综合上述分析，不难发现冻融作用对原状黄土与重塑黄土表面结构的破坏均较严重，且含水率越高，冻融次数越多，土体表面特征破坏越严重。这主要是冻融过程中的水分迁移作用使得土体表面含水率增加，尤其是含水率较高时，长期冻融过程中土样上部冻融变形和形态破坏严重。

### 4.4.3 抗剪强度劣化规律分析

抗剪强度是土体的重要力学性能之一，工程设计中常用的抗剪强度参数为土体的黏聚力 $c$ 和内摩擦角 $\varphi$ 两个参数。土体经过冻融循环作用之后，土体颗粒之间的结构联结特征发生变化。因此，冻融作用必然会对土体抗剪强度指标产生影响。基于此，有必要研究冻融前后土样抗剪强度及内摩擦角和黏聚力的变化规律。

图 4-19 所示为 100kPa 压力下重塑黄土试样冻融过程剪切应力与剪切位移关系曲线。从图 4-19 中可以看出，冻融过程黄土试样剪切应力随剪切位移增大

逐渐增加，但增幅逐渐减小，最终趋于稳定，表现出明显的应变硬化特征。

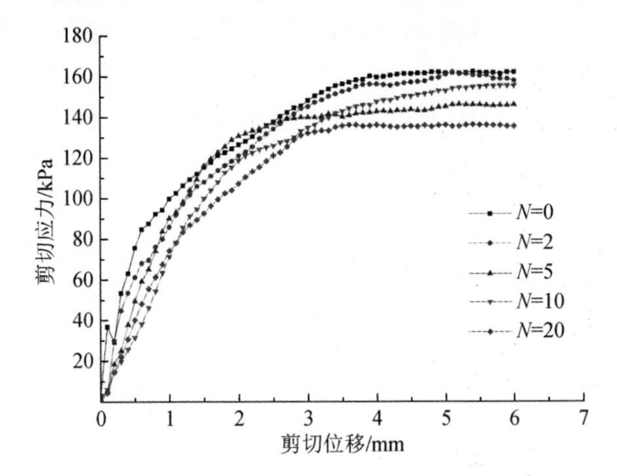


图 4-19　100kPa 压力下重塑黄土试样冻融过程剪切应力与剪切位移关系曲线

（$\rho_d$ =1.5g/cm$^3$，$w$ = 18 %）

图 4-20 所示为重塑黄土试样冻融过程抗剪强度变化规律。从图 4-20 中可以看出，黄土试样抗剪强度拟合关系直线随冻融次数增加表现出明显的下移特征，即冻融条件下黄土试样抗剪强度有所降低。

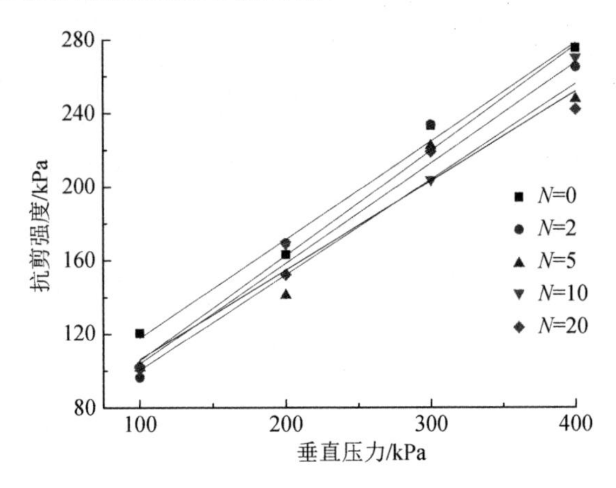


图 4-20　重塑黄土试样冻融过程抗剪强度变化规律（$\rho_d$ =1.6g/cm$^3$，$w$ = 18%）

下面重点分析冻融过程原状黄土与重塑黄土试样抗剪强度指标劣化规律，以期为黄土地区道路及边坡等工程设计提供依据和参考。

1. 黏聚力

（1）冻融次数对黄土黏聚力的影响

图 4-21 所示为原状黄土试样黏聚力与冻融次数变化规律曲线。从图 4-21 中

可以看出，黏聚力随冻融次数增加逐渐减小，但降低幅度逐渐减小，最终维持在一个稳定数值，呈指数衰减趋势。分析其原因，主要是土颗粒周围水膜在低温下冻结，孔隙水结晶对土颗粒产生挤压作用力，破坏颗粒间联结作用，导致土体结构和强度逐渐弱化，黏聚力降低。此外，基于前述黄土微观结构特征分析，冻融损伤度随冻融次数增加呈指数增加趋势，即多次冻融后黄土结构强度趋于稳定的残余强度，因而黏聚力随冻融次数增加趋于一个稳定数值。从图 4-21 中还可以看出，随着含水率增大，黏聚力劣化幅值和速率有减小趋势。这是由于含水率较大时，原状黄土初始结构强度很低，冻融过程黏聚力衰减的绝对幅值和速率较小。

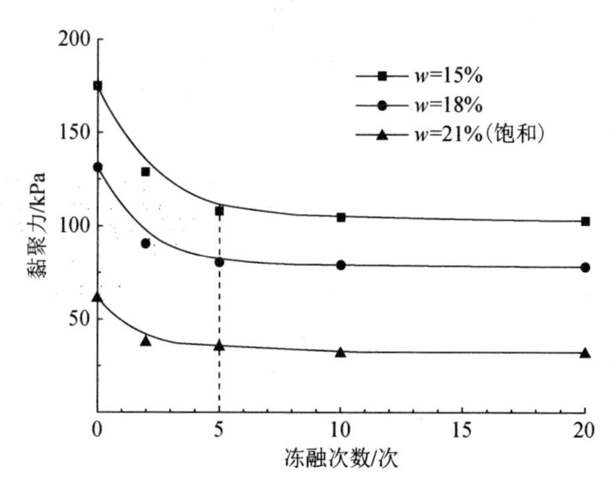


图 4-21　原状黄土试样黏聚力与冻融次数变化规律曲线

图 4-22（a）给出干密度为 1.6g/cm$^3$、不同含水率情况下重塑黄土试样黏聚力与冻融次数变化规律曲线。从图 4-22（a）中可以看出，除了饱和试样的黏聚力有稍稍增大趋势，很快趋于稳定外，其他含水率试样的黏聚力均随冻融次数增加呈指数衰减趋势，这与前述原状黄土试样随冻融次数的变化规律是一致的。饱和试样黏聚力冻融过程有稍稍增大趋势的主要原因是饱和试样水膜厚度增加，自由水增多，冻融后水分向土体表面迁移较明显，使得剪切面含水率减小，因而冻融后试样黏聚力呈稍稍增大趋势。从图 4-22（a）中还可以看出，与原状黄土试样相似，随着含水率增大，黏聚力劣化幅值和速率也有减小趋势。

含水率为 15%、不同干密度条件下重塑黄土试样黏聚力与冻融次数变化规律如图 4-22（b）所示。由图 4-22（b）可见，黏聚力随冻融次数增加也呈指数衰减趋势，与图 4-22（a）表现出相似的变化规律。从图 4-22（b）中还可以看出，随着干密度增大，黏聚力劣化幅值和速率有增大趋势。这是由于干密度较大时，土颗粒联结较为紧密，低温冻胀作用对土体结构破坏作用更为强烈，黏聚力降低幅度和速率增大。

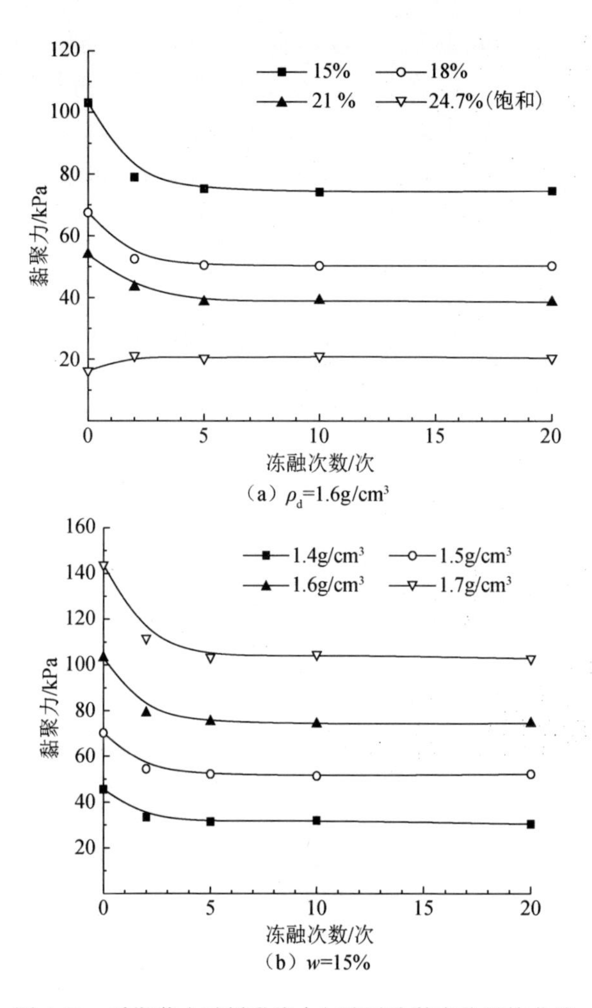


（a）$\rho_d$=1.6g/cm³

（b）$w$=15%

图 4-22　重塑黄土试样黏聚力与冻融次数变化规律曲线

对冻融过程黄土黏聚力进行深入分析，发现黄土黏聚力随冻融次数增加呈指数衰减关系，与前述黄土微观结构冻融损伤度的变化规律是一致的。图 4-23 给出冻融作用下原状黄土与重塑黄土黏聚力和微观结构冻融损伤度随冻融次数变化规律曲线。从图 4-23 中可以看出，前期冻融过程中，黏聚力与冻融损伤度随冻融次数增加变化速率较快，之后两者的变化速率均较缓慢，趋于稳定的残余强度，黄土宏观与微观的冻融损伤力学性能表现出很好的一致性。

为进一步分析原状黄土与重塑黄土冻融过程力学性能的差异，图 4-24 给出相同条件下原状黄土与重塑黄土黏聚力随冻融次数变化规律曲线。从图 4-24 中可以看出，原状黄土与重塑黄土的黏聚力都随着冻融次数增加逐渐减小，但降低幅度逐渐减小，最终维持在一个稳定数值，呈指数衰减趋势。此外，由图 4-24 可见，相同条件下原状黄土的黏聚力高于重塑黄土，但随着冻融次数的增加，两者差异逐渐减小。这是因为原状黄土胶结连接的天然结构性特征较重塑黄土更为明显（图 4-5 和图 4-6），即原状黄土具有典型的天然结构强度，因而相同条件下原状黄土的黏聚力高于重塑黄土。但多次冻融后，无论原状黄土或重塑黄土，其黏聚力均趋于稳定的残余强度，因而两者差异逐渐减小。从图 4-24 中还可以看出，冻融过程原状黄土黏聚力衰减的绝对幅值及速率显著高于重塑黄土，这是因为原状黄土的天然结构性特征较重塑黄土更为明显，因而低温条件下孔隙水冻结成冰及冷生结构形成的冻结劈裂作用对原状黄土颗粒联结的破坏程度更大，使原状黄土黏聚力的衰减幅度及速率高于重塑黄土。

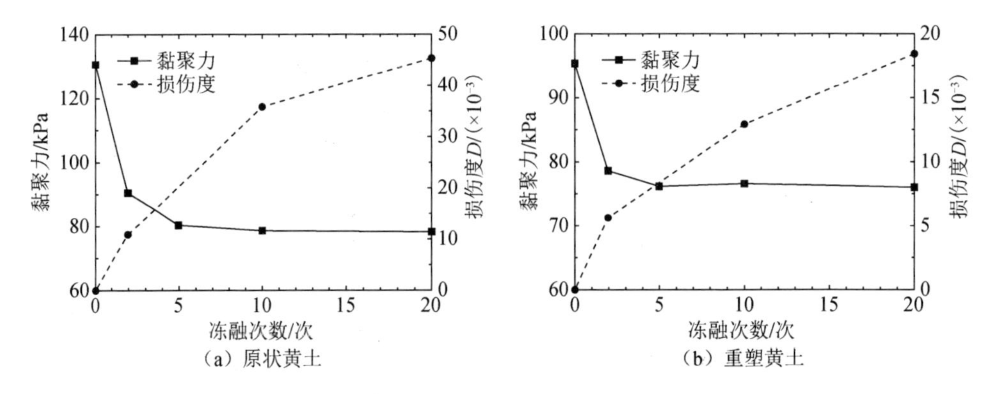

（a）原状黄土　（b）重塑黄土

图 4-23　冻融作用下原状黄土与重塑黄土黏聚力和微观结构冻融损伤度随冻融次数变化规律曲线

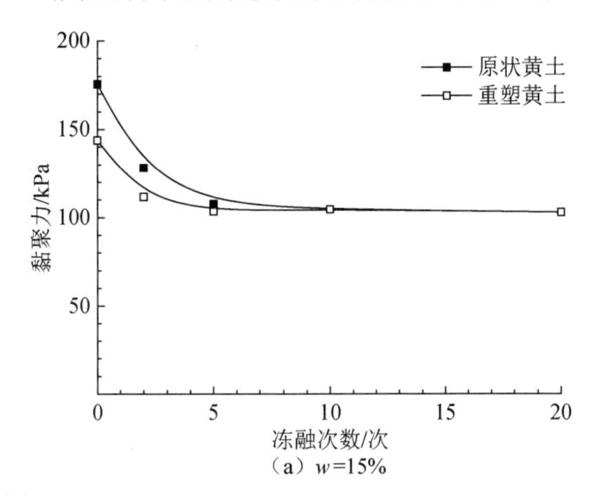

（a）$w$=15%

图 4-24　原状黄土与重塑黄土黏聚力随冻融次数变化规律曲线

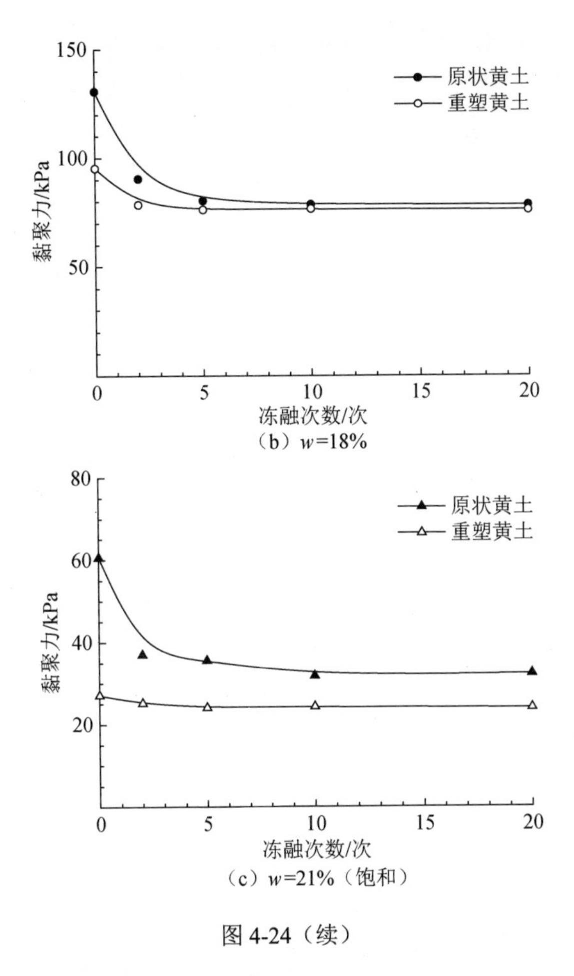


（b）$w$=18%

（c）$w$=21%（饱和）

图 4-24（续）

（2）初始含水率对黄土黏聚力的影响

图 4-25 所示为原状黄土与重塑黄土黏聚力与初始含水率变化规律曲线。从图 4-25 可以看出，随着含水率增加，原状黄土与重塑黄土黏聚力表现出相似变化规律，都呈现线性衰减的特征。这是因为含水率增加，土颗粒之间结合水膜增厚，土体黏聚强度降低。值得注意的是，由于冻融作用对黄土结构强度造成损伤，随着冻融过程进行，原状黄土与重塑黄土强度均趋于一个稳定的冻融残余强度数值，冻融后黏聚力与含水率的变化曲线近似重合。

（3）初始干密度对黄土黏聚力的影响

图 4-26 所示为重塑黄土黏聚力与初始干密度变化规律曲线。由图 4-26 可见，黏聚力随着干密度增大逐渐增加，呈现较好的线性规律。这主要是因为干密度越大，黄土颗粒之间的距离越小，结合水膜越薄，所以黏聚强度越高。此外，由于冻融作用对黄土结构强度造成损伤，土体强度趋于一个稳定的残余强度数值，冻

融后黏聚力与干密度的变化规律曲线近似重合，这与前述黏聚力随含水率的变化规律是一致的。

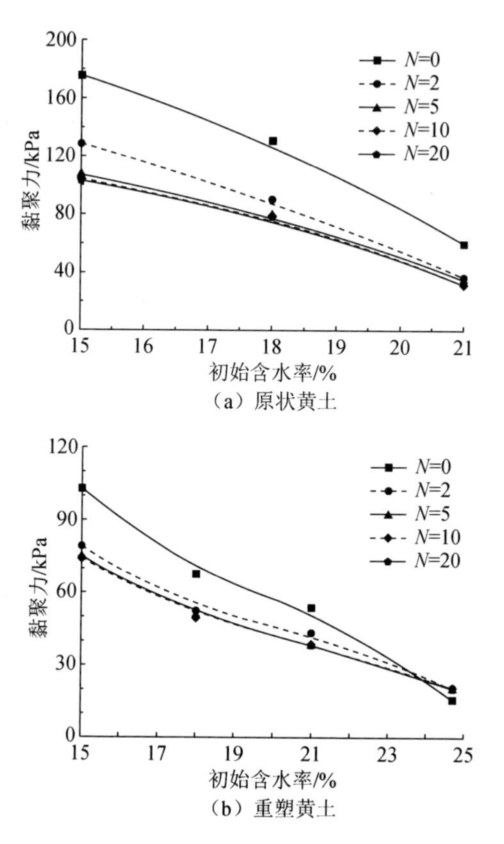


（a）原状黄土

（b）重塑黄土

图 4-25　原状黄土与重塑黄土黏聚力与初始含水率变化规律曲线

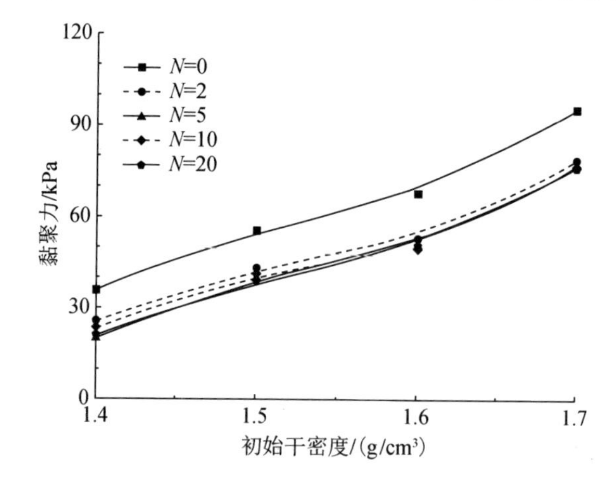


图 4-26　重塑黄土黏聚力与初始干密度变化规律曲线（$w$=18%）

2. 内摩擦角

图 4-27 反映出原状黄土与重塑黄土内摩擦角随冻融次数变化规律曲线。从图 4-27 可以看出，无论原状或重塑黄土试样，黄土内摩擦角随冻融次数变化均呈现波浪形变化趋势，且波动范围较小，波动幅度在 5° 以内，无明显规律性变化，因此可以认为内摩擦角随冻融次数的变化规律并不明显。分析其原因，主要是由于影响黄土内摩擦强度的主要因素是黄土颗粒之间的接触面积和土颗粒形状，而冻融作用对以上因素并无明显影响。

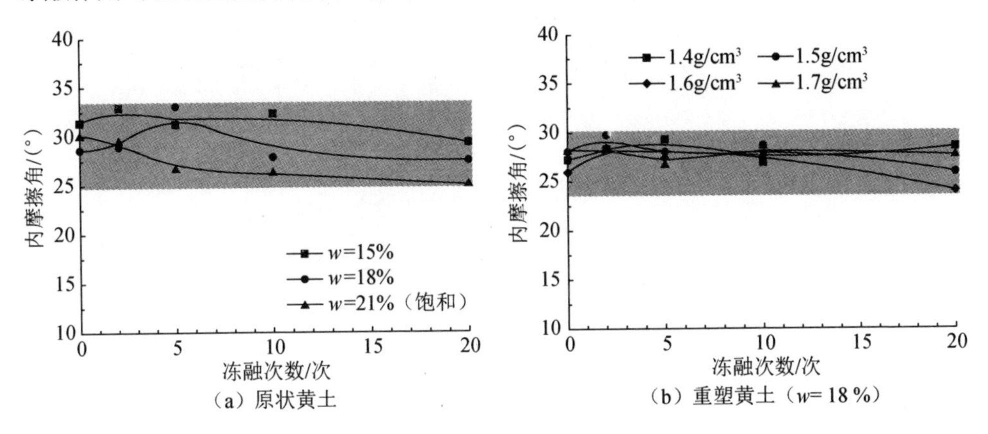

（a）原状黄土　（b）重塑黄土（w= 18 %）

图 4-27　原状黄土和重塑黄土内摩擦角与冻融次数变化规律曲线

注：图中灰度表示内摩擦角变化范围

3. 黏聚强度冻融损伤系数

由前述试验研究结果，冻融后黄土黏聚力衰减规律比较明显，而内摩擦角与冻融次数并无明显变化规律。基于此，为进一步分析冻融过程黄土黏聚强度劣化规律，定义黏聚强度 $C$ 值的冻融损伤系数 $K_C$ 为

$$K_C = \frac{C_0 - C_N}{C_0} \tag{4-11}$$

式中，$K_C$ 为标量，即 $K_C=0$ 表示无损状态，$K_C = 1$ 表示完全冻融损伤状态；$C_0$ 为未冻融试样的黏聚强度值；$C_N$ 为 $N$ 次冻融作用后试样的黏聚强度值。

原状黄土与重塑黄土黏聚强度冻融损伤系数与冻融次数变化规律曲线如图 4-28 所示。由图 4-28 可见，原状黄土与重塑黄土黏聚强度冻融损伤系数都随着冻融次数增加逐渐增大，但增幅逐渐减小，呈指数增加趋势，这与前述黏聚力随冻融次数指数衰减的变化规律是一致的。此外，相同条件下原状黄土黏聚强度冻融损伤系数显著高于重塑黄土，即冻融过程原状黄土黏聚强度损伤幅度和速率高于重塑黄土，这与前述原状黄土黏聚力随冻融次数的衰减幅度和速率高于重塑黄土的变化规律是一致的。

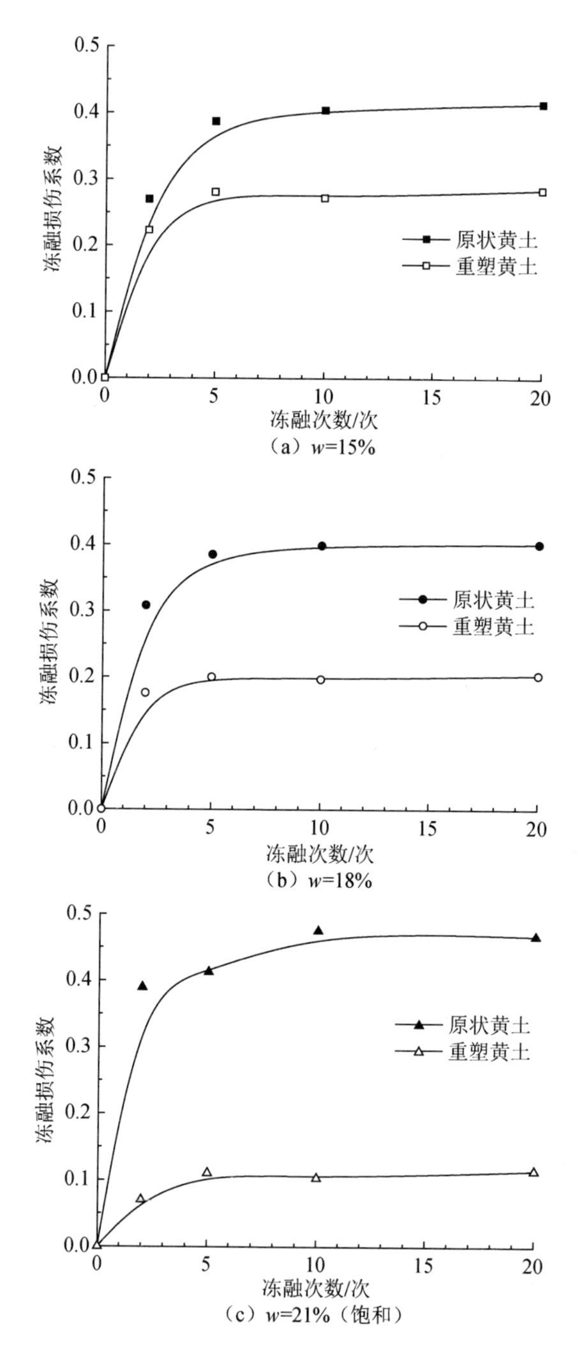


图 4-28　原状黄土与重塑黄土黏聚强度冻融损伤系数与冻融次数变化规律曲线

# 4.5　强度劣化预测模型

## 4.5.1　多变量最优拟合预测模型

综合前述试验研究结果，冻融后黄土黏聚力衰减规律比较明显，而内摩擦角与冻融次数并无明显变化规律。基于此，本节选取代表性土样（重塑黄土，干密度 1.6g/cm$^3$）为例进行数据拟合分析，并给出试验黄土黏聚强度的劣化模型表达式。

试验研究结果发现，黄土黏聚强度与冻融次数变化曲线符合指数关系，可用下述指数函数进行拟合：

$$C = a\exp(bN) + c \tag{4-12}$$

式中，$C$ 为黏强度（kPa）；$N$ 为冻融次数；$a$、$b$、$c$ 为拟合参数。拟合结果见表 4-5。

表 4-5　拟合参数 1

| 含水率 | | 15% | 18% | 21% | 24.7%（饱和） |
|---|---|---|---|---|---|
| 冻融次数/次 | 0 | 103.1 | 67.5 | 53.9 | 16.2 |
| | 2 | 79.0 | 52.5 | 43.4 | 21.1 |
| | 5 | 75.3 | 50.5 | 38.6 | 20.3 |
| | 10 | 74.3 | 49.6 | 39.1 | 21.0 |
| | 20 | 74.6 | 50.3 | 38.6 | 20.4 |
| 参数 | $a$ | 27.88 | 17.42 | 12.3 | −4.71 |
| | $b$ | −1.398 | −0.979 | −0.731 | −1.000 |
| | $c$ | 75.34 | 50.08 | 39.63 | 20.82 |
| | $R^2$ | 0.991 | 0.978 | 0.954 | 0.937 |

进一步考虑含水率的影响，以表 4-5 中的 $a$、$b$、$c$ 为已知值，对其进行拟合分析。分析发现，对 $a$ 进行线性拟合，对 $b$ 和 $c$ 进行多项式拟合能取得较好结果。拟合公式如式（4-13）～式（4-15）所示，拟合结果见表 4-6。

$$a = a_2 w + a_3 \tag{4-13}$$

$$b = b_1 w^2 + b_2 + w + b_3 \tag{4-14}$$

$$c = c_1 w^2 + c_2 w + c_3 \tag{4-15}$$

表 4-6　拟合参数 2

| 参数 1 | | $a$ | $b$ | $c$ |
|---|---|---|---|---|
| 含水率 | 15% | 27.88 | −1.398 | 75.34 |

续表

| 参数 1 | | $a$ | $b$ | $c$ |
|---|---|---|---|---|
| 含水率 | 18% | 17.42 | −0.979 | 50.08 |
| | 21% | 12.3 | −0.731 | 39.63 |
| | 饱和 | −4.71 | −1.000 | 20.82 |
| 参数 2 | $i_1$ | — | −169 | 2327 |
| | $i_2$ | −320 | 72 | −1463 |
| | $i_3$ | 76.3 | −8.4 | 241.3 |
| | $R^2$ | 0.973 | 0.986 | 0.986 |

注：表中 $i_j$ 对应代表 $a_j$、$b_j$、$c_j$。

将式（4-13）～式（4-15）代入式（4-12），可得代表性土样黏聚强度与含水率和冻融次数关系表达式为

$$C=(a_2w+a_3)\exp[(b_1w^2+b_2w+b_3)N]+c_1w^2+c_2w+c_3 \tag{4-16}$$

采用同样方法，可得到其他干密度重塑黄土试样黏聚强度劣化规律表达式，具体系数取值见表 4-7。

**表 4-7　劣化规律表达式系数取值**

| 类别 | 干密度/（g/cm³） | $a_2$ | $a_3$ | $b_1$ | $b_2$ | $b_3$ | $c_1$ | $c_2$ | $c_3$ |
|---|---|---|---|---|---|---|---|---|---|
| 原状黄土 | — | −754.8 | 184.9 | 0 | −6.45 | 0.43 | 0 | −1172.2 | 282.7 |
| 重塑黄土 | 1.4 | −96 | 29.0 | −25 | 15 | −2.7 | 231 | −170 | 45.1 |
| | 1.5 | −198 | 50.8 | −16 | 10 | −2.1 | 1484 | −860 | 147.3 |
| | 1.6 | −320 | 76.3 | −169 | 72 | −8.4 | 2327 | −1463 | 241.3 |
| | 1.7 | −791 | 159.8 | 169 | −64 | 5.0 | −13864 | 3697 | −135.1 |

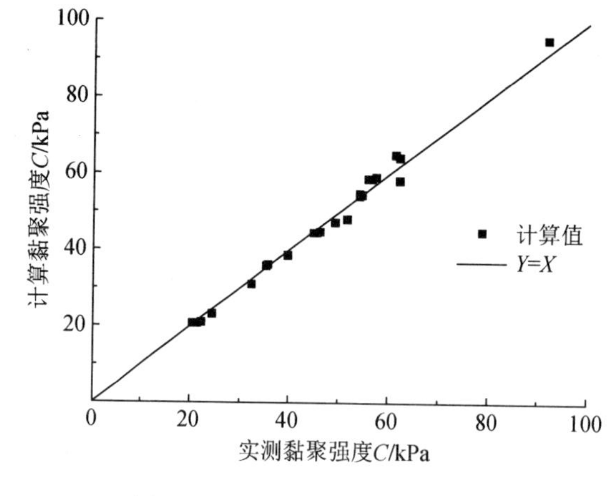


图 4-29　黄土黏聚强度模型验证

利用独立试验数据（试样含水率为 19.5%）对模型进行验证，如图 4-29 所示。从图 4-29 中可以看出，模型实测值和计算值误差相对较小，说明建立的黏聚强度劣化预测模型能较好地描述冻融条件下试验黄土的黏聚强度劣化特性。值得注意的是，由于冻融过程黄土强度劣化规律的复杂性，该预测模型目前尚无法考虑干密度变化的影响。基于此，下一节拟尝试建立一种能够综合评价多因素影响黄土

冻融抗剪强度指标的神经网络预测方法。

### 4.5.2　神经网络预测模型

冻融循环导致黄土强度的衰减过程是一个比较复杂的问题。以往对于冻融过程黄土抗剪强度指标的研究大多集中于研究抗剪强度指标同干密度、含水率及冻融次数等影响因素之间的单一经验统计关系。但使用单一因素评价黄土冻融过程抗剪强度指标劣化特性方法的预测结果往往与实际情况存在较大偏差。对于冻融过程黄土抗剪强度指标损伤规律的准确评价需综合考虑干密度、含水率及冻融条件等多个因素的影响。传统统计方法极难得到黄土冻融过程抗剪强度指标损伤规律与多因素之间的量化统计关系。基于此，需寻求新的途径来解决问题。BP（back propagation）神经网络作为信息处理的一种新方法，能够很好地完成多元非线性影射的拟合仿真功能，进而建立这些影响因素参数与黄土冻融抗剪强度指标之间的定量关系[28]。党维维等[29]利用改进 BP 神经网络算法对黄土抗剪强度指标进行了预测；杨喆等[30]运用 BP 神经网络工具箱建立了滑带黄土振陷系数的预测方法；李雯霞[31]建立了判别黄土液化势及黄土液化危害程度的 BP 神经网络模型；高建勇等[32]基于改进的遗传神经网络模型对黄土高边坡的稳定性进行了预测研究。然而针对冻融过程黄土抗剪强度指标损伤规律的人工神经网络预测模型研究还相对较少且不够系统全面，不能很好地揭示冻融作用对黄土强度劣化作用机理。基于此，本节利用 BP 神经网络算法对室内试验数据进行学习和训练，进而得到各影响因素同抗剪强度指标间的经验数据库，以期得到一种能够综合评价多因素影响黄土冻融抗剪强度指标的预测方法。

通过前述试验研究结果可以发现，冻融过程黄土试样黏聚力受干密度、含水率及冻融次数的影响十分明显，现有定量公式难以准确计算其大小。而 BP 神经网络可以通过大量训练样本学习，获得输入与输出之间的高度非线性映射关系，这正是其优势所在。此外，内摩擦角呈波浪形变化规律，但波动范围较小，可认为冻融过程内摩擦角无明显变化。因此，本书在分析评价冻融过程黄土抗剪强度指标劣化规律时，仅针对黏聚力建立其相应 BP 神经网络预测模型。

BP 神经网络是一种单向传播的多层前向网络，一般由输入层、隐含层和输出层构成。样本数据提供给网络后，神经元激活值从输入层经各中间层向输出层传播。各神经元在输出层获得网络输入响应。然后以预测误差平方和最小为目标，误差反向传播，按照梯度下降的方式不断调整网络权值和阈值，不断逼近期望输出值，这种算法称为误差逆传播算法，即 BP 算法。

本节采用的 BP 神经网络结构分为 3 层：第 1 层为输入层，以干密度（$\rho_d$）、含水率（$w$）和冻融次数（$N$）作为输入向量元素，共 3 个神经元；第 2 层为隐含层，经过多次预测试验，确定隐含层最佳神经元数目为 8，作用函数为双曲正切

tansig 函数；第 3 层为输出层，以黏聚力（$C$）作为输出向量元素，1 个神经元，作用函数为 purelin 函数。聚力 BP 神经网络拓扑图如图 4-30 所示。

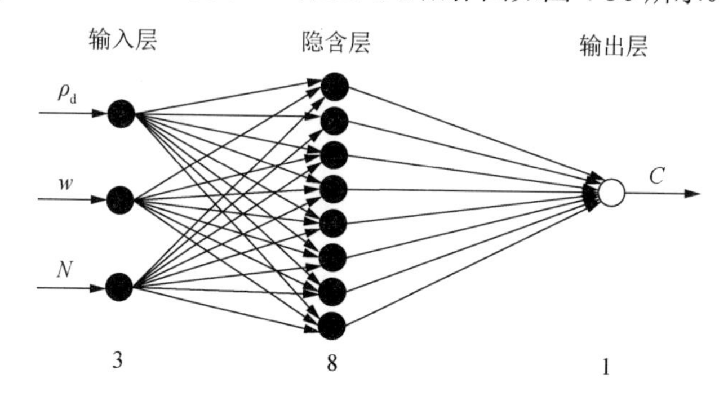


图 4-30　聚力 BP 神经网络拓扑图

前述冻融过程黄土抗剪强度试验涵盖不同含水率、干密度和冻融次数的抗剪强度指标数据，训练样本代表性较好。基于此，本节选择前述 80 组黄土试样黏聚力冻融试验数据（表 4-8），将前 64 组数据作为训练样本，后 16 组数据用来检验预测结果可靠性。由于网络训练传递函数为 S 形函数，其输出量为 0～1 的连续量。此外，为减小输入量中数据大小差距过大而导致的较小数被较大数淹没的现象，以及加快网络收敛速度，需对数据进行归一化处理。采用如下归一化函数对输入、输出数据进行预处理：

$$(y,\ p_s)=\mathrm{mapminmax}(\boldsymbol{p},\ y_{min},\ y_{max}) \tag{4-17}$$

式中，$y$ 为输出归一化数据；$p_s$ 为数据结构；$\boldsymbol{p}$ 为输入向量；$y_{min}$ 为阵列每一行最小取值；$y_{max}$ 为阵列每一行最大取值。

**表 4-8　归一化黄土黏聚力试验数据**

| 序号 | 冻融次数/次 | 干密度/（g/cm³） | 含水率/% | 黏聚力/kPa |
|---|---|---|---|---|
| 1 | 0.0000 | 0.0000 | 0.0000 | 0.2655 |
| 2 | 0.0000 | 0.0000 | 0.1604 | 0.1945 |
| 3 | 0.0000 | 0.0000 | 0.3209 | 0.1384 |
| 4 | 0.0000 | 0.0000 | 0.6952 | 0.0621 |
| 5 | 0.0000 | 0.0000 | 1.0000 | 0.0000 |
| 6 | 0.0000 | 0.3333 | 0.0000 | 0.4503 |
| 7 | 0.0000 | 0.3333 | 0.1604 | 0.3388 |
| 8 | 0.0000 | 0.3333 | 0.3209 | 0.2812 |
| 9 | 0.0000 | 0.3333 | 0.7433 | 0.0314 |
| 10 | 0.0000 | 0.6667 | 0.0000 | 0.6956 |
| 11 | 0.0000 | 0.6667 | 0.1604 | 0.4293 |
| 12 | 0.0000 | 0.6667 | 0.3209 | 0.3276 |

续表

| 序号 | 冻融次数/次 | 干密度/（g/cm³） | 含水率/% | 黏聚力/kPa |
| --- | --- | --- | --- | --- |
| 13 | 0.0000 | 0.6667 | 0.5187 | 0.0456 |
| 14 | 0.0000 | 1.0000 | 0.0000 | 1.0000 |
| 15 | 0.0000 | 1.0000 | 0.1604 | 0.6380 |
| 16 | 0.0000 | 1.0000 | 0.3209 | 0.1272 |
| ⋮ | ⋮ | ⋮ | ⋮ | ⋮ |
| 67 | 1.0000 | 0.0000 | 0.3209 | 0.0711 |
| 68 | 1.0000 | 0.0000 | 0.6952 | 0.0456 |
| 69 | 1.0000 | 0.0000 | 1.0000 | 0.0277 |
| 70 | 1.0000 | 0.3333 | 0.0000 | 0.3441 |
| 71 | 1.0000 | 0.3333 | 0.1604 | 0.2124 |
| 72 | 1.0000 | 0.3333 | 0.3209 | 0.1683 |
| 73 | 1.0000 | 0.3333 | 0.7433 | 0.1010 |
| 74 | 1.0000 | 0.6667 | 0.0000 | 0.4824 |
| 75 | 1.0000 | 0.6667 | 0.1604 | 0.3007 |
| 76 | 1.0000 | 0.6667 | 0.3209 | 0.2132 |
| 77 | 1.0000 | 0.6667 | 0.5187 | 0.0770 |
| 78 | 1.0000 | 1.0000 | 0.0000 | 0.6941 |
| 79 | 1.0000 | 1.0000 | 0.1604 | 0.4929 |
| 80 | 1.0000 | 1.0000 | 0.3209 | 0.1040 |

将 16 组预留的检验样本输入训练完成的神经网络预测模型进行验证，预测结果如表 4-9 和图 4-31 所示。预测结果表明，冻融过程黏聚力试验值与预测值之间相对误差较小，最大相对误差仅为 0.08724，试验值与预测值变化规律具有较好的一致性。说明利用神经网络预估冻融过程重塑黄土的黏聚力的精度是符合要求的，能充分反映土性参数及冻融条件对黏聚力的影响规律，从而较好描述重塑黄土冻融过程黏聚强度劣化特性。

**表 4-9　试验数据样本黏聚力预测结果**

| 序号 | 冻融次数/次 | 干密度/（g/cm³） | 含水率/% | 黏聚力/kPa | | |
| --- | --- | --- | --- | --- | --- | --- |
| | | | | 试验值 | 预测值 | 相对误差 |
| 1 | 20 | 1.4 | 15.0 | 30.50 | 31.25 | 0.02459 |
| 2 | 20 | 1.4 | 18.0 | 21.10 | 20.35 | 0.03554 |
| 3 | 20 | 1.4 | 21.0 | 19.60 | 17.89 | 0.08724 |
| 4 | 20 | 1.4 | 28.0 | 16.20 | 15.82 | 0.02346 |
| 5 | 20 | 1.4 | 33.7 | 13.80 | 12.65 | 0.08333 |
| 6 | 20 | 1.5 | 15.0 | 56.10 | 53.76 | 0.04171 |
| 7 | 20 | 1.5 | 18.0 | 38.50 | 40.12 | 0.04208 |
| 8 | 20 | 1.5 | 21.0 | 32.60 | 33.59 | 0.03037 |

续表

| 序号 | 冻融次数/次 | 干密度/（g/cm³） | 含水率/% | 黏聚力/kPa | | |
|---|---|---|---|---|---|---|
| | | | | 试验值 | 预测值 | 相对误差 |
| 9 | 20 | 1.5 | 28.9 | 23.60 | 21.85 | 0.07415 |
| 10 | 20 | 1.6 | 15.0 | 74.60 | 71.15 | 0.04625 |
| 11 | 20 | 1.6 | 18.0 | 50.30 | 48.12 | 0.04339 |
| 12 | 20 | 1.6 | 21.0 | 38.60 | 38.97 | 0.00949 |
| 13 | 20 | 1.6 | 24.7 | 20.40 | 20.92 | 0.02549 |
| 14 | 20 | 1.7 | 15.0 | 102.90 | 95.09 | 0.07593 |
| 15 | 20 | 1.7 | 18.0 | 76.00 | 72.03 | 0.05227 |
| 16 | 20 | 1.7 | 21.0 | 24.00 | 22.62 | 0.05747 |

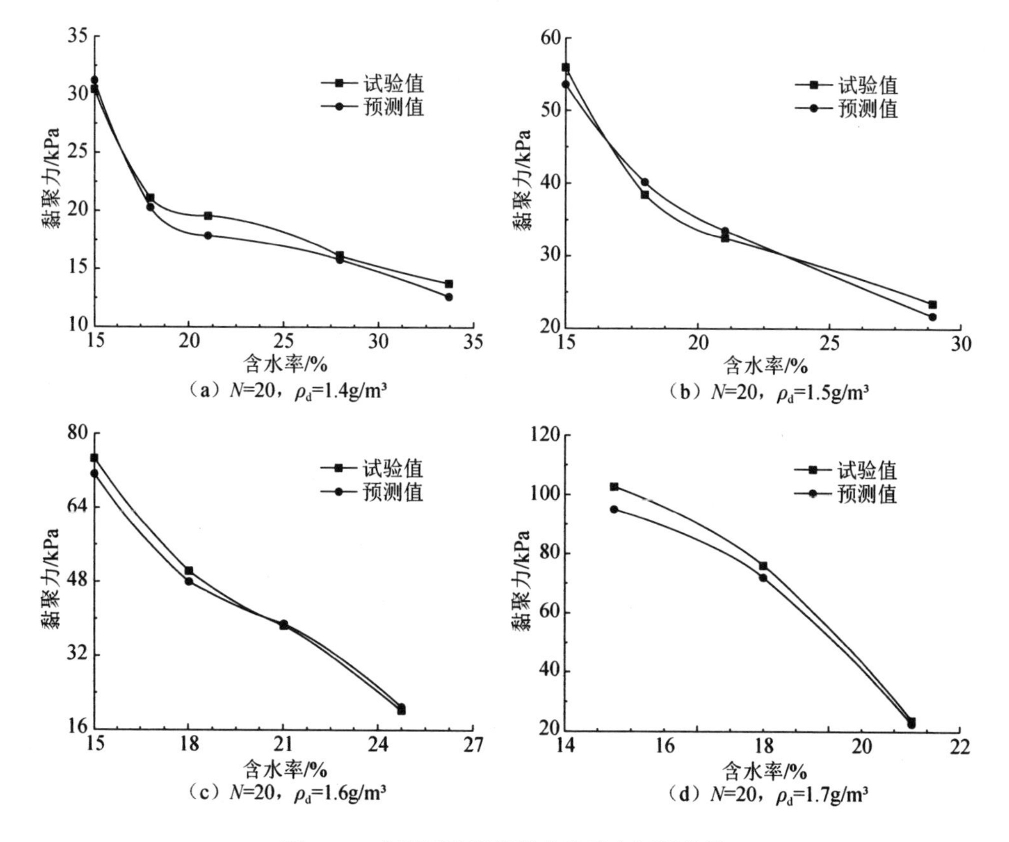


**图 4-31　典型试验数据样本黏聚力预测结果**

为进一步验证上述 BP 神经网络模型的泛化能力，采用研究学者[33]发布的关于黄土冻融强度的试验数据对上述模型进行验证分析，预测结果见表 4-10。从表 4-10 中可以看出，前人已有研究成果中黏聚力冻融过程试验值与预测值之间的相对误差也较小，最大相对误差为 0.1123，这充分说明上述神经网络模型具有很好的泛化能力和可靠度。

表 4-10　前人数据样本黏聚力预测结果

| 序号 | 冻融次数/次 | 干密度/（$g/cm^3$） | 含水率/% | 黏聚力/kPa | | |
|---|---|---|---|---|---|---|
| | | | | 试验值 | 预测值 | 相对误差 |
| 1 | 1 | 1.3 | 16.5 | 21.65 | 21.319 | 0.0153 |
| 2 | 3 | 1.3 | 16.5 | 21.37 | 19.781 | 0.0744 |
| 3 | 5 | 1.3 | 16.5 | 21.1 | 20.887 | 0.0101 |
| 4 | 7 | 1.3 | 16.5 | 21.13 | 19.372 | 0.0832 |
| 5 | 1 | 1.3 | 16.5 | 21.56 | 21.319 | 0.0112 |
| 6 | 3 | 1.3 | 16.5 | 21.23 | 19.684 | 0.0728 |
| 7 | 5 | 1.3 | 16.5 | 21.1 | 20.587 | 0.0243 |
| 8 | 7 | 1.3 | 16.5 | 21.04 | 19.972 | 0.0508 |
| 9 | 1 | 1.3 | 20.5 | 15.31 | 13.591 | 0.1123 |
| 10 | 3 | 1.3 | 20.5 | 14.23 | 12.835 | 0.0980 |
| 11 | 5 | 1.3 | 20.5 | 14 | 13.531 | 0.0335 |
| 12 | 7 | 1.3 | 20.5 | 13.8 | 12.863 | 0.0679 |
| 13 | 1 | 1.3 | 20.5 | 15.07 | 14.591 | 0.0318 |
| 14 | 3 | 1.3 | 20.5 | 14.05 | 13.435 | 0.0438 |
| 15 | 5 | 1.3 | 20.5 | 13.85 | 12.531 | 0.0952 |

## 4.6 本章小结

本章以 $Q_3$ 原状黄土与重塑黄土为研究对象，结合 SEM 试验和室内剪切试验来研究黄土冻融过程抗剪强度劣化机理，得出如下结论：

1）原状黄土与重塑黄土微观结构存在较大差异，原状黄土胶结连接的天然结构性特征更明显，重塑黄土骨架形态以单体颗粒为主，呈密实的堆砌状态；冻融条件下，试样内部冰晶生长及冷生结构形成导致黄土结构发生显著变化，多次冻融后，原状黄土与重塑黄土大颗粒集粒数量都明显减少，土粒胶结性变差。基于图像处理软件，分析得到冻融条件下原状黄土与重塑黄土颗粒粒径的分布特征均发生显著变化，较小粒径颗粒所占比例随冻融次数增加明显增多；冻融过程黄土孔隙面积比随冻融次数增加呈指数增加趋势；冻融作用对黄土颗粒形状和颗粒走向影响不大。黄土微观结构冻融损伤度随冻融次数增加也呈指数增加趋势，反映出冻融作用一定程度上破坏黄土的结构强度，但多次冻融后黄土结构强度趋于稳定的残余强度。

2）冻融作用对原状黄土与重塑黄土表面结构破坏均较严重，且含水率越高，冻融次数越多，土体表面特征破坏越严重。这主要是由于冻融过程中的水分迁移作用，土体表面含水率增加，尤其是含水率较高时，长期冻融过程中土样上部冻融变形和形态破坏严重。

3）原状黄土与重塑黄土黏聚力都随冻融次数增加呈指数衰减趋势，且含水率越高，黏聚力衰减幅值和速率越小；随着干密度增大，重塑黄土黏聚力劣化幅值和速率有增大趋势；相同条件下原状黄土的黏聚力高于重塑黄土，但随冻融次数增加，两者差异逐渐减小；黄土黏聚力与冻融损伤度随冻融次数的变化规律具有很好的一致性。原状黄土与重塑黄土黏聚力随含水率增加都表现出线性衰减特征，且冻融后黏聚力与含水率的变化曲线近似重合。随干密度增加，重塑黄土黏聚力表现出线性增加特征，且冻融后黏聚力与干密度的变化规律近似重合。原状黄土与重塑黄土内摩擦角随冻融次数变化均呈波浪形变化趋势，无明显规律性变化。原状黄土与重塑黄土黏聚强度冻融损伤系数都随着冻融次数增加呈指数增加趋势；相同条件下原状黄土黏聚强度冻融损伤系数高于重塑黄土，即冻融过程原状黄土黏聚强度损伤幅度和速率高于重塑黄土。

4）基于试验数据规律性，进一步得到了黄土黏聚强度多变量最优拟合预测模型表达式，试验验证，该模型可较好地描述黄土黏聚强度劣化规律，但无法考虑干密度影响。基于 BP 神经网络模型的预测值和试验值之间相对误差较小，能够综合反映干密度、含水率及冻融次数对黏聚力的影响，可较好地全面描述黄土冻融过程黏聚强度劣化特性。

# 参 考 文 献


[1] 曾磊，赵贵章，胡炜，等. 冻融条件下浅层黄土中温度与水分的空间变化相关性[J]. 地质通报，2015，34（11）：2123-2131.

[2] 王铁行，刘自成，岳彩坤. 浅层黄土温度场数值分析[J]. 西安建筑科技大学学报（自然科学版），2007，39（4）：463-467.

[3] 连江波. 冻融循环作用下黄土物理性质变化规律[D]. 杨凌：西北农林科技大学，2010.

[4] 周泓，张泽，秦琦，等. 冻融循环作用下黄土基本物理性质变异性研究[J]. 冰川冻土，2015，37（1）：162-168.

[5] 马世雄. 冻融作用对黄土边坡剥落影响的试验研究[D]. 西安：西安科技大学，2012.

[6] 胡再强，刘寅，李宏儒. 冻融循环作用对黄土强度影响的试验研究[J]. 水利学报，2014，45（s2）：14-18.

[7] 沈珠江. 抗风化设计——未来岩土工程设计的一个重要内容[J]. 岩土工程学报，2004，26（6）：866-869.

[8] VIKLANDER P. Permeability and volume changes in till due to cyclic freeze/thaw [J]. Canadian geotechnical journal, 1998, 35(3): 471-477.

[9] 宋春霞，齐吉琳，刘奉银. 冻融作用对兰州黄土力学性质的影响[J]. 岩土力学，2008，29（4）：1077-1080, 1086.

[10] CHUVILIN Y M, YAZYNIN O M. Frozen soil macro-and microtexture formation[C]. Proceedings of 5th International Conference on Permafrost. Trondheim，Norway: Tapir Publishers，1988: 320-323.

[11] BONDARENKO G I, SADOVSKY A V. Water content effect of the thawing clay soils on shear strength[C]. Proceedings of the 7th International Symposium on Ground Freezing. Rotterdam，Netherlands: A.A. Balkema，1991: 123-127.

[12] YONG R N, BOONSINUK P，YIN C W P. Alteration of soil behavior after cyclic freezing and thawing[C]. Proceedings of 4th International Symposium on Ground Freezing. Rotterdam，Netherlands: A.A. Balkema，1985: 187-195.

[13] 齐吉琳，张建明，朱元林．冻融作用对土结构性影响的土力学意义[J]．岩石力学与工程学报，2003，22（s2）：2690-2694．
[14] 李国玉，马巍，李宁，等．冻融对压实黄土工程地质特性影响的试验研究[J]．水利与建筑工程学报，2010，8（4）：5-7．
[15] 王铁行，罗少锋，刘小军．考虑含水率影响的非饱和原状黄土冻融强度试验研究[J]．岩土力学，2010，31（8）：2378-2382．
[16] 叶万军，杨更社，彭建兵，等．冻融循环导致洛川黄土边坡剥落病害产生机制的试验研究[J]．岩石力学与工程学报，2012，31（1）：199-205．
[17] 董晓宏，张爱军，连江波，等．长期冻融循环引起黄土强度劣化的试验研究[J]．工程地质学报，2010，18（6）：887-893．
[18] 刘祖典．黄土力学与工程[M]．西安：陕西科学技术出版社，1997．
[19] 王泉，马巍，张泽，等．冻融循环对黄土二次湿陷特性的影响研究[J]．冰川冻土，2013，35（2）：376-382．
[20] 李国玉，马巍，穆彦虎，等．冻融循环对压实黄土湿陷变形影响的过程和机制[J]．中国公路学报，2011，24（5）：1-5．
[21] 齐吉琳，马巍．冻融作用对超固结土强度的影响[J]．岩土工程学报，2006，28（12）：2082-2086．
[22] 董晓宏，张爱军，连江波，等．反复冻融下黄土抗剪强度劣化的试验研究[J]．冰川冻土，2010，32（4）：767-772．
[23] 田俊峰，叶万军，杨更社．含水量及冻融循环对阳曲黄土压缩特性的影响分析[J]．地下空间与工程学报，2015，11（4）：933-939．
[24] 张辉，王铁行，罗扬．非饱和原状黄土冻融强度研究[J]．西北农林科技大学学报（自然科学版），2015，43（4）：210-214．
[25] LIU C,SHI B,ZHOU J,et al. Quantification and characterization of microporosity by image processing,geometric measurement and statistical methods: Application on SEM images of clay materials [J]. Applied clay science, 2011, 54(1):97-106.
[26] 沈为．损伤力学[M]．武汉：华中理工大学出版社，1995．
[27] 许玉娟，周科平，李杰林，等．冻融岩石核磁共振检测及冻融损伤机制分析[J]．岩土力学，2012，33（10）：3001-3005．
[28] 胡伍生．神经网络理论及其工程[M]．北京：测绘出版社，2006．
[29] 党维维，高闯洲，党发宁，等．基于改进的 BP 神经网络对西安黄土抗剪强度指标的研究[J]．水利与建筑工程学报，2009，7（2）：1-4，13．
[30] 杨喆，王家鼎，谷天峰．滑带黄土振陷预测中的 BP 神经网络方法[J]．西北大学学报（自然科学版），2007，37（5）：815-818．
[31] 李雯霞．基于 MATLAB 的 BP 神经网络在黄土液化评价中的应用[D]．兰州：兰州理工大学，2006．
[32] 高建勇，邢义川，陈艳霞．黄土高边坡稳定性预测模型研究[J]．岩土工程学报，2011，33（s1）：163-169．
[33] 张辉．冻融作用下黄土水分迁移及强度问题研究[D]．西安：西安建筑科技大学，2014．

# 第 5 章 黄土冻融过程渗透特性试验研究

## 5.1 引 言

黄土是第四系干旱和半干旱气候条件下沉积的一种具有粒状架空接触结构的特殊土[1]，具有多孔性、崩解性及结构性特点。上述特点导致黄土具有遇水后强度显著下降和变形突增的水敏感性特征，进而在特定的工程地质和水文地质条件下产生滑坡等地质灾害。水敏感性是由黄土内部含水率的变化引起的，而含水率的变化是由水的迁移渗透引起的。水在土中渗流时将会对土颗粒骨架产生拖曳的渗透力作用，进而导致土体的结构强度降低和附加变形，因而渗透性是黄土的重要工程力学性能之一。渗透系数是反映黄土渗透规律的最重要参数，在黄土地区基坑、隧道、地基及边坡等工程设计中是一个非常重要的设计参数[2~5]。李平[6]以黄土地区土石坝所用压实黄土为研究对象，对重塑压实黄土进行三轴渗透试验研究，对比分析了各影响因素对其渗透特性的影响规律。梁燕等[7]以 $Q_3$ 原状黄土为研究对象，分析了黄土渗透迁移规律的各向异性机制。王辉等[8]研究了重塑黄土渗透特性的干密度效应及原状黄土渗透特性的时间效应。王红等[9]测定了重塑黄土试样的非饱和渗透系数，进一步通过回归分析获得了渗透系数与体积含水率和基质吸力的函数关系。

但是由于黄土地区处于季节冻土区，黄土构筑物受季节周期性冻融作用的影响显著[10]。已有研究成果表明，冻融作用强烈改变了土体的结构性[11,12]，是导致黄土工程力学性能劣化损伤的重要因素之一[13]。前人关于冻融条件下土体渗透规律的研究成果表明，反复冻融后土体的渗透系数发生显著变化，其数值会变动1～2 个数量级[14,15]。连江波等[16]及肖东辉等[17]获得了冻融条件下黄土渗透规律的变化特征。穆彦虎等[18]通过补水条件下的冻融循环试验，对冻融条件下压实黄土试样微宏观物理力学性能进行了定量分析，结果表明冻融过程土颗粒受到挤压并形成新的土骨架结构，大孔隙个数及孔隙面积比显著增加，渗透性增强。王铁行等[19]研究分析了干密度及冻融循环对黄土渗透性的各向异性影响。

上述冻融条件下黄土渗透规律的研究成果主要针对原状黄土或重塑黄土，研究不够系统全面，且针对冻融过程原状黄土和重塑黄土渗透特性的对比试验研究成果还较少。重塑黄土是一种天然结构强度被扰动后的黄土，其物理力学特性与原状黄土有较大差异[20,21]。基于此，本章将冻融作用作为外界诱因，进行原状黄土和重塑黄土三轴渗透特性对比试验研究，并结合试样的 SEM 图像，揭示原状黄土和重塑黄土冻融过程渗透特性变化机理及规律，研究成果对黄土地区边坡、道路及堤坝等工程的设计和施工具有重要的借鉴和指导意义。

## 5.2　试验方案与步骤

冻融渗透试验所用黄土与第 4 章冻融强度试验相同，在此不再赘述。

### 5.2.1　试样制备

1. 原状黄土试样制备

首先，取出大块原状黄土试样，将其削制成 5cm×5cm×10cm（长×宽×高）小块土样。称取部分小块土样，对试样进行自然风干减湿或滴水增湿，使其平均含水率分别达到 12%、15%和 18%；然后，把减湿和增湿后的小块土样放入不同保湿缸中，让水分均化不少于 96 h；按照《土工试验方法标准（2007 版）》（GB/T 50123—1999）将土样削制成直径为 39.1mm、高度为 8mm 的三轴试样。将剩余部分小块土样先削制成三轴试样，然后利用抽气饱和法对三轴试样进行饱和。试样制备过程中要求试样含水率与要求含水率之差不大于 0.1%，且设置两组平行试样以保证试验结果离散性较小。原状黄土渗透试样种类见表 5-1。

**表 5-1　原状黄土渗透试样种类**

| 干密度/（g/cm$^3$） | 含水率/% | 饱和度/% |
|---|---|---|
| 1.70 | 12.0 | 56.9 |
| | 15.0 | 71.1 |
| | 18.0 | 85.4 |
| | 21.0 | 99.6 |

2. 重塑黄土试样制备

将所取土样风干碾碎后过孔径 2mm 筛，并放在干燥器中备用。然后称取足量蒸馏水，制作不同干密度（1.4g/cm$^3$、1.5g/cm$^3$、1.6g/cm$^3$、1.7g/cm$^3$）及含水率（15.0%、18.0%、21.0%、28.0%与饱和含水率）土样。为了使土样的含水率比较均匀，将配制的土样放在保湿缸中 24h。根据试样的干密度称取足够湿土，将其分 5 层压制成直径为 39.1mm、高度为 80mm 的三轴样。试样制备过程中要求试样干密度与所需干密度之差小于或等于 0.01g/cm$^3$，含水率与要求含水率之差不大于 0.1%，以保证试验结果离散性较小。重塑黄土渗透试样种类具体见表 5-2。

表 5-2　重塑黄土渗透试样种类

| 干密度/（g/cm$^3$） | 含水率 1/% | 含水率 2/% | 含水率 3/% | 含水率 4/% | 饱和含水率/% |
|---|---|---|---|---|---|
| 1.4 | 15.0 | 18.0 | 21.0 | 28.0 | 33.6 |
| 1.5 | 15.0 | 18.0 | 21.0 | — | 28.9 |
| 1.6 | 15.0 | 18.0 | 21.0 | — | 24.7 |
| 1.7 | 15.0 | 18.0 | — | — | 21.0 |

注：表中符号“—”表示不存在此种试样。

### 5.2.2　冻融循环试验

利用保鲜膜将制备好的三轴渗透试样包裹以保证含水率变化较小，然后将上述试样放入高低温试验箱进行封闭系统快速冻融循环试验，保证黄土在冻结过程中水分迁移量很小。冻融循环试验方案如下：每次冻融循环时间设置为 24h，冻结和融化时间分别为 12h，冻结和融化温度分别为−20℃和+20℃，冻融次数（$N$）分别为 0、2、3、5、7、10、20 次。

### 5.2.3　三轴渗透试验

试样冻融后在真空缸里抽气 90min、浸水饱和 60min，并浸泡 12h 以上。将试样安装在三轴渗透仪上，对其逐级施加围压 100kPa、200kPa、300kPa 和 400kPa，进行固结渗透。试验采用西安建筑科技大学岩土工程实验室 GDS 三轴渗透试验系统（图 5-1），该系统由计算机、三轴压力室、围压控制器、进水压力控制器和出水压力控制器等组成。试验人员通过 GDSLAB 软件控制试验并自动记录数据。

（a）GDS 三轴渗透仪实体图

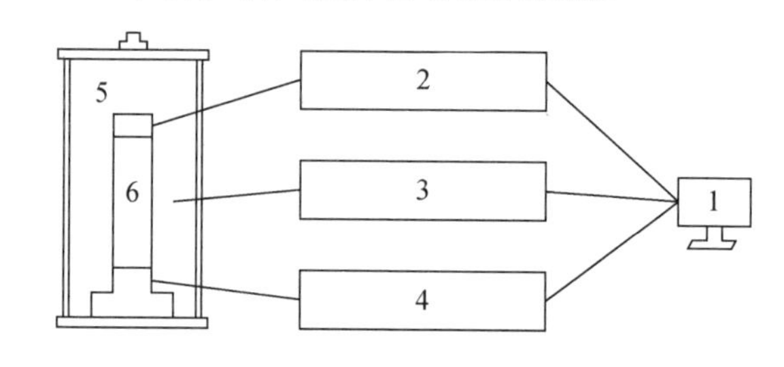


（b）GDS 三轴渗透仪示意图

图 5-1　三轴渗透试验装置

1—计算机；2—上水头压力控制器；3—围压控制器；4—下水头压力控制器；5—压力室；6—试样

# 5.3　试验结果与分析

## 5.3.1　表观结构特征

冻融作用作为一种强风化作用，对原状黄土结构强度具有强烈劣化作用。本章在原状黄土冻融渗透试验过程中，观察到土样表面特征有着明显变化。图 5-2（a）所示为含水率 18%的试样在不同冻融次数作用下表面结构特征的变化规律。由图 5-2（a）可见，冻融前试样表面可以观察到原状黄土的大孔隙特征；冻融 5 次后，试样表面结构特征变化不明显；冻融 7 次后，试样表面出现微小裂缝；冻融 10 次后，裂缝逐渐发展并贯通。图 5-2（b）给出饱和试样在不同冻融次数作用下试样表面结构特征的变化规律。由图 5-2（b）可见，冻融前原状黄土试样表面光滑；冻融 5 次后，其表面结构特征发生明显变化，出现不规则裂缝；随着冻融次数增加，不规则裂缝数量增多，开度增大；冻融 7 次后，试样表面局部出现剥落现象；冻融 10 次后，试样开始破碎。

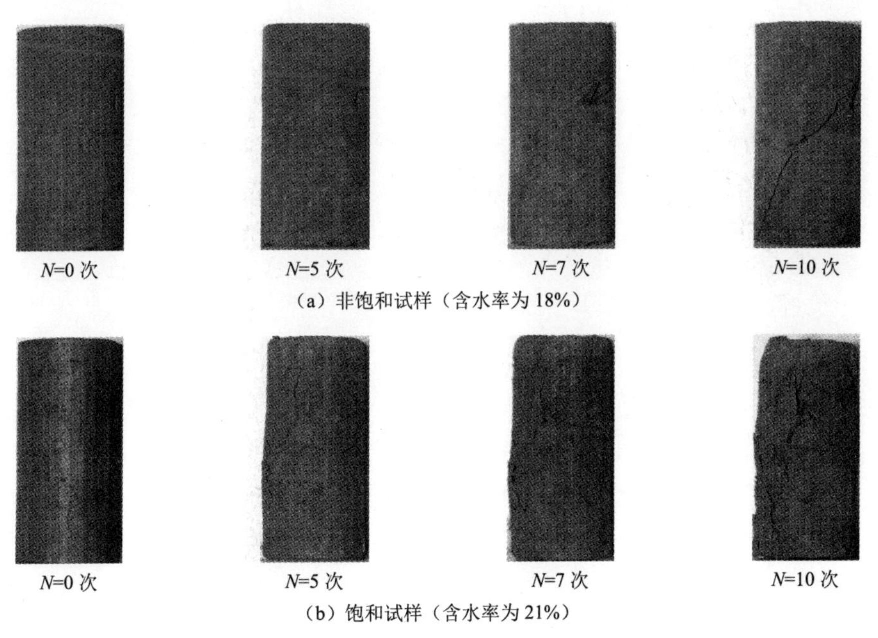


图 5-2　原状黄土试样冻融过程表面结构特征的变化规律

图 5-3 所示为不同含水率重塑黄土试样在冻融作用下表面结构特征的变化规律。由图 5-3 可见，冻融后试样表面出现横向与纵向裂缝，且高含水率试样表面裂缝开度与深度更为明显，横向裂缝较纵向裂缝明显；饱和试样表面结构破坏更加严重且表现出水流冲刷特征。分析其原因，是因为高含水率试样内部冰晶生长，

使得试样表面裂缝开度与深度较大；重塑黄土试样分层压实界面为薄弱结构面，因而冻融过程中更容易产生横向裂缝；饱和试样冻结过程中水分迁移作用较明显，迁移出的水分在重力作用下沿试样表面与密封袋内表面向下流动，冲刷试样表面。

（a）$w$=15.0%

（b）$w$=18.0%

（c）$w$=21.0%

（d）$w$=28.9%（饱和含水率）

图 5-3　不同含水率重塑黄土试样在冻融作用下表面结构特征的变化规律（$\rho_d$=1.5g/cm$^3$，$N$=17）

图 5-4 所示为不同冻融次数作用下重塑黄土试样冻融过程表面结构特征的变化规律。由图 5-4 可见，冻融前试样表面较为光滑；冻融 4 次后，试样首先在分层界面处出现横向裂缝；冻融循环 14 次后，试样表面横向裂缝数量增多，开度增大，且产生纵向裂缝；冻融 17 次后，试样表面破坏基本呈稳定状态。

（a）$N$=0

（b）$N$=4

（c）$N$=14

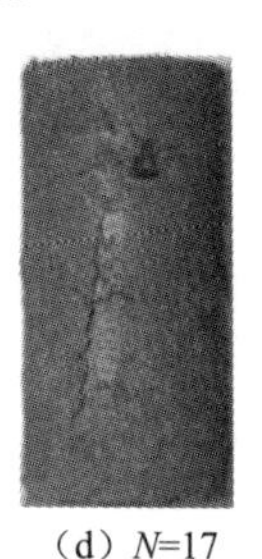
（d）$N$=17

图 5-4　重塑黄土试样冻融过程表面结构特征变化规律（$\rho_d$=1.7g/cm$^3$，$w$=18.0%）

综合上述分析，不难发现冻融作用对原状黄土与重塑黄土试样表面结构破坏均较严重，这主要是由于冻结过程试样内部水分向土体表面迁移，试样表层结构强度破坏严重。此外，原状黄土试样表面结构破坏程度较重塑黄土更为强烈，产生冻融劈裂破坏。冻融过程黄土结构强度弱化产生的裂缝使得土中水分渗流和迁移的通道形成，黄土渗透性显著增强。

### 5.3.2　渗透系数

1. 围压对渗透系数的影响

图 5-5 和图 5-6 分别给出原状黄土与重塑黄土渗透系数随围压的变化曲线。从图 5-5 和图 5-6 中可以看出，原状黄土与重塑黄土渗透系数随着围压增大均表现出指数衰减特征，衰减幅度降低且趋于稳定。分析其原因，随着围压增大，

土体固结度和密实度越来越高，孔隙比减小，从而导致渗透系数减小。此外，从图 5-5 和图 5-6 中还可以看出，本次试验条件为三轴固结渗透试验，导致高围压（$\sigma_3$=400kPa）条件下土体固结度和密实度较高，黄土结构强度趋于稳定，最终使得高围压时渗透系数差异较小，即渗透特性趋于稳定。

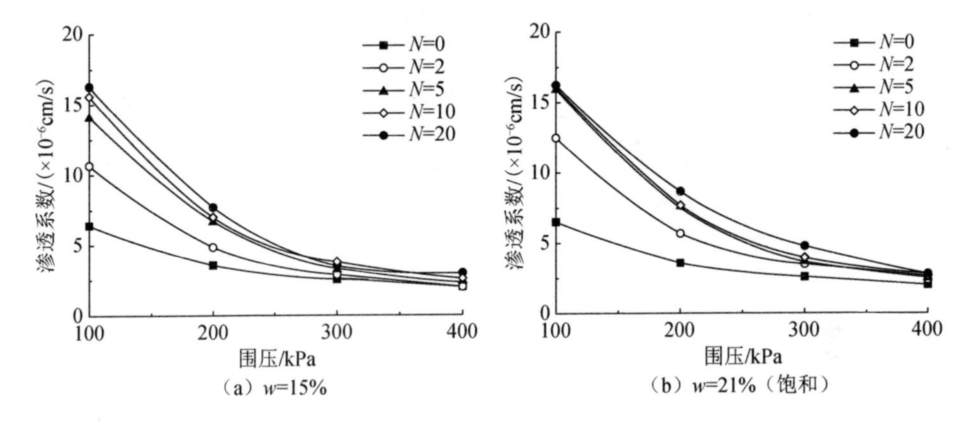


图 5-5　原状黄土渗透系数随围压的变化曲线

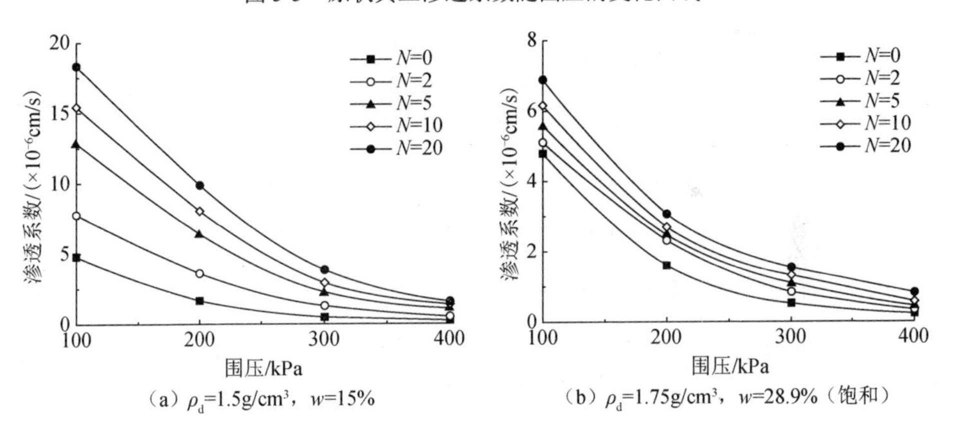


图 5-6　重塑黄土渗透系数随围压的变化曲线

为进一步分析冻融条件下原状黄土与重塑黄土渗透系数的差异，图 5-7 给出原状黄土与重塑黄土渗透系数随围压的变化曲线。从图 5-7 中可以看出，相同固结围压条件下原状黄土的渗透系数高于重塑黄土，但随着围压增大，原状黄土与重塑黄土渗透系数的差异逐渐减小。分析其原因，本次试验为冻融条件下三轴固结渗透试验，围压较高时土体固结度高且原状黄土天然结构强度遭受破坏，趋于稳定的残余结构强度。因而随围压升高，无论是原状黄土还是重塑黄土，其结构与渗透特性趋于稳定，渗透系数差异逐渐减小。

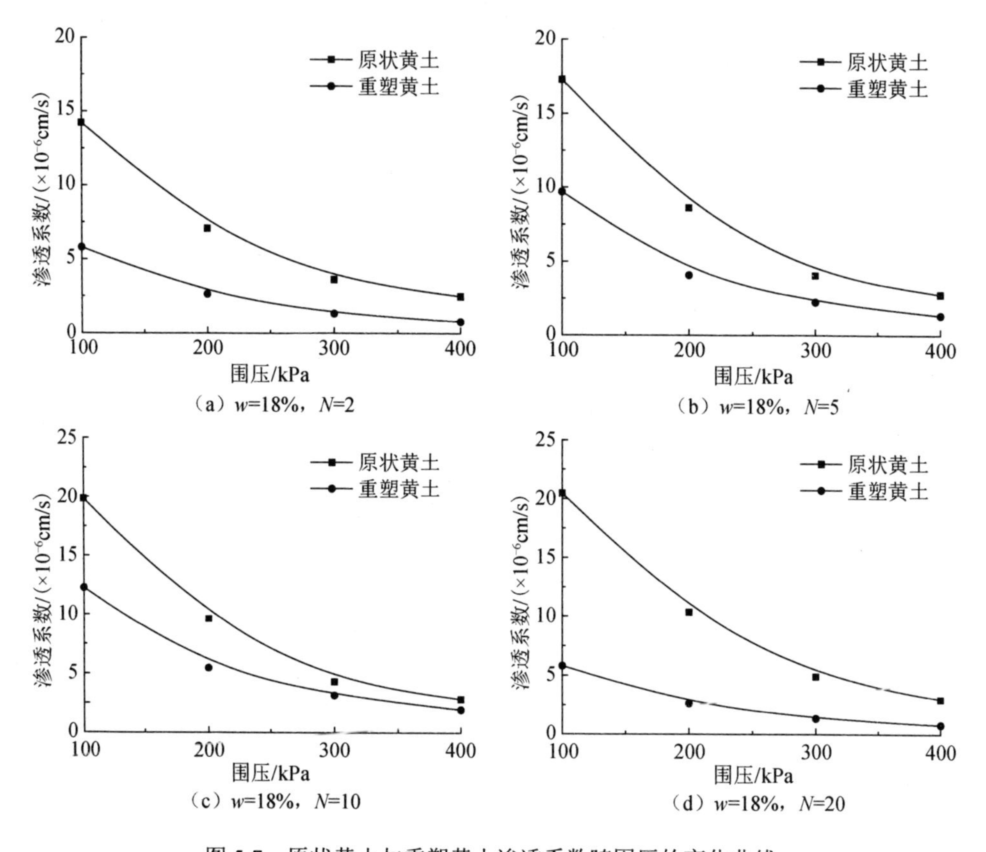


图 5-7　原状黄土与重塑黄土渗透系数随围压的变化曲线

2. 干密度对渗透系数的影响

图 5-8 给出重塑黄土渗透系数随干密度的变化曲线。从图 5-8 中可以看出，与常规渗透试验不同的是，渗透系数并未随着干密度增大而表现出单调减小特征，而是与干密度近似呈抛物线变化关系，且干密度约为 1.6g/cm$^3$ 时，渗透系数最大。分析其原因，干密度较大试样孔隙比较小，冻融过程土样内部冰晶生长和冷生结构形成所产生的冻结劈裂作用较大，黄土结构破坏较严重，因而初始阶段随着干密度增大，黄土渗透系数增加；干密度很高时（$\rho_d$=1.7g/cm$^3$）黄土初始孔隙比很小，黄土渗透系数相应减小。此外，从图 5-8 中还可以看出，高围压下渗透系数与干密度的抛物线变化规律不明显，渗透系数随干密度增大其变化幅度相对较小。这主要是因为，高围压下，无论土样的冻融初始状态如何，施加围压后黄土固结度和密实度均很高，因而渗透系数变化幅度很小。

3. 初始含水率对渗透系数的影响

常规渗透试验（饱和渗透系数）不需要考虑初始含水率对试样渗透特性的影

响。但冻融作用下土样内部冰晶生长及冷生结构形成导致土样中孔隙体积增加，土颗粒受到挤压并形成新的土骨架结构，因而在冻融过程中需考虑初始含水率对试样渗透特性的影响。

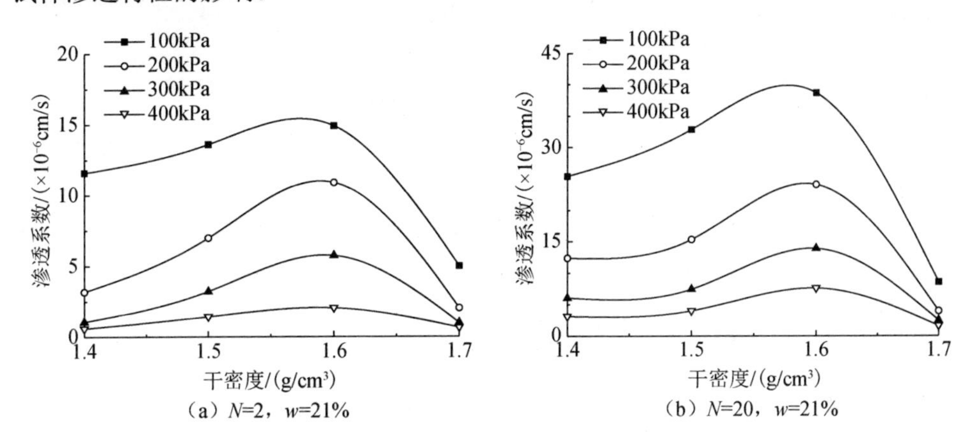


图 5-8　重塑黄土渗透系数随干密度的变化曲线

图5-9为原状黄土渗透系数随初始含水率的变化曲线，图5-10为重塑黄土渗透系数随初始含水率的变化曲线。由图5-9和图5-10可见，随着初始含水率增大，渗透系数均先增加后减小，呈抛物线变化规律。分析其原因，初始阶段随着含水率的升高，孔隙水冻结成冰及冷生结构形成的冻结劈裂作用增强，对土颗粒联结破坏作用增大，导致试样孔隙比增大，渗透系数增加。随着含水率的持续升高，冻融过程中黄土结构破坏非常显著，冻融残余强度很低，从而在施加围压后黄土的固结度很高，导致土体的孔隙比大大降低，渗透系数随之减小。此外，从图5-9和图5-10中还可以看出，高围压下渗透系数与初始含水率的抛物线变化规律也不明显，渗透系数随初始含水率增大其变化幅度也相对较小，表现为一条平缓的曲线，这与上述渗透系数随干密度的变化规律是一致的。

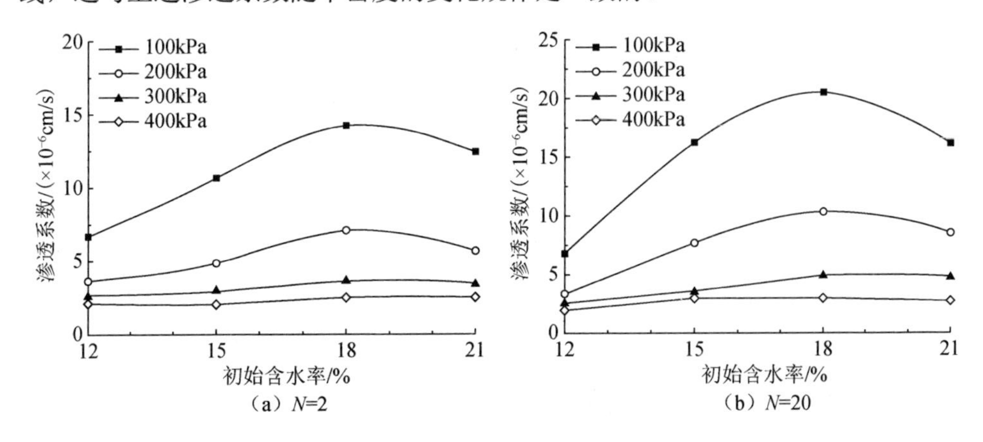


图 5-9　原状黄土渗透系数随初始含水率的变化曲线

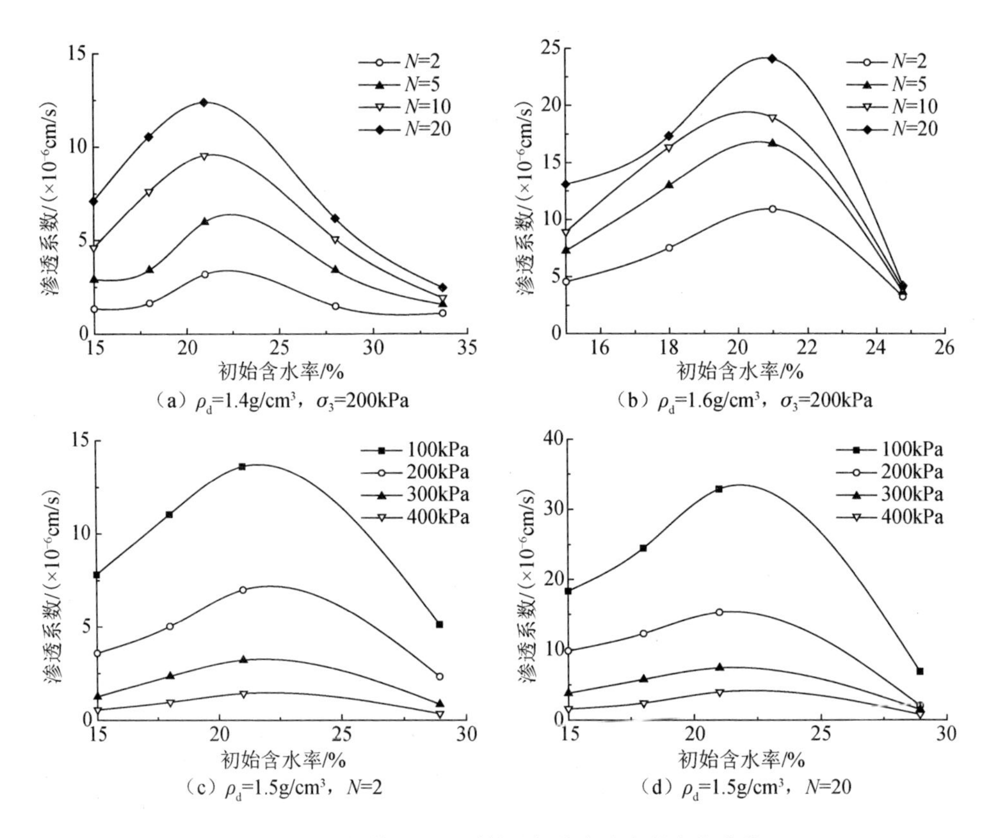


（a）$\rho_d$=1.4g/cm³，$\sigma_3$=200kPa　（b）$\rho_d$=1.6g/cm³，$\sigma_3$=200kPa

（c）$\rho_d$=1.5g/cm³，$N$=2　（d）$\rho_d$=1.5g/cm³，$N$=20

图 5-10　重塑黄土渗透系数随初始含水率的变化曲线

图 5-11 给出原状黄土和重塑黄土渗透系数随初始含水率的变化曲线。由图 5-11 可见，相同含水率下原状黄土试样的渗透特性明显比重塑黄土强。分析其

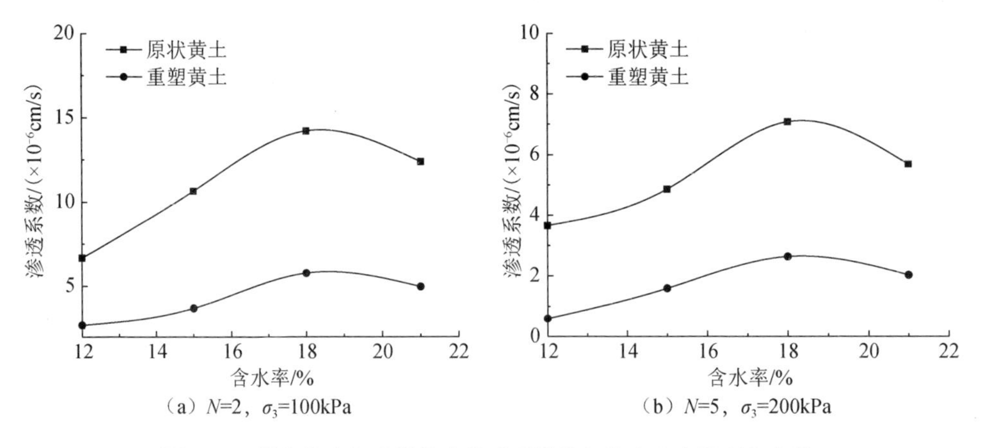


（a）$N$=2，$\sigma_3$=100kPa　（b）$N$=5，$\sigma_3$=200kPa

图 5-11　原状黄土与重塑黄土渗透系数随初始含水率的变化曲线

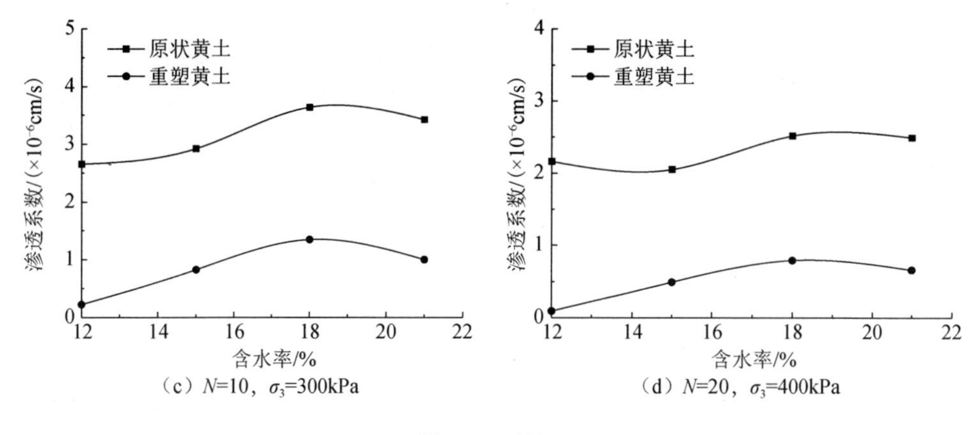

（c）$N$=10，$\sigma_3$=300kPa　（d）$N$=20，$\sigma_3$=400kPa

图 5-11（续）

原因，原状黄土是干旱半干旱气候条件下沉积的具有粒状架空胶结结构的特殊土，具有典型的大孔隙和垂直节理特征。此外，由前述黄土表面结构特征分析，可知冻融作用对原状黄土结构破坏程度较重塑黄土更为强烈，原状黄土冻融过程产生冻融劈裂破坏与大量不规则裂缝，因而相同含水率下原状黄土的渗透系数高于重塑黄土。

4. 冻融次数对渗透系数的影响

图 5-12 和图 5-13 分别给出原状黄土与重塑黄土渗透系数随冻融次数的变化曲线。从图 5-12 中可以看出，除含水率为 12%的原状黄土试样渗透系数基本无变化外，其余试样的渗透系数均随冻融次数增加逐渐增大，但增加幅度逐渐减小，最终维持在一个稳定数值，呈指数增加趋势。分析其原因，主要是由于土样内部水分在低温下冻结，孔隙水结晶对土颗粒产生挤压作用力，破坏颗粒间联结作用，土体内部产生微裂缝。反复冻融作用下，土体中水分多次冻结与融化，土体结构性逐渐弱化，内部微裂缝不断扩大，成为良好的渗流通道，导致黄土渗透系数逐渐增加。此外，基于第 4 章中黄土微观结构的分析，多次冻融后黄土结构强度趋于稳定的残余强度，渗透特性趋于稳定，因而渗透系数随冻融次数增加趋于一个稳定数值。值得注意的是，含水率为 12%的试样由于含水率较小，孔隙内部冰晶生长和冷生结构形成所产生的冻结劈裂作用较弱，冻融过程试样渗透系数变化幅度较小。

图 5-14 给出原状黄土和重塑黄土渗透系数随冻融次数的变化曲线。由图 5-14 可见，相同冻融次数下原状黄土的渗透系数高于重塑黄土，这是因为原状黄土胶结连接的天然结构性特征较重塑黄土更为明显，低温条件下孔隙水冻结成冰的冻胀作用对原状黄土颗粒联结的破坏程度更大，所以相同冻融次数下原状黄土的渗透系数高于重塑黄土。

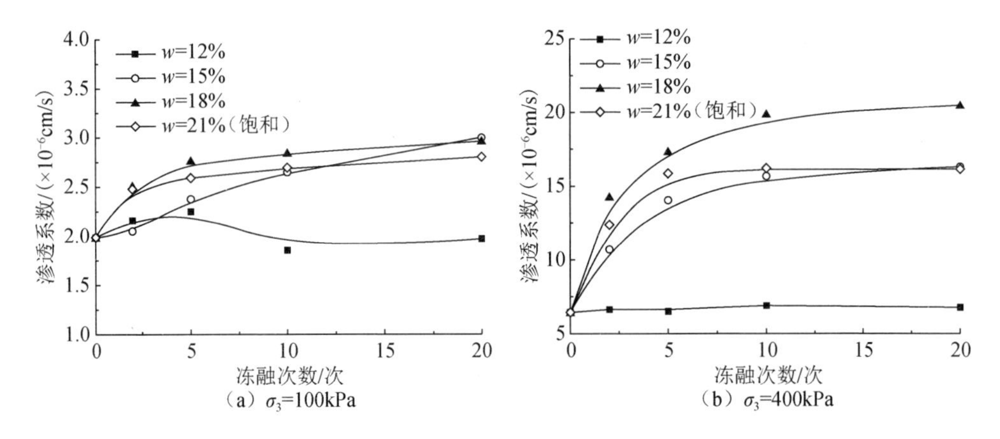


（a）$\sigma_3$=100kPa　　（b）$\sigma_3$=400kPa

图 5-12　原状黄土渗透系数随冻融次数的变化曲线

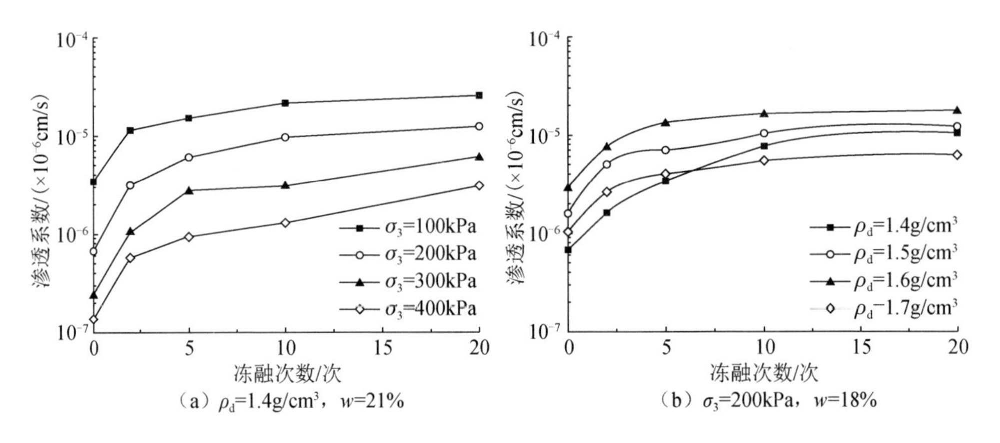


（a）$\rho_d$=1.4g/cm$^3$，$w$=21%　　（b）$\sigma_3$=200kPa，$w$=18%

图 5-13　重塑黄土渗透系数随冻融次数的变化曲线

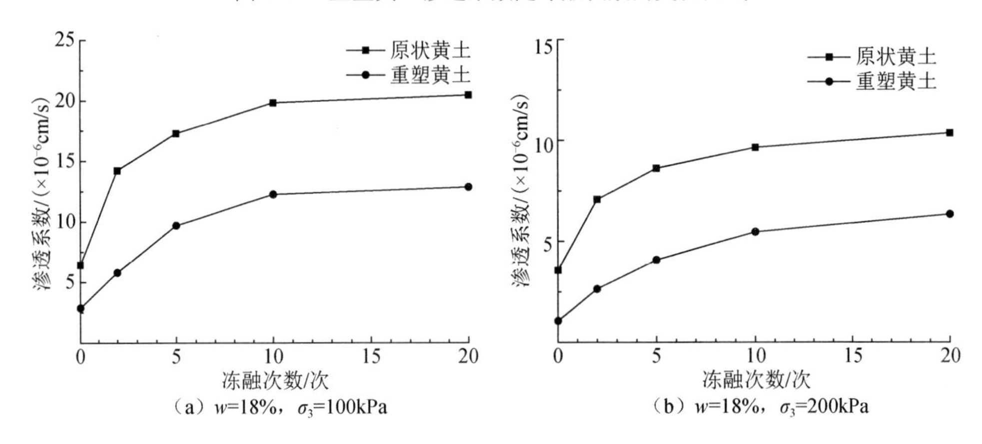


（a）$w$=18%，$\sigma_3$=100kPa　　（b）$w$=18%，$\sigma_3$=200kPa

图 5-14　原状黄土与重塑黄土渗透系数随冻融次数的变化曲线

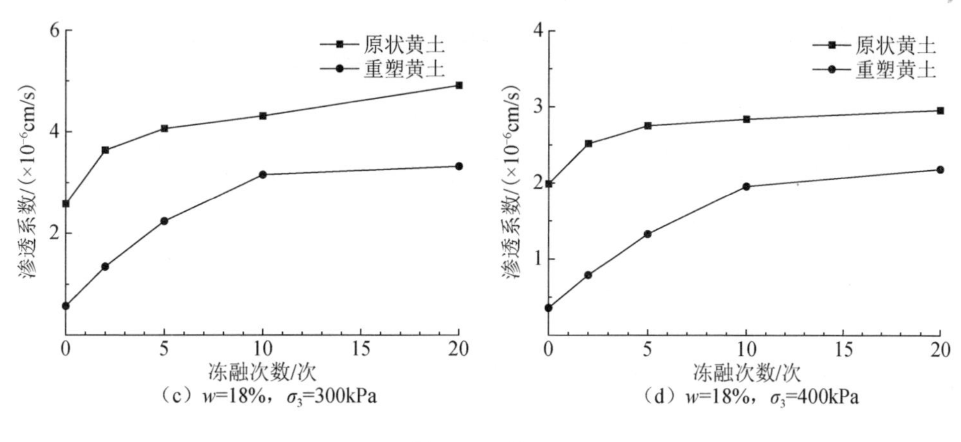

（c）$w$=18%，$\sigma_3$=300kPa　　（d）$w$=18%，$\sigma_3$=400kPa

图 5-14（续）

# 5.4　渗透系数预测模型

## 5.4.1　渗透系数多变量最优拟合预测模型

由上述试验研究结果可知，黄土渗透系数与围压、干密度、初始含水率及冻融次数的变化规律比较明显。基于此，本小节内容以干密度为 1.4g/cm$^3$ 重塑黄土试样为例进行数据拟合分析，给出其渗透系数多变量预测模型，最后采用相同办法给出其他干密度试样渗透系数预测模型。

本章试验研究结果发现，黄土渗透系数与含水率之间的关系可用下面的函数关系进行描述：

$$k = \alpha + d\sin[\pi(w - b/c)] \tag{5-1}$$

式中，$k$ 为渗透系数（×10$^{-6}$ cm/s）；$w$ 为含水率（%）；$a$、$b$、$c$、$d$ 均为拟合参数。

表 5-3 中给出了不同围压、冻融次数下的拟合参数。从表 5-3 中可以看出，在一定围压下，系数 $a$、$b$、$c$ 和 $d$ 均随着冻融次数的变化而变化。在一定冻融次数下，$a$、$d$ 随着围压变化而变化，但围压变化对参数 $b$ 和 $c$ 影响很小。因此，本章选取参数 $b$、$c$ 分别为不同围压下的平均值。表 5-3 中，$r$ 为拟合参数计算结果与实测结果相关系数。

**表 5-3　拟合参数**（$\rho_d$=1.4g/cm$^3$）

| 围压/kPa | 参数 | 冻融次数/次 | | | |
|---|---|---|---|---|---|
| | | 2 | 5 | 10 | 20 |
| 100 | $a$ | 7.3511 | 9.6057 | 12.8953 | 15.5436 |
| | $b$ | 17.859 | 16.2733 | 15.8486 | 16.0165 |
| | $c$ | 9.0627 | 11.3895 | 11.1898 | 11.1370 |

续表

| 围压/kPa | 参数 | 冻融次数/次 | | | |
|---|---|---|---|---|---|
| | | 2 | 5 | 10 | 20 |
| 100 | $d$ | 3.7510 | 5.1169 | 7.8263 | 9.7854 |
| | $r$ | 0.9871 | 0.9902 | 0.9932 | 0.9889 |
| 200 | $a$ | 2.0114 | 3.7257 | 5.7339 | 7.3626 |
| | $b$ | 17.859 | 16.2733 | 15.8486 | 16.0165 |
| | $c$ | 9.0627 | 11.3895 | 11.1898 | 11.1370 |
| | $d$ | 1.1351 | 2.0755 | 3.8620 | 4.9497 |
| | $r$ | 0.9823 | 0.9943 | 0.9892 | 0.9896 |
| 300 | $a$ | 0.7640 | 1.6067 | 1.9314 | 3.4289 |
| | $b$ | 17.8596 | 16.2733 | 15.8486 | 16.0165 |
| | $c$ | 9.0627 | 11.3895 | 11.1898 | 11.1370 |
| | $d$ | 0.3057 | 1.10793 | 1.3540 | 2.5816 |
| | $r$ | 0.9931 | 0.9911 | 0.9839 | 0.9867 |
| 400 | $a$ | 0.4200 | 0.62693 | 0.9076 | 1.7851 |
| | $b$ | 17.859 | 16.2733 | 15.8486 | 16.0165 |
| | $c$ | 9.0627 | 11.3895 | 11.1898 | 11.1370 |
| | $d$ | 0.1645 | 0.32298 | 0.4936 | 1.3123 |
| | $r$ | 0.9771 | 0.9692 | 0.9878 | 0.9784 |

进一步考虑冻融次数影响，以表 5-3 参数为已知值，对其进行拟合分析，分别见表 5-4 和表 5-5。拟合公式见式（5-2）～式（5-5）。

$$a = a_1 + a_2 N \tag{5-2}$$

$$b = b_1 + b_2 N + b_3 N^2 \tag{5-3}$$

$$c = c_1 + c_2 e^{c_3 N} \tag{5-4}$$

$$d = d_1 + d_2 N \tag{5-5}$$

**表 5-4　参数 $b$ 和 $c$ 的拟合参数（$\rho_d$=1.4g/cm$^3$）**

| 冻融次数/次 | $b$ | $b_1$ | $b_2$ | $b_3$ | $r$ |
|---|---|---|---|---|---|
| 2 | 17.8596 | 18.4950 | −0.4499 | 0.0163 | 0.9763 |
| 5 | 16.2733 | | | | |
| 10 | 15.8486 | | | | |
| 20 | 16.0165 | | | | |

| 冻融次数/次 | $c$ | $c_1$ | $c_2$ | $c_3$ | $r$ |
|---|---|---|---|---|---|
| 2 | 9.0627 | 11.2387 | −6520.3722 | −4.0025 | 0.9869 |
| 5 | 11.3895 | | | | |
| 10 | 11.1898 | | | | |
| 20 | 11.1370 | | | | |

表 5-5　参数 $a$ 和 $d$ 的拟合参数（$\rho_d$=1.4g/cm$^3$）

| 围压/kPa | 冻融次数/次 | $a$ | $a_1$ | $a_2$ | $r$ |
|---|---|---|---|---|---|
| 100 | 2 | 7.3511 | 7.2554 | 0.4425 | 0.9663 |
| | 5 | 9.6057 | | | |
| | 10 | 12.8953 | | | |
| | 20 | 15.5436 | | | |
| 200 | 2 | 2.0114 | 2.0817 | 0.2839 | 0.9765 |
| | 5 | 3.7257 | | | |
| | 10 | 5.7339 | | | |
| | 20 | 7.3626 | | | |
| 300 | 2 | 0.7640 | 0.6478 | 0.1389 | 0.9892 |
| | 5 | 1.6067 | | | |
| | 10 | 1.9314 | | | |
| | 20 | 3.4289 | | | |
| 400 | 2 | 0.4200 | 0.2335 | 0.0758 | 0.9794 |
| | 5 | 0.6269 | | | |
| | 10 | 0.9076 | | | |
| | 20 | 1.7851 | | | |
| 围压/kPa | 冻融次数/次 | $d$ | $d_1$ | $d_2$ | $r$ |
| 100 | 2 | 3.7510 | 3.5430 | 0.3326 | 0.9913 |
| | 5 | 5.1169 | | | |
| | 10 | 7.8263 | | | |
| | 20 | 9.7854 | | | |
| 200 | 2 | 1.1351 | 1.0711 | 0.2091 | 0.9822 |
| | 5 | 2.0755 | | | |
| | 10 | 3.8620 | | | |
| | 20 | 4.9497 | | | |
| 300 | 2 | 0.3057 | 0.2554 | 0.1169 | 0.9789 |
| | 5 | 1.1079 | | | |
| | 10 | 1.3540 | | | |
| | 20 | 2.5816 | | | |
| 400 | 2 | 0.1645 | −0.0166 | 0.0637 | 0.9713 |
| | 5 | 0.3229 | | | |
| | 10 | 0.4936 | | | |
| | 20 | 1.3123 | | | |

从表 5-4 中可以看出，拟合相关系数 $r$ 均在 0.97 以上，拟合相关性较好。由表 5-5 可以看到，拟合后的参数仍然随着围压变化而变化。基于此，以表 5-5 中参数为已知值，对其进行拟合分析，进而得到以下拟合公式，拟合参数分别见

表 5-6 和表 5-7。

$$a_1 = a_{11} + a_{12}e^{a_{13}\sigma_3} \tag{5-6}$$

$$a_2 = a_{21} + a_{22}e^{a_{23}\sigma_3} \tag{5-7}$$

$$d_1 = d_{11} + d_{12}e^{d_{13}\sigma_3} \tag{5-8}$$

$$d_2 = d_{21} + d_{22}e^{d_{23}\sigma_3} \tag{5-9}$$

表 5-6　参数 $a_1$ 和 $a_2$ 的拟合参数（$\rho_d$=1.4g/cm³）

| 围压/kPa | $a_1$ | $a_{11}$ | $a_{12}$ | $a_{13}$ | $r$ |
|---|---|---|---|---|---|
| 100 | 7.2554 | 0.0818 | 25.6926 | -0.0127 | 0.9816 |
| 200 | 2.0817 | | | | |
| 300 | 0.6478 | | | | |
| 400 | 0.2335 | | | | |
| 围压/kPa | $a_2$ | $a_{21}$ | $a_{22}$ | $a_{23}$ | $r$ |
| 100 | 0.4425 | -0.1190 | 0.8129 | -0.0036 | 0.9743 |
| 200 | 0.2839 | | | | |
| 300 | 0.1389 | | | | |
| 400 | 0.0758 | | | | |

表 5-7　参数 $d_1$ 和 $d_2$ 的拟合参数（$\rho_d$=1.4g/cm³）

| 围压/kPa | $d_1$ | $d_{11}$ | $d_{12}$ | $d_{13}$ | $r$ |
|---|---|---|---|---|---|
| 100 | 3.5430 | -0.1495 | 11.1647 | -0.0110 | 0.9711 |
| 200 | 1.0711 | | | | |
| 300 | 0.2554 | | | | |
| 400 | -0.0166 | | | | |
| 围压/kPa | $d_2$ | $d_{21}$ | $d_{22}$ | $d_{23}$ | $r$ |
| 100 | 0.3326 | -0.0597 | 0.5804 | -0.0039 | 0.9878 |
| 200 | 0.2091 | | | | |
| 300 | 0.1169 | | | | |
| 400 | 0.0637 | | | | |

最后，先将式（5-6）～式（5-9）分别代入式（5-2）～式（5-5）；再将式（5-2）～式（5-5）代入式（5-1），可以得到考虑初始含水率、冻融次数及围压影响的渗透系数多变量预测模型。

1）$\rho_d$=1.4g/cm³ 时：

$$k = a + d\sin[\pi(w-b)/c] \tag{5-10}$$

$$a = (0.08 + 5.69e^{-0.01\sigma_3}) + (0.18e^{-0.004\sigma_3} - 0.12)N \tag{5-11}$$

$$b = 18.50 - 0.45N + 0.02N^2 \tag{5-12}$$

$$c = 11.24 - 6520.37e^{-4.00N} \tag{5-13}$$

$$d = (-0.15 + 11.16\mathrm{e}^{-0.01\sigma_3}) + (-0.06 + 0.58\mathrm{e}^{-0.04\sigma_3})N \tag{5-14}$$

参照上述方法，可以得到其他干密度下渗透系数多变量预测模型。

2）$\rho_d$=1.5g/cm$^3$ 时：

$$k = a + d\sin[\pi(w-b)/c] \tag{5-15}$$

$$a = (0.67 + 25.84\mathrm{e}^{-0.01\sigma_3}) + (0.42\mathrm{e}^{-0.01\sigma_3} + 0.07)N \tag{5-16}$$

$$b = 7.14 - 2.71N + 0.09N^2 \tag{5-17}$$

$$c = 13.76 - 8.07\mathrm{e}^{-0.36N} \tag{5-18}$$

$$d = (-11.86 + 17.76\mathrm{e}^{-9.2\times10^{-4}\sigma_3}) + (0.06 + 3.10\mathrm{e}^{-0.01\sigma_3})N \tag{5-19}$$

3）$\rho_d$=1.6g/cm$^3$ 时：

$$k = a + d\sin[\pi(w-b)/c] \tag{5-20}$$

$$a = (-15.63 + 26.8\mathrm{e}^{-0.001\sigma_3}) + (1.07\mathrm{e}^{-0.008\sigma_3} + 0.07)N \tag{5-21}$$

$$b = 1.15 - 0.07N + 0.004N^2 \tag{5-22}$$

$$c = 6.98 + 3.32\mathrm{e}^{-0.209N} \tag{5-23}$$

$$d = (13.02 - 8.39\mathrm{e}^{-0.002\sigma_3}) + (0.14 + 1.09\mathrm{e}^{-0.009\sigma_3})N \tag{5-24}$$

4）$\rho_d$=1.7g/cm$^3$ 时：

$$k = a + d\sin[\pi(w-b)/c] \tag{5-25}$$

$$a = (0.47 + 12.14\mathrm{e}^{-0.01\sigma_3}) + (0.30\mathrm{e}^{-0.006\sigma_3} + 0.02)N \tag{5-26}$$

$$b = -3.06 - 0.26N - 0.009N^2 \tag{5-27}$$

$$c = 7.84 + 2.061\mathrm{e}^{-0.19N} \tag{5-28}$$

$$d = (0.08 + 5.84\mathrm{e}^{-0.008\sigma_3}) + (0.018 + 0.21\mathrm{e}^{-0.009\sigma_3})N \tag{5-29}$$

综合上述推导过程，表 5-6 和表 5-7 中的拟合相关系数 $r$ 均在 0.97 以上，拟合相关性较好，表明该模型可较好预测黄土冻融过程渗透特性变化规律。值得注意的是，由于冻融过程黄土渗透规律的复杂性，该预测模型目前尚无法考虑干密度变化的影响。基于此，下一节拟尝试建立一种能够综合评价多因素影响黄土冻融过程渗透系数的神经网络预测模型。

### 5.4.2 神经网络预测模型

黄土冻融过程渗透特性的变化机理及规律比较复杂，影响因素众多。研究学者对于冻融条件下黄土渗透特性的已有研究成果主要集中于分析渗透系数同干密度、含水率、围压及冻融次数等影响因素之间的单一经验关系，由此导致冻融条件下黄土渗透规律的预测结果与实际情况往往出现较大差异。对于黄土冻融过程渗透规律的准确分析预测需综合考虑干密度、含水率、围压及冻融次数等多个因素的影响，传统分析方法很难获取冻融条件下黄土渗透系数与多个影响因素之间的量化关系。鉴于此，本章采用信息处理的 BP 神经网络方法，借助其多元非线性影射拟合仿真分析功能，构建冻融条件下黄土渗透系数与多影响因素之间的量化关系[22]。唐晓松等[23]与王双等[24]利用人工神经网络方法研究了碎石土级配对其渗透特性的影响。然而针对黄土尤其是冻融过程黄土渗透系数的人工神经网络预测模型的研究还相对较少且不够系统全面，不能很好地揭示冻融过程黄土渗透特性的变化机理及规律。此外，通过前述三轴渗透试验研究结果可以发现，冻融过程黄土试样渗透系数受干密度、含水率、围压及冻融次数的影响十分明显，现有定量公式难以准确计算其大小。而 BP 神经网络可以通过大量训练样本学习，获得输入与输出之间的高度非线性映射关系，这正是其优势所在。因此，本节利用 BP 神经网络算法对上述室内冻融三轴渗透试验数据进行学习和训练，进而得到各影响因素同渗透系数间的经验数据库，以期得到一种能够综合评价多因素影响冻融过程黄土渗透系数的预测方法。

本节采用的 BP 神经网络结构分为三层：第一层为输入层，以干密度 $\rho_d$ 、含水率 $w$、围压 $\sigma_3$ 和冻融次数 $N$ 作为输入向量元素，共 4 个神经元；第二层为隐含层，经过多次预测试验，确定隐含层最佳神经元数目为 11，作用函数为双曲正切 tansig 函数；第三层为输出层，以渗透系数 $k$ 作为输出向量元素，1 个神经元，作用函数为 purelin 函数。渗透系数 BP 神经网络拓扑结构图如图 5-15 所示。

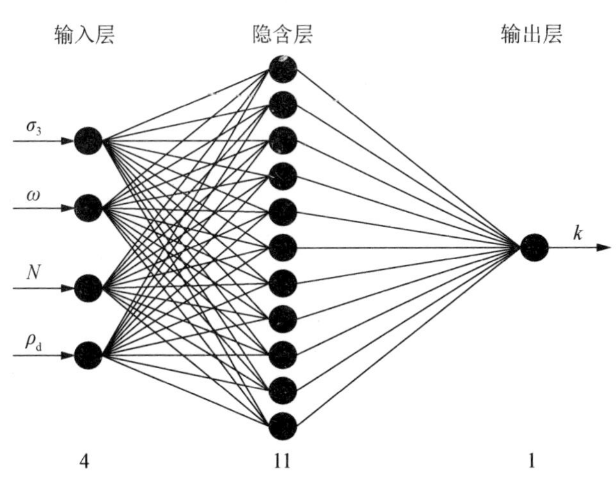


图 5-15　渗透系数 BP 神经网络拓扑结构图

前述冻融过程黄土三轴渗透试验涵盖不同含水率、干密度、围压和冻融次数的渗透系数指标数据，训练样本代表性较好。基于此，本节选择前述 320 组黄土试样冻融过程渗透系数试验数据（表 5-8），将前 300 组数据作为训练样本，后 20 组数据用来检验预测结果可靠性。由于网络训练传递函数为 S 形函数，其输出量为 0～1 的连续量。此外，为减小输入量中数据大小差距过大而导致较小数被较大数淹没的现象以及加快网络收敛速度，需对数据进行归一化处理。采用如下归一化函数对输入输出数据进行预处理：

$$X_n=l_l+(l_h-l_l)\times(X-X_{min})/(X_{max}-X_{min}) \tag{5-30}$$

式中，$X$ 为输入变量；$X_{min}$ 为变量 $X$ 中的最小值；$X_{max}$ 为变量 $X$ 中的最大值；$l_l$ 和 $l_h$ 分别是归一化的下限和上限；$X_n$ 为归一化值。

**表 5-8　归一化黄土渗透系数试验数据**

| 序号 | 围压/kPa | 冻融次数/次 | 含水率/% | 干密度/（g/cm³） | 渗透系数/（×10⁻⁶cm/s） |
|---|---|---|---|---|---|
| 1 | 0.0 | 0.00 | 0.000 | 0.000 | 0.0851 |
| 2 | 0.0 | 0.00 | 0.000 | 0.333 | 0.1211 |
| 3 | 0.0 | 0.00 | 0.000 | 0.667 | 0.1421 |
| 4 | 0.0 | 0.00 | 0.000 | 1.000 | 0.0712 |
| 5 | 0.0 | 0.10 | 0.000 | 0.000 | 0.1736 |
| 6 | 0.0 | 0.10 | 0.000 | 0.333 | 0.1992 |
| 7 | 0.0 | 0.10 | 0.000 | 0.667 | 0.2793 |
| 8 | 0.0 | 0.10 | 0.000 | 1.000 | 0.0924 |
| 9 | 0.0 | 0.25 | 0.000 | 0.000 | 0.2617 |
| 10 | 0.0 | 0.25 | 0.000 | 0.333 | 0.3287 |
| 11 | 0.0 | 0.25 | 0.000 | 0.667 | 0.3955 |
| 12 | 0.0 | 0.25 | 0.000 | 1.000 | 0.1344 |
| 13 | 0.0 | 0.50 | 0.000 | 0.000 | 0.3108 |
| 14 | 0.0 | 0.50 | 0.000 | 0.333 | 0.3969 |
| 15 | 0.0 | 0.50 | 0.000 | 0.667 | 0.5558 |
| ⋮ | ⋮ | ⋮ | ⋮ | ⋮ | ⋮ |
| 306 | 1.0 | 0.10 | 0.747 | 0.333 | 0.0055 |
| 307 | 1.0 | 0.10 | 0.522 | 0.667 | 0.0127 |
| 308 | 1.0 | 0.10 | 0.323 | 1.000 | 0.0135 |
| 309 | 1.0 | 0.25 | 1.000 | 0.000 | 0.0045 |
| 310 | 1.0 | 0.25 | 0.747 | 0.333 | 0.0081 |
| 311 | 1.0 | 0.25 | 0.522 | 0.667 | 0.0138 |
| 312 | 1.0 | 0.25 | 0.323 | 1.000 | 0.0205 |
| 313 | 1.0 | 0.50 | 1.000 | 0.000 | 0.0077 |
| 314 | 1.0 | 0.50 | 0.747 | 0.333 | 0.0112 |
| 315 | 1.0 | 0.50 | 0.522 | 0.667 | 0.0171 |
| 316 | 1.0 | 0.50 | 0.323 | 1.000 | 0.0354 |
| 317 | 1.0 | 1.00 | 1.000 | 0.000 | 0.0144 |
| 318 | 1.0 | 1.00 | 0.747 | 0.333 | 0.0179 |
| 319 | 1.0 | 1.00 | 0.522 | 0.667 | 0.0204 |
| 320 | 1.0 | 1.00 | 0.323 | 1.000 | 0.0378 |

将 20 组预留的检验样本输入训练完成的神经网络预测模型，进行验证，预测

结果如表 5-9 和图 5-16 所示。预测结果表明，冻融过程黄土渗透系数试验值与预测值之间相对误差较小，最大相对误差仅为 0.09255，试验值与预测值变化规律具有较好的一致性。这说明利用神经网络预估冻融过程重塑黄土的渗透系数其精度是符合要求的，具有很好的泛化能力。该预测模型能充分反映土性参数、围压及冻融条件对渗透系数的影响规律，从而较好地描述黄土冻融过程渗透系数变化规律。

**表 5-9　渗透系数预测结果**

| 序号 | 冻融次数/次 | 含水率/% | 干密度/（g/cm³） | 渗透系数/（$\times10^{-6}$cm/s） | | |
|---|---|---|---|---|---|---|
| | | | | 试验值 | 预测值 | 相对误差 |
| 400 | 0 | 33.6 | 1.4 | 0.1389 | 0.1517 | 0.09255 |
| 400 | 0 | 28.9 | 1.5 | 0.2314 | 0.2508 | 0.08384 |
| 400 | 0 | 24.7 | 1.6 | 0.5700 | 0.5818 | 0.02070 |
| 400 | 0 | 21.0 | 1.7 | 0.3600 | 0.3528 | 0.02001 |
| 400 | 2 | 33.6 | 1.4 | 0.3230 | 0.3304 | 0.02291 |
| 400 | 2 | 28.9 | 1.5 | 0.3505 | 0.3455 | 0.01427 |
| 400 | 2 | 24.7 | 1.6 | 0.6267 | 0.6225 | 0.00670 |
| 400 | 2 | 21.0 | 1.7 | 0.6602 | 0.6714 | 0.01704 |
| 400 | 5 | 33.6 | 1.4 | 0.3133 | 0.3152 | 0.00606 |
| 400 | 5 | 28.9 | 1.5 | 0.4510 | 0.4407 | 0.02273 |
| 400 | 5 | 24.7 | 1.6 | 0.6720 | 0.6783 | 0.00938 |
| 400 | 5 | 21.0 | 1.7 | 0.9290 | 0.9417 | 0.01367 |
| 400 | 10 | 33.6 | 1.4 | 0.4349 | 0.4140 | 0.04806 |
| 400 | 10 | 28.9 | 1.5 | 0.5716 | 0.5686 | 0.00516 |
| 400 | 10 | 24.7 | 1.6 | 0.7980 | 0.7796 | 0.02306 |
| 400 | 10 | 21.0 | 1.7 | 1.5000 | 1.4187 | 0.05420 |
| 400 | 20 | 33.6 | 1.4 | 0.6935 | 0.6741 | 0.02797 |
| 400 | 20 | 28.9 | 1.5 | 0.8284 | 0.8089 | 0.02348 |
| 400 | 20 | 24.7 | 1.6 | 0.9261 | 0.9217 | 0.00470 |
| 400 | 20 | 21.0 | 1.7 | 1.5924 | 1.7114 | 0.07476 |

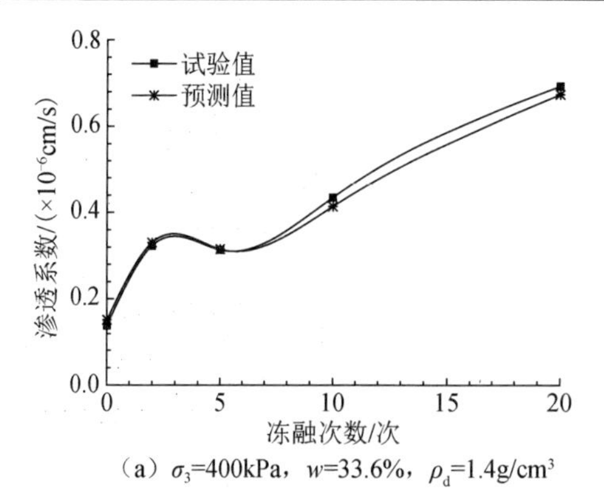

（a）$\sigma_3$=400kPa，$w$=33.6%，$\rho_d$=1.4g/cm³

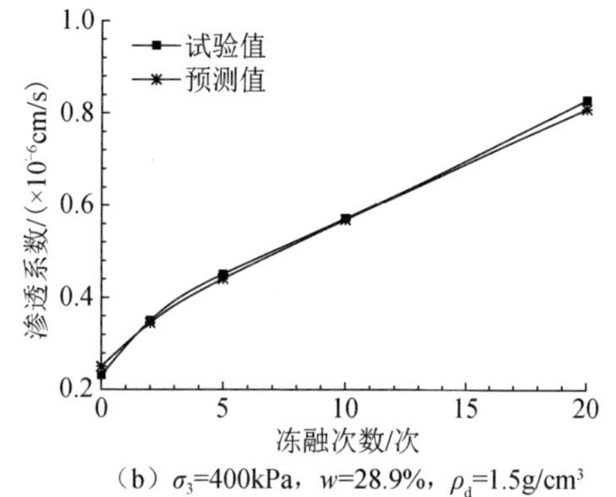

（b）$\sigma_3$=400kPa，$w$=28.9%，$\rho_d$=1.5g/cm³

图 5-16　典型数据样本渗透系数预测结果

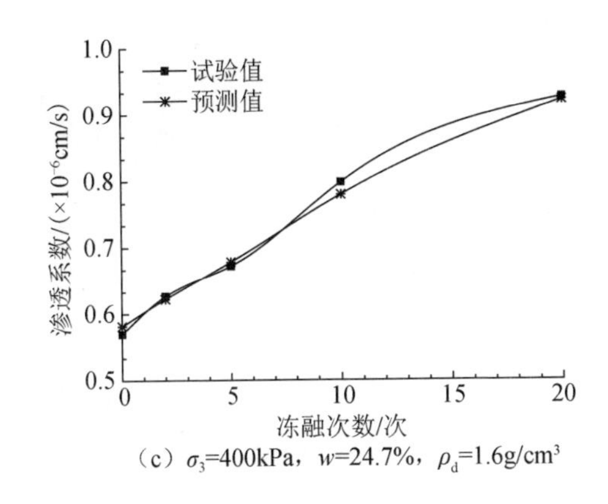

（c）$\sigma_3$=400kPa，$w$=24.7%，$\rho_d$=1.6g/cm$^3$

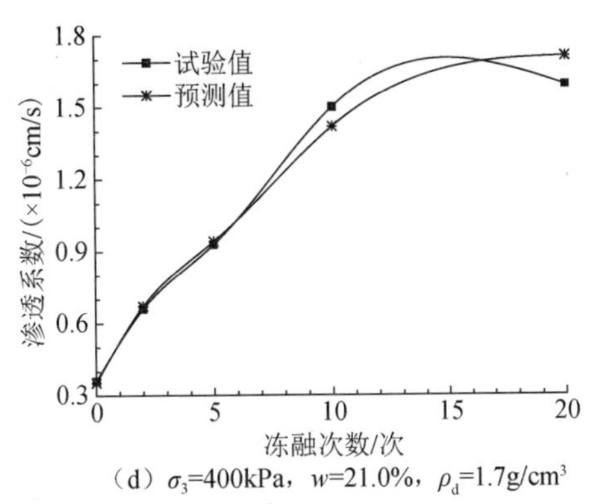

（d）$\sigma_3$=400kPa，$w$=21.0%，$\rho_d$=1.7g/cm$^3$

图 5-16（续）

## 5.5 本 章 小 结

本章针对原状黄土和重塑黄土分别开展冻融条件下室内三轴渗透试验研究，得出如下结论：

1）冻融作用对原状黄土与重塑黄土试样表面结构破坏均较严重，但原状黄土试样表面结构破坏程度较重塑黄土更为强烈。冻融过程产生的裂缝使土中水分渗流和迁移的通道形成，导致原状黄土与重塑黄土渗透性增强。

2）冻融条件下原状黄土与重塑黄土渗透系数随围压增大均呈指数下降趋势，且高围压时渗透系数差异较小；随干密度和初始含水率增加，渗透系数均呈抛物线变化规律，但高围压下渗透系数与干密度和初始含水率的抛物线变化规律不明显；随冻融次数增加，渗透系数均呈指数增加趋势，但低含水率试样渗透系数变化幅度较小。相同条件下原状黄土渗透系数高于重塑黄土；原状黄土与重塑黄土渗透系数差异随围压增大逐渐减小。

3）基于试验数据规律性，进一步得到了考虑初始含水率、冻融次数及围压影响的渗透系数多变量最优拟合预测模型，其拟合相关性较好，可较好地描述黄土冻融过程渗透特性变化规律，但无法考虑干密度影响。基于BP神经网络模型的渗透系数预测值和试验值之间相对误差较小，能够综合反映干密度、含水率、围压及冻融次数对渗透系数的影响，可较好地描述黄土冻融过程渗透系数变化规律。

## 参 考 文 献

[1] 刘祖典．黄土力学与工程[M]．西安：陕西科学技术出版社，1997．

[2] 谢定义．试论我国黄土力学研究中的若干新趋向[J]．岩土工程学报，2001，23（1）：3-13．

[3] 李涛，李文平，常金源，等．陕北浅埋煤层开采隔水土层渗透性变化特征[J]．采矿与安全工程学报，2011，28（1）：127-131．
[4] 李佳，高广运，黄雪峰．非饱和原状黄土边坡浸水试验研究[J]．岩石力学与工程学报，2011，30（5）：1043-1048.
[5] 杨金，简文星，杨虎锋，等．三峡库区黄土坡滑坡浸润线动态变化规律研究[J]．岩土力学，2012，33（3）：853-858．
[6] 李平．饱和黄土的三轴渗透试验研究[D]．杨凌：西北农林科技大学，2007．
[7] 梁燕，邢鲜丽，李同录，等．晚更新世黄土渗透性的各向异性及其机制研究[J]．岩土力学，2012，33（5）：1313-1318．
[8] 王辉，岳祖润，叶朝良．原状黄土及重塑黄土渗透特性的试验研究[J]．石家庄铁道学院学报（自然科学版），2009，22（2）：20-22．
[9] 王红，李同录，付昱凯．利用瞬态剖面法测定非饱和黄土的渗透性曲线[J]．水利学报，2014，45（8）：997-1003．
[10] 董晓宏，张爱军，连江波，等．长期冻融循环引起黄土强度劣化的试验研究[J]．工程地质学报，2010，18（6）：887-893．
[11] QI J L, VERMEER P A, CHENG G D. Areview of the influence of freeze-thaw cycles on soil geotechnical properties [J]. Permafrost and periglacial processes,2010,17(3): 245-252.
[12] 方丽莉，齐吉琳，马巍．冻融作用对土结构性的影响及其导致的强度变化[J]．冰川冻土，2012，34（2）：435-440．
[13] 沈珠江．抗风化设计——未来岩土工程设计的一个重要内容[J]．岩土工程学报，2004，26（6）：866-869．
[14] CHAMBERLAIN E J, ISKANDER I, HUNSIKER S E. Effect of freeze-thaw cycles on the permeability and macrostructure of soils[C] //Proceedings of International Symposium on Frozen Soil Impacts on Agricultura, Range and Forest Lands,Washington DC. Army Cold Regions Research and Engineering Laboratorg, 1990:145-155.
[15] VIKLANDER P. Permeability and volume changes in till due to cyclic freeze/thaw [J]. Canadian geotechnical journal, 1998, 35(3):471-477.
[16] 连江波，张爱军，郭敏霞，等．反复冻融循环对黄土孔隙比及渗透性的影响[J]．人民长江，2010，41（12）：55-58．
[17] 肖东辉，冯文杰，张泽，等．冻融循环对兰州黄土渗透性变化的影响[J]．冰川冻土，2014，36（5）：1192-1198．
[18] 穆彦虎，马巍，李国玉，等．冻融作用对压实黄土结构影响的微观定量研究[J]．岩土工程学报，2011，33（12）1919-1925．
[19] 王铁行，杨涛，鲁洁．干密度及冻融循环对黄土渗透性的各向异性影响[J]．岩土力学，2016，37（s1）：72-78．
[20] 李国玉，马巍，穆彦虎，等．冻融循环对压实黄土湿陷变形影响的过程和机制[J]．中国公路学报，2011，24（5）：1-5，10．
[21] 王泉，马巍，张泽，等．冻融循环对黄土二次湿陷特性的影响研究[J]．冰川冻土，2013，35（2）：376-382．
[22] 胡伍生．神经网络理论及其工程[M]．北京：测绘出版社，2006．
[23] 唐晓松，郑颖人，董诚．应用神经网络预估粗颗粒土的渗透系数[J]．岩土力学，2007，28（s1）：133-136．
[24] 王双，李小春，王少泉，等．碎石土级配特征对渗透系数的影响研究[J]．岩石力学与工程学报，2015，34（s2）：4394-4402．

# 第6章 黄土地区边坡冻融模型试验研究

## 6.1 引 言

黄土是一种在特定环境中形成的具有特殊性质的土。在我国，黄土分布区是重要的建设和能源基地，著名的黄土山城——兰州、西宁、宝鸡、天水、延安等位于其中，这里沃野千里、谷稼殷实，滋养了中华民族的祖先，养育了世世代代黄土地人。但是，由于黄土土性复杂、节理裂隙发育，黄土地区沟壑纵横、地形破碎，在自然条件及人类工程活动影响下，容易产生滑坡、崩塌及泥石流等灾害[1~10]，严重危及各类工程建设及人民生命财产的安全，制约着当地经济的可持续发展。

黄土本身具有多孔性、结构性及崩解性特点，这些特点决定了黄土遇水或结构性破坏后强度显著下降，进而在特定的工程地质和水文地质条件下，在降雨、灌溉、地下水位变化、人类活动、冻融作用及地震力等诱发作用下便会产生滑坡灾害。目前，研究学者针对人类活动及降雨等诱发条件下黄土滑坡机理及稳定性开展了大量研究工作，而对冻融作用对黄土地区边坡稳定性影响及其破坏机理研究还相对较少且不够系统全面。统计发现，每年春融季节是黄土高原地区地质灾害发生的一个高峰期。例如，甘肃省永靖县黑方台地区黄土滑坡频发，统计该区黄土滑坡发生的时间，每年3月滑坡发生的频率较高，1～3月发生滑坡数量占到了滑坡总数约34%。此外，1989年3月15日发生的焦家崖头滑坡；1995年1月30日发生的黄茨滑坡，2012年2月7日发生的焦家13号滑坡，该时间段正是黄土高原地区表层季节性冻土开始融化的季节。季节性冻融作用对黄土地区边坡的诱发作用不可忽视，而冻融诱发型黄土滑坡的成灾机理十分复杂。黄土地区边坡冻融灾害发生的原因主要通过灾害调查[11~13]进行初步的揭示，文献资料很少，机理性研究尚缺乏文献资料。由于机理性研究的不足，目前对黄土地区边坡冻融灾害尚不能进行量化分析和预测，灾前难以采取有效措施。因此，考虑到冻融期黄土地区滑坡危害巨大，对黄土地区边坡冻融灾害问题进行深入研究是必要的。基于此，本章借助步入式多功能环境与工程模型试验箱，进行黄土地区边坡冻融模型试验研究。通过本项研究，深入分析黄土地区边坡冻融过程温度场、水分场及位移的耦合变化规律，构建黄土地区边坡水热耦合数值计算模型，从而揭示冻融作用诱发黄土滑坡的力学机制。研究成果也可进一步丰富发展冻融诱发型黄土滑坡理论，为黄土高原地区边坡冻融的评价、防治、预警预报提供科学依据和技术支撑。

## 6.2　模型试验设计方案

本章通过大比例尺室内黄土地区边坡冻融模型试验，深入分析黄土地区边坡冻融失稳的演化规律。试验在控制边坡的坡度、初始含水率、表面温度和边界条件下，研发黄土地区边坡工程水热力动态监测系统，实时动态监测冻融过程黄土地区边坡的温度、含水率及位移变化数据。

### 6.2.1　试验装置

黄土地区边坡冻融模型试验在步入式多功能环境与工程模型试验箱内进行（图 6-1）。模型试验系统主要由模型试验箱、温度控制系统、通风控制系统及数据采集系统四部分组成。试验箱有效尺寸为 6m×5m×4m（长×宽×高），箱内气温控制范围为-40～+85℃，均匀度为 2.0℃。试验箱内气温由温控器自动控制，控制精度为±0.5℃，冻融冷板温度控制范围为-25～+85℃。通风控制系统由冷却风扇、风速控制装置和风道组成，风向与进门垂直方向平行；试验采集系统由温度传感器、水分传感器、变形传感器和数据采集器组成，每 0.5h 自动采集 1 次试验数据。

图 6-1　步入式多功能环境与工程模型试验箱

### 6.2.2　土样配制与压实

模型试验所用土料与第 4 章和第 5 章相同，取自陕西省西安市长安区某基坑工程施工现场，取土深度为 5～6m，属于晚更新世 $Q_3$ 黄土。试验土料初始含水率控制为 21%左右，相应的容重约为 1.6g/cm$^3$。模型制作采用分层压实法，每层压实厚度控制在 0.1～0.2m。图 6-2 所示为土样配制与压实施工现场照片。

(a) 土样过筛

(b) 土样分层配制含水率

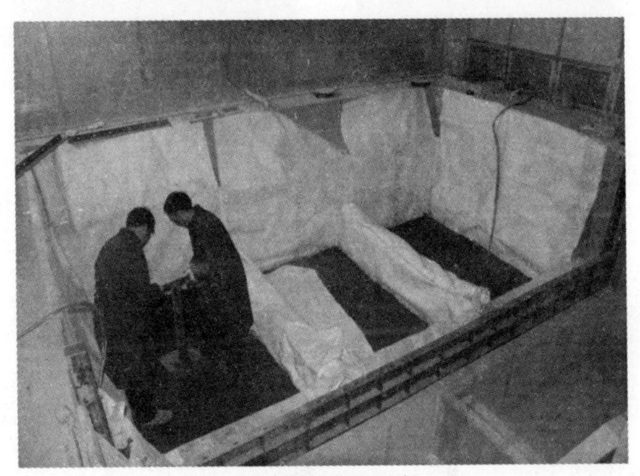

(c) 土样分层压实

图 6-2　土样配制与压实施工现场照片

### 6.2.3　边坡几何模型

黄土地区边坡冻融模型试验坡度分别控制为 1∶1.5、1∶1 及 1∶0.75，边坡坡高为 1m，宽度为 1.4m。根据实测数据，边坡实际模型尺寸与设计尺寸误差均在 2%以内。边坡几何模型具体尺寸如图 6-3 所示。

冻融模型外部由边墙、土工布、XPS 保温板三部分组成，三个坡体模型之间由保温板和土工布分割，阻断温度及水分传输。其中，结工布柔性好，具有较好的加筋、防护与防渗功能。XPS 保温板具有完美的闭孔蜂窝结构、极低吸水性、低导热系数、高抗压性、抗老化性，具有较好的保温与耐久性能。

此外，根据现场调研和陕北黄土高原区冬季平均冻结深度资料，并考虑到模型试验尺寸效应的影响，试验过程中季节冻结活动层拟控制在 0.4m 左右，以下为非冻融区域。坡体初始温度为+10℃，冻结过程中边坡上部环境温度控制为-10℃，融化过程中温度控制为+20℃。边坡冻融过程通过温度场监测结果控制，当冻结深度线（即 0℃等温线）至边坡表面下约 0.4m 时，环境温度调整为融化温度，继而坡体开始融化，在坡体完全融化后开始下一个循环。

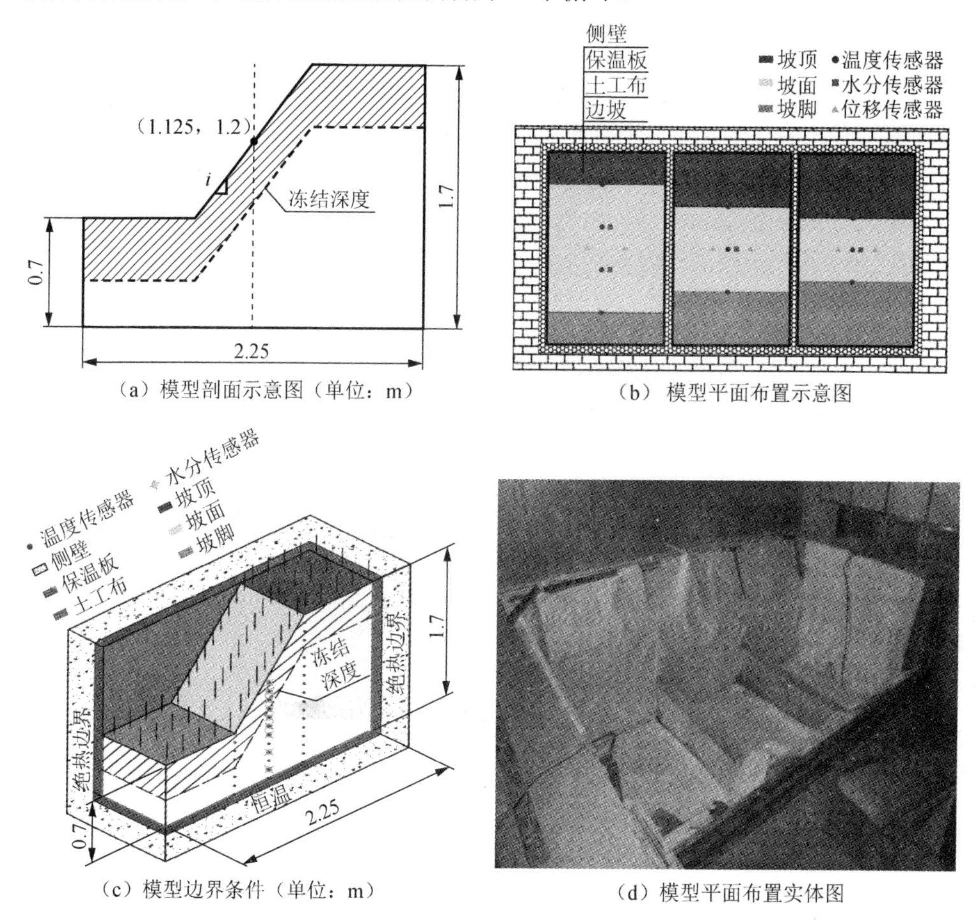


（a）模型剖面示意图（单位：m）

（b）模型平面布置示意图

（c）模型边界条件（单位：m）

（d）模型平面布置实体图

图 6-3　边坡几何模型

### 6.2.4　监测方案

1. 温度场测试

温度是冻土模型试验中最基本的参数，温度探头的精度对于试验结果的准确与否至关重要。本试验中采用绵阳铭宇电子有限公司研制的 MYT-N01 铂电阻温度探头，测温范围为-60～+80℃，其精度可达 0.01℃。在三种坡度边坡模型坡面范围内均匀布设 10 个测温钻孔。在温度测孔内，沿模型测试方向每隔 0.1m 布设一支由保鲜膜包裹的温度传感器。水热传感器布设示意图和温度传感器布设实体图如图 6-4 和图 6-5 所示。

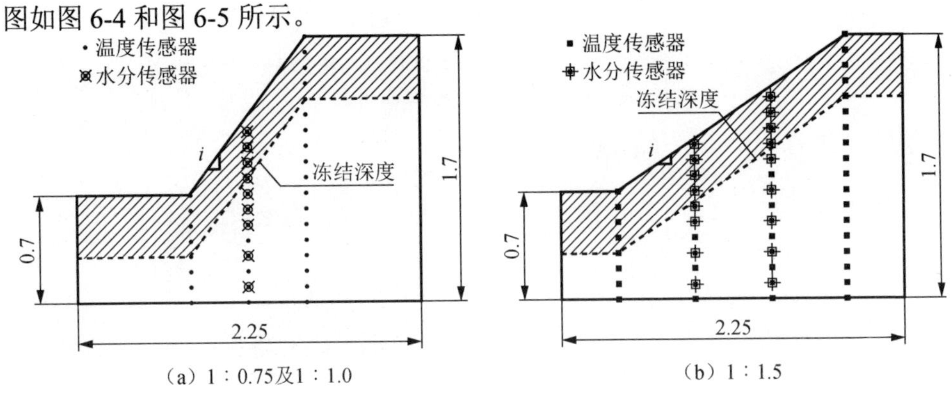


图 6-4 水热传感器布设示意图（单位：m）

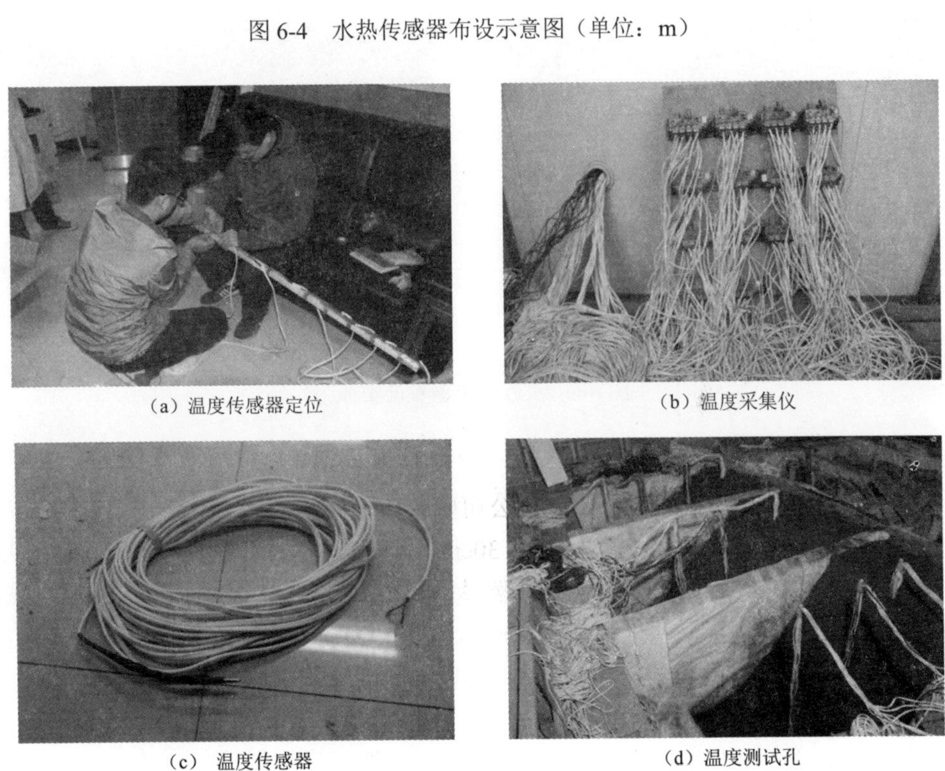

（a）温度传感器定位　（b）温度采集仪

（c） 温度传感器　（d）温度测试孔

图 6-5 温度传感器布设实体图

2. 水分场测试

水分也是边坡冻融模型试验中的重要参数。本试验采用绵阳铭宇电子有限公司研制的 MYT-S102 型土壤水分传感器，测量精度为±1%。水分监测主要围绕边坡模型浅层土 0～40cm 冻融活动层范围，共布设 4 个水分测试钻孔。在水分测孔内，冻结区（坡面下 0～0.4m）内每隔 0.1m 布设 1 支水分传感器，未冻融区域内每隔 0.2m 布设 1 支水分传感器。水分传感器布设实体图如图 6-6 所示。

（a）水分传感器

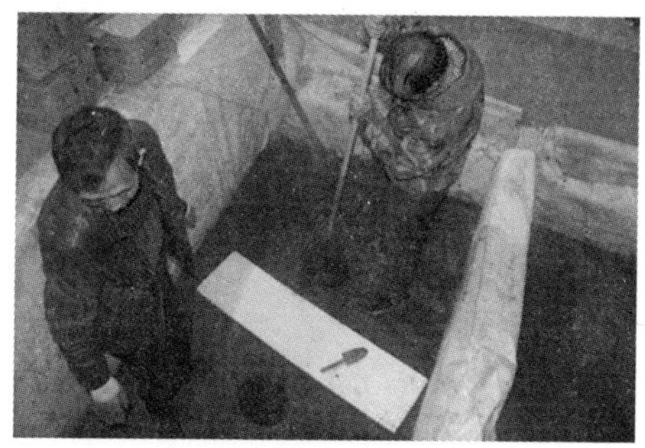

（b）水分传感器测试孔

（c）水分传感器埋设

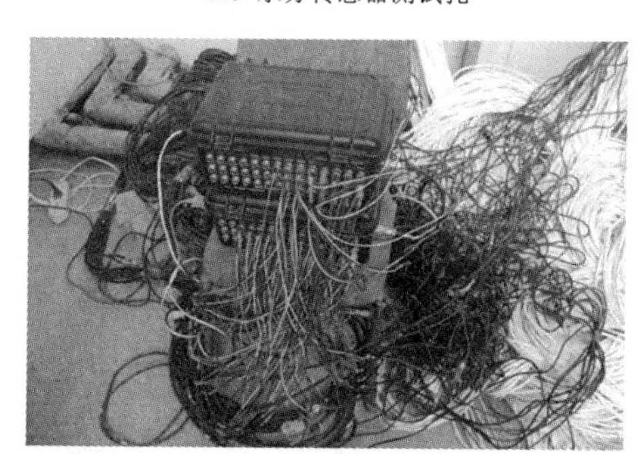

（d）水分采集仪

图 6-6　水分传感器布设实体图

3. 位移测试

本次试验采用绵阳铭宇电子有限公司研制的差动式位移传感器，测量精度为 0.01mm。在距边坡冻融模型上端表面 30cm 左右的地方架设一道钢梁，分别用来安装水平位移传感器和垂直位移传感器。每个边坡模型安装两只水平位移传感器，两只垂直位移传感器。采用 50mm×50mm、2mm 厚的方形钢片中间钻孔以连接传感器下端的活动杆，将固定好的活动杆和钢板一起埋入需要测试的土体深度，调节好传感器初始位置，使活动杆大体在中央量程。最后将传感器线分别引至自动采集箱，设置好采集箱，采集箱自动工作。变形监测共需要布设位移传感器 12 支，位移传感器布设示意图和实体图如图 6-7 和图 6-8 所示。

图 6-9 所示为黄土地区边坡冻融模型中水热力传感器布设全景图，冻融过程中边坡土体的温度、水分及位移数据均通过相应传感器实时监测并记录，随后通过数据处理获取。

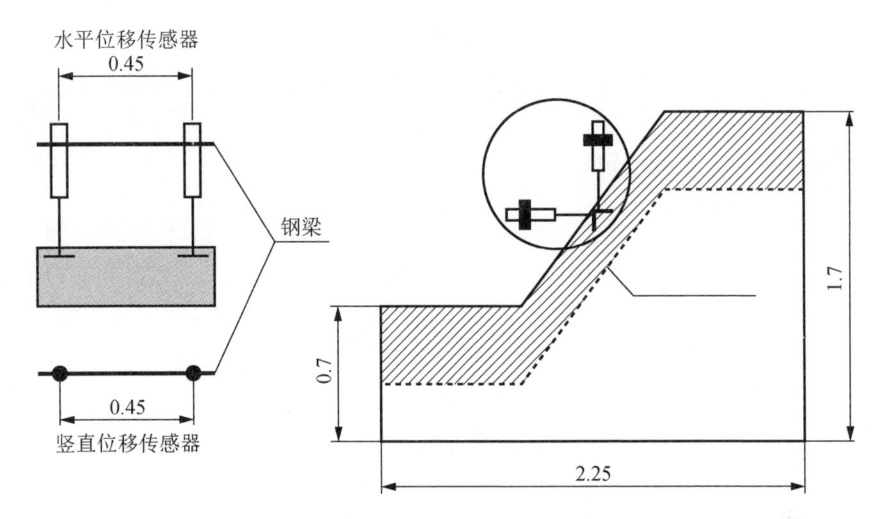


图 6-7　位移传感器布设示意图（单位：m）

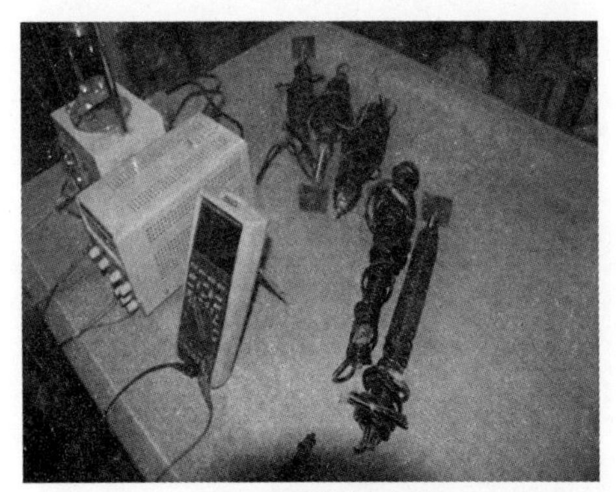

（a）　位移传感器标定

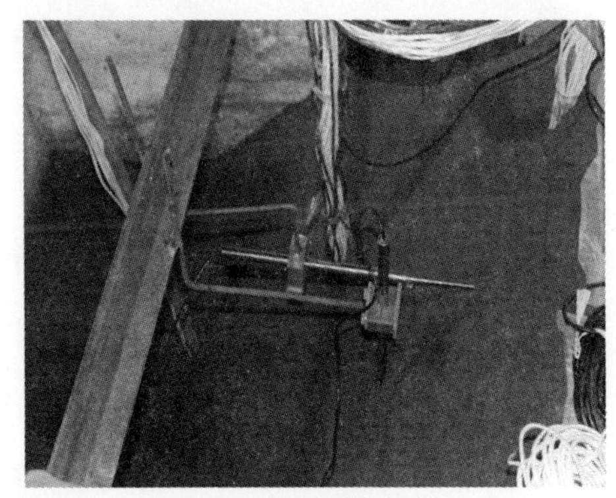

（b）位移传感器布设

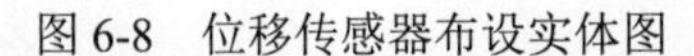

图 6-8　位移传感器布设实体图

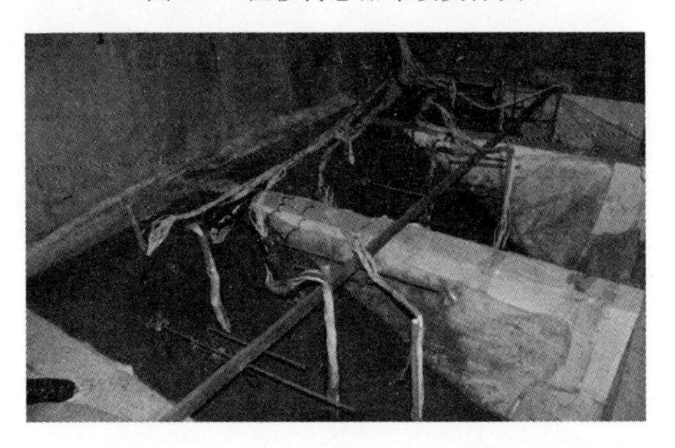

图 6-9　水热力传感器布设全景图

# 6.3　模型试验结果与分析

## 6.3.1　黄土地区边坡表观特征

冻融是一种强风化作用，对黄土地区边坡土体结构强度具有强烈劣化作用。试验中观察到黄土地区边坡表面特征有着明显变化。图 6-10 所示为多次冻融循环作用下边坡表层特征的变化规律。由图 6-10 可见，反复冻融条件下黄土地区边坡坡面出现明显的表层冻融剥蚀现象，且坡面上部出现较宽的贯穿性裂缝，坡脚平台和坡顶也产生了一系列较短的横向与纵向裂缝，这与第 2 章现场调研中发现的黄土地区边坡表层冻融剥蚀与剥落现象是相似的。分析其原因，主要是由于冻融过程土体内部冰晶生长及冷生结构形成的冰劈作用，对黄土地区边坡表层季节冻结活动层土颗粒联结强度破坏作用较大，冻融后边坡表层发生明显的冻融滑塌位移，并产生横向与纵向裂缝。

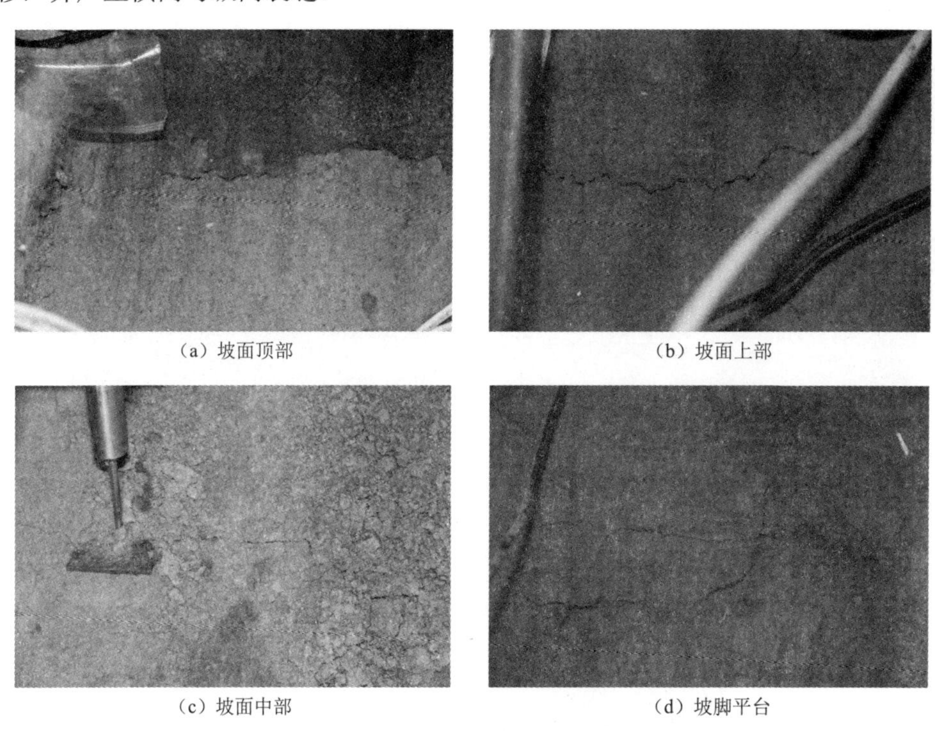

（a）坡面顶部　（b）坡面上部　（c）坡面中部　（d）坡脚平台

图 6-10　多次冻融循环作用下边坡表层特征的变化规律

## 6.3.2　温度场分析

图 6-11 所示为 1∶0.75 黄土地区边坡冻融过程温度场等值线分布图。由图 6-11

可见，温度场的分布逐时段发生变化，这主要是由边坡环境气候因素逐时段变化和边坡土体蓄热及边坡土体水分迁移造成的。随着气温下降，最大冻结深度线（0℃线）由边坡土体表面向下推移，11.5d（276h）后达到最大季节冻结深度［图 6-11（a）～（c）］；随后随着环境气温升高，黄土地区边坡土体由边坡表面和边坡下部进行双向融化并产生明显的季节冻结夹层［图 6-11（d）］；气温进一步升高导致季节冻结夹层全部消失［图 6-11（e）和（f）］，完成一个完整的冻融循环过程。从图 6-11 中还可以看出，黄土地区边坡不同位置最大冻结深度存在一定差异，坡肩下最大冻结深度较大，坡脚下部最大冻结深度相对较小。分析其原因，模箱气温控制为风冷，边坡表层不同部位冷风循环特性存在差异，坡肩所在模型坑上部位置冷风循环速度较快，而坡脚所在模型坑下部位置冷风循环速度较慢，因而边坡不同位置冻结深度存在一定差异。

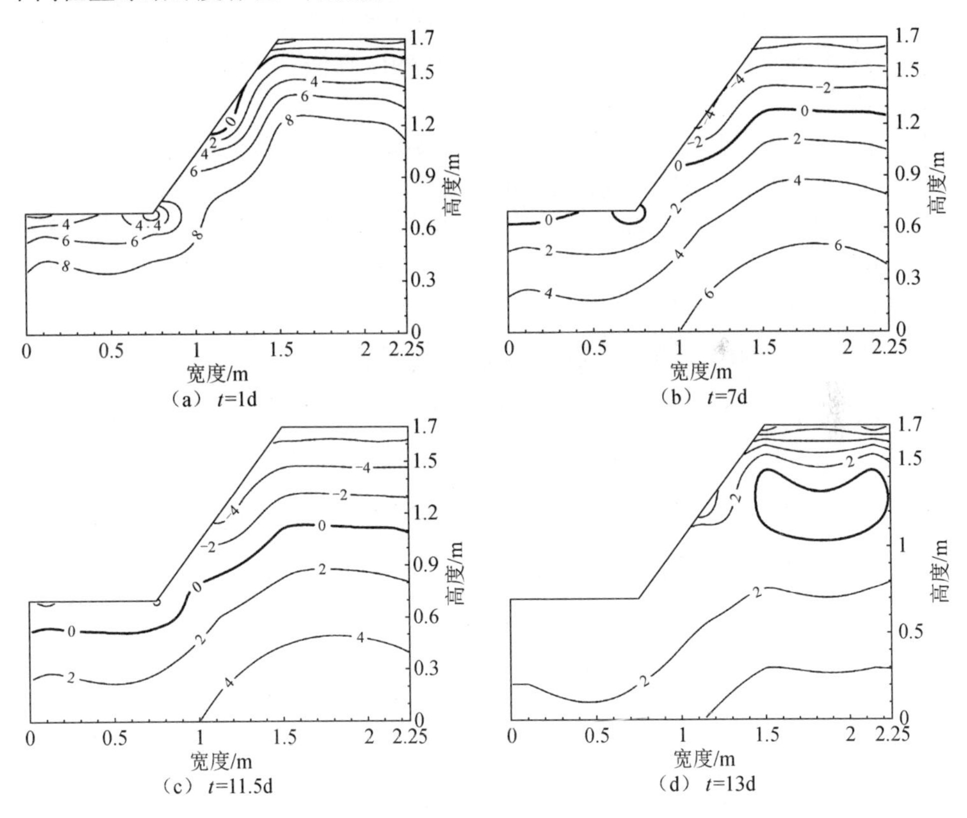


图 6-11　黄土地区边坡冻融过程温度场等值线分布图

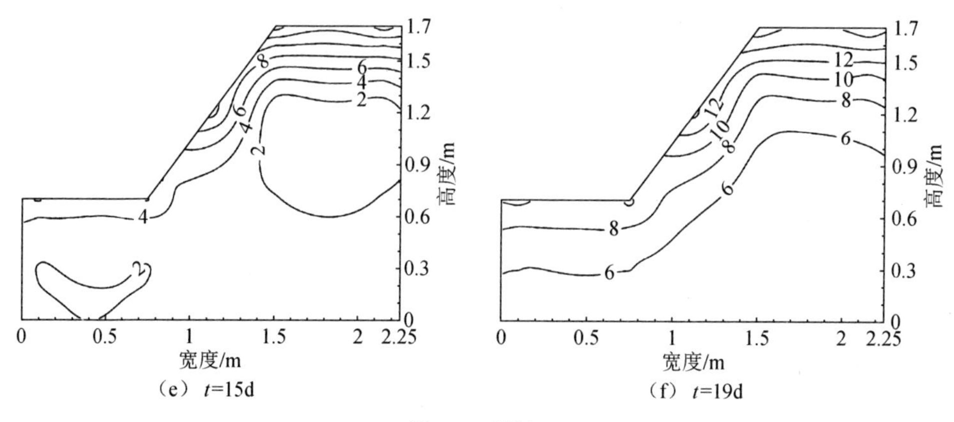


（e） $t$=15d　　（f） $t$=19d

图 6-11（续）

图 6-12 所示为 1∶0.75 三个冻融循环周期内黄土地区边坡坡脚、坡中及坡肩测试孔温度时程变化曲线。从图 6-12 中可以看出，各测试孔内温度时程变化规律基本一致，都表现出随着模型箱气温变化，黄土地区边坡浅层土体内部温度呈现周期性的冻融变化过程，很好地模拟了季节性冻融作用对黄土地区边坡稳定性的影响。从图 6-12 中还可以看出，黄土地区边坡土体不同位置其最大冻结深度存在显著差异，坡脚测试孔最大冻结深度（0℃线）约为 0.2m，坡中测试孔最大冻结深度（0℃线）约为 0.4m，坡肩测试孔最大冻结深度（0℃线）约为 0.6m，这与上述黄土地区边坡温度场等值线图所反映的变化规律是一致的。

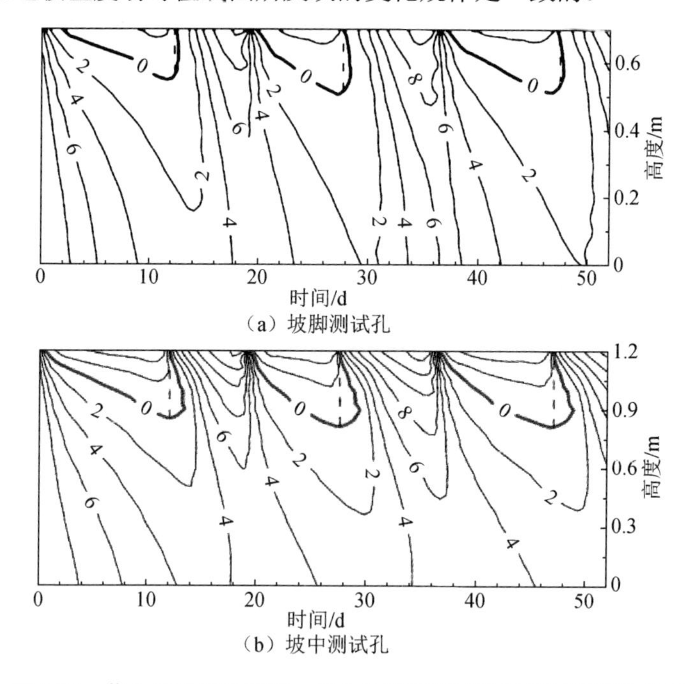


（a）坡脚测试孔

（b）坡中测试孔

图 6-12　黄土地区边坡坡脚、坡中及坡肩测试孔温度时程变化曲线

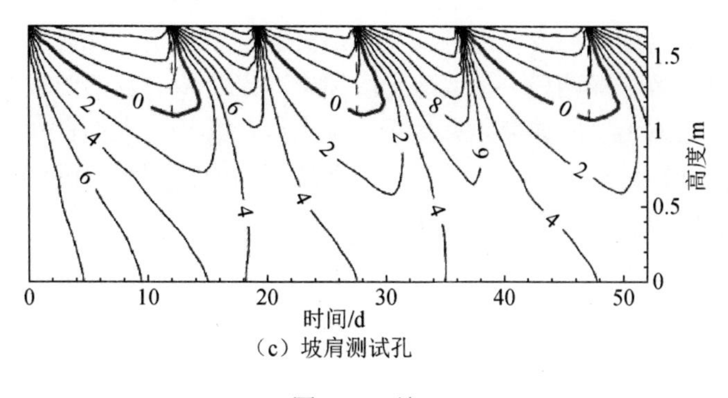


（c）坡肩测试孔

图 6-12（续）

为了更直观地揭示黄土地区边坡土体内部温度对外界环境气温的响应特征，绘制出 1∶0.75 黄土地区边坡坡中测试孔不同深度处温度随时间的变化曲线，如图 6-13 所示。由图 6-13 可见，随模型箱环境气温变化，黄土地区边坡浅层土体温度表现出明显的周期性冻融变化过程。随着深度增大，温度变化表现出相似的变化规律，但温度变化速率和变化幅度逐渐减小，黄土地区边坡土体内部温度随深度的变化呈现一定的温度梯度分布。此外，从图 6-13 中还可以看出，在边坡浅层深度约 0.4m 的范围之内，土体温度呈现冻融变化特征，这正是黄土地区边坡的季节冻结活动层。

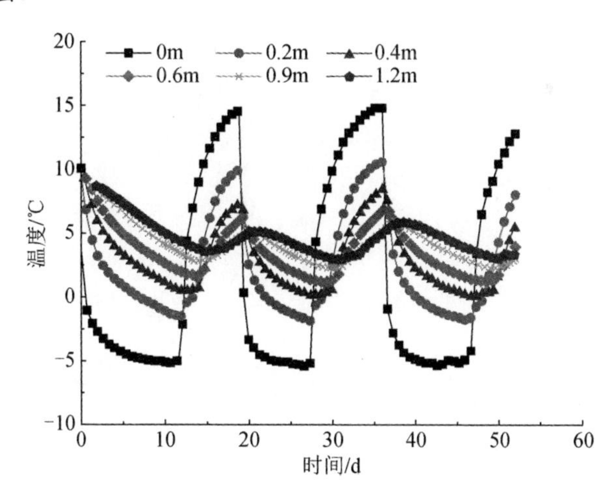


图 6-13　黄土地区边坡坡中测试孔不同深度处温度随时间的变化曲线

图 6-14 给出了 1∶0.75 黄土地区边坡坡中测试孔不同时刻温度随深度变化曲线。从图 6-14 中可以看出，黄土地区边坡在降温初期温度变化比较大，边坡在降温 1d 时表层土体已发生冻结（以 0℃作为冻土和未冻土的分界点，即以 0℃作为土体的冻结温度）。此外，由于在试验过程中边坡是从上部开始降温（上部环境温度控制为−10℃），在降温初期边坡土体温度是由上部向下逐渐降低。随着冻结时

间的推移，土体温度场的变化逐渐减小，最终趋向于稳定。此时，黄土地区边坡土体内部温度大致分成两段——已冻土段和未冻土段，并且两土段的温度分布斜率略有差异，已冻土段的温度斜率大于未冻土段，其拐点大约在 0℃附近。融化阶段，边坡温度也是从上部开始升温（上部环境温度控制为+20℃），因此边坡土体温度随深度增加呈现近似抛物线变化特征。

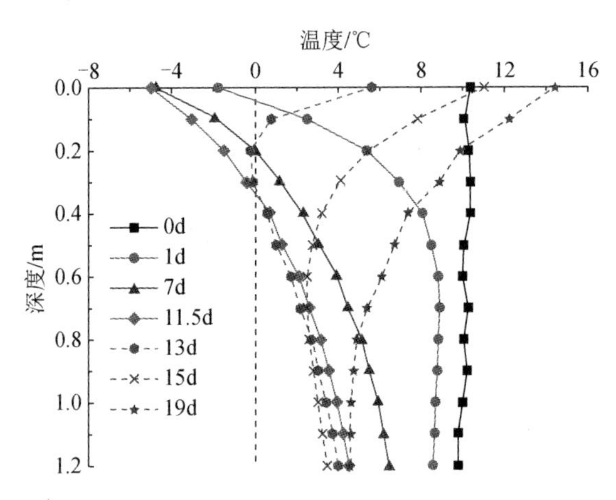

图 6-14　黄土地区边坡坡中测试孔不同时刻温度随深度变化曲线

### 6.3.3　水分场分析

图 6-15 给出 1∶0.75 黄土地区边坡坡中测试孔未冻水体积含水率时程变化曲线。由图 6-15 可见，黄土地区边坡浅层季节冻结活动层范围内土体未冻水体积含水率变化比较剧烈，表现出明显的周期性变化特征，其下未冻土区域内土体含水率变化幅度相对较小。分析其原因，基于前述温度场分析，黄土地区边坡浅层土体温度呈现冻融变化特征，其为季节冻结活动层，因而浅层土体未冻水含水率随温度变化表现出明显的周期性变化特征。

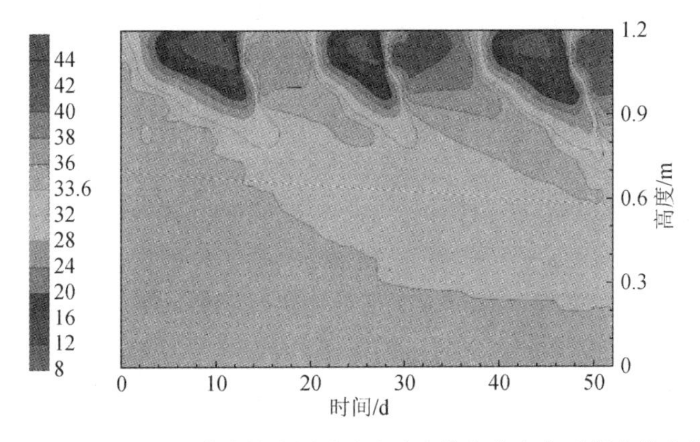

图 6-15　黄土地区边坡坡中测试孔未冻水体积含水率时程变化曲线

图 6-16 所示为 1∶0.75 黄土地区边坡坡中测试孔不同深度未冻水含水率随时间变化曲线。从图 6-16 中可以看出，冻结期随着冻结时间增长，边坡表层液态水含水率急剧减小，说明在此处必然出现冻结现象，产生冰晶体。随着环境气温升高，边坡表层土体液态水体积含水率明显增大，且融化后边坡表层土体液态水含水率明显高于初始状态，说明冻结过程中边坡下部土体水分在冻结温度梯度作用下向上发生了迁移，使边坡表层土体含水率增大，强度降低，这正是冻融作用诱发黄土地区边坡冻融灾害的主要原因。

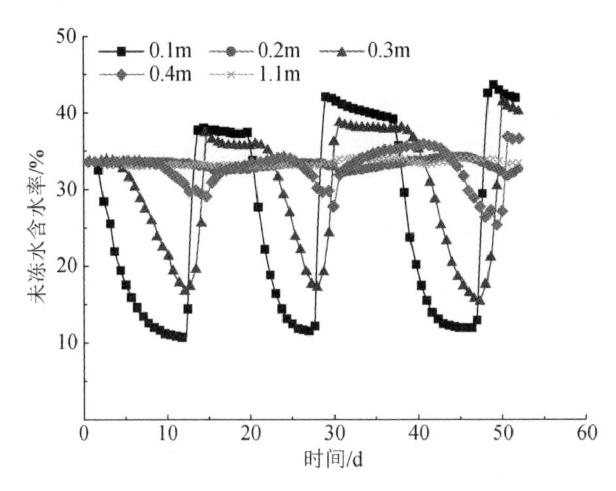


图 6-16　黄土地区边坡坡中测试孔不同深度未冻水含水率随时间变化曲线

图 6-17 给出 1∶0.75 黄土地区边坡坡中测试孔不同时刻未冻水含水率随深度变化曲线。从图 6-17 中可以看出，冻结期随着冻结时间的推移，在降温 4d 时边坡上部土体含水率已经明显减小。此时上部土体已处于冻结状态，含水率减小是土体内部水分发生冻结的缘故（此时所测水分为冻土中的未冻水含水率）。随着冻土深度的前移，试样上部冻结区含水率随时间的变化逐渐减小，当土体内部温度场达到稳定时，上部冻结区含水率不再减小，达到某一负温下的相对稳定值。值得注意的是，冻结稳定时在与冻结锋面邻近的未冻区含水率减小，其下水分传感器的测试数据基本无变化。分析其原因，冻结锋面邻近未冻区含水率减小是水分在温度梯度的作用下迁移到冻结区的缘故，这证明了水分有向冻结区迁移的倾向。水分在温度梯度作用下之所以向冻结区迁移，是因为当温度的变化致使土体发生冻结时，冻结区的液态水含水率急剧减小，从而引起其基质势能的急剧降低，促使土中未冻水沿着温度降低的方向迁移。此外，本试验采用的黄土其渗透系数的数量级相对比较小，导致其水分迁移的速率是比较小的，加上试验时间的限制，冻结过程中下部未冻区水分来不及向上迁移，因而下部未冻区水分传感器的测试数据基本无变化。由边坡土体融化后的含水率曲线也可以看出，与初始含水率相比，上部土体含水率略有增加，这进一步说明冻结锋面邻近未冻区含水率在温度

梯度作用下向上部土体发生了迁移。

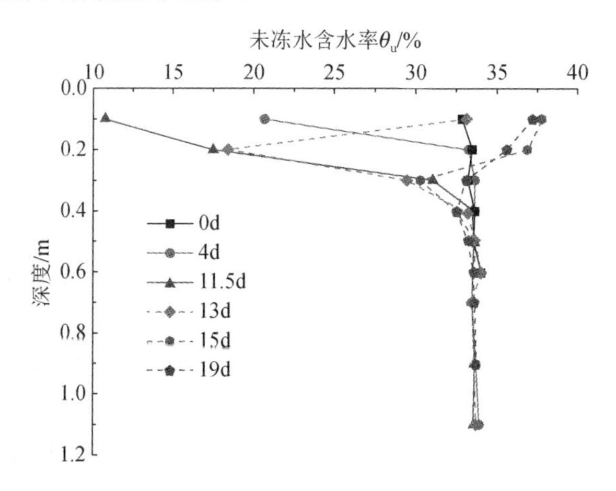


图 6-17　黄土地区边坡坡中测试孔不同时刻未冻水含水率随深度变化曲线

### 6.3.4　位移场分析

图 6-18 给出三种不同坡率下黄土地区边坡表层位移随时间变化曲线。从图 6-18 中可以看出，季节性冻融条件下黄土地区边坡浅层水平位移和竖向位移均表现出周期性变化特征，这与前述黄土地区边坡浅层温度及含水率的变化规律是一致的。值得注意的是，黄土地区边坡浅层水平位移和竖向位移峰值与谷值均随着冻融次数的增加而振荡式增大，尤其是对于坡率较大的边坡。这表明边坡浅层土体冻融过程产生了一定的残余位移，且残余位移不断增大，反映出季节冻融作用对黄土地区边坡浅层土体结构产生了显著的破坏，可能诱发边坡浅层土体冻融剥蚀及滑塌等病害。

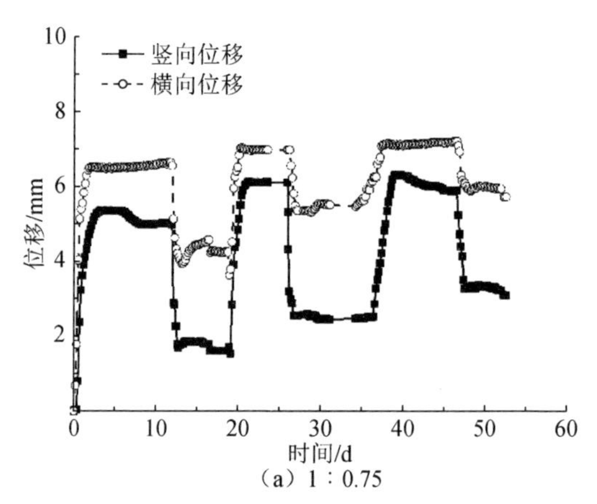


（a）1∶0.75

图 6-18　三种不同坡率下黄土地区边坡表层位移随时间变化曲线

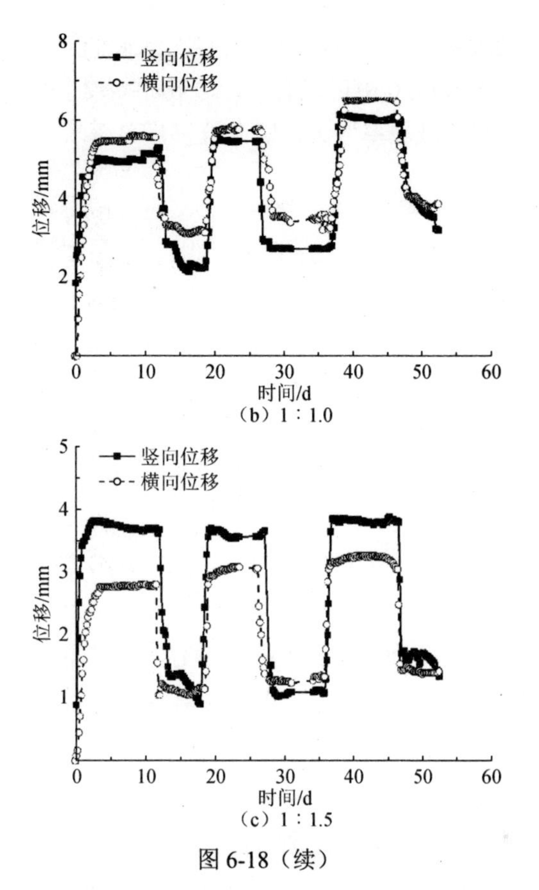


（b）1∶1.0

（c）1∶1.5

图 6-18（续）

图 6-19 给出冻结期和融化期黄土地区边坡位移量随坡率变化曲线。从图 6-20 中可以看出，无论冻结期还是融化期，边坡位移量随坡率增大有显著增大趋势。这反映出高坡率黄土地区边坡稳定性受冻融作用的影响显著，高坡率一定程度上加剧了黄土地区边坡冻融失稳的可能性，而适当放坡从而减缓坡率可大幅降低冻融作用的影响。

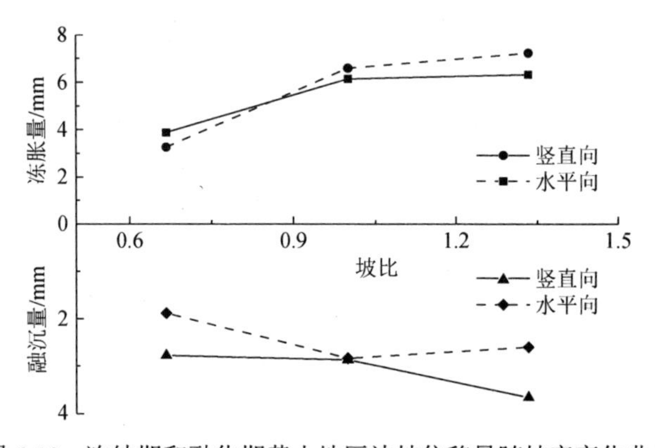


图 6-19　冻结期和融化期黄土地区边坡位移量随坡率变化曲线

图6-20给出不同坡率下黄土地区边坡浅层土体水平位移与竖向位移的比值随冻融次数变化曲线。从图6-20中可以看出，边坡坡率较小时，冻融条件下水平位移量相对较大，而随着边坡坡率增大，竖向位移量显著增大。

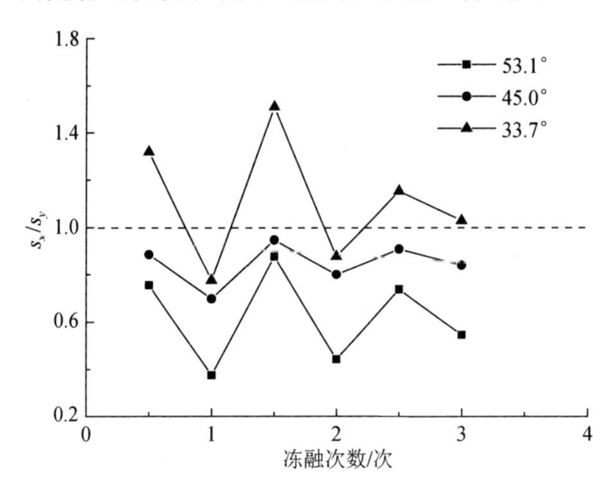


图6-20　不同坡率下黄土地区边坡浅层土体水平位移与竖向位移的比值随冻融次数变化曲线

图6-21给出不同坡率下黄土地区边坡冻融残余位移随冻融次数变化曲线。由图6-21可见，无论竖直向或水平向位移，随边坡坡率增大，其冻融残余位移均有显著增大趋势，这说明冻融作用一定程度上破坏浅层黄土结构强度，边坡坡率增大进一步诱发了浅层土体冻融滑塌的可能性。

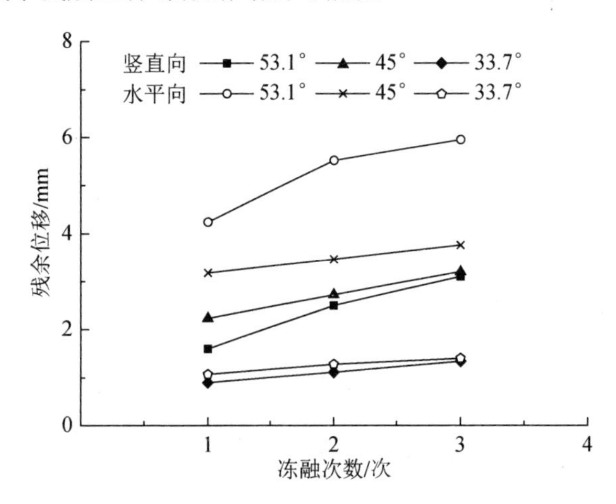


图6-21　不同坡率下黄土地区边坡冻融残余位移随冻融次数变化曲线

# 6.4　黄土地区边坡水热耦合数值计算分析

## 6.4.1　数学模型

冻土热传导问题最大的特点是冻结区域内伴随着冰水相变过程，其控制方程表现为非稳态方程。在冻土区内，将冰水相变潜热作为热源处理，且不考虑土体内对流传热和蒸发潜热，仅考虑介质的热传导，依据傅里叶定律[14]，推导出冻土中平面形式的热传导微分方程为

$$\rho C\frac{\partial T}{\partial t}=\lambda\nabla^2 T+L\rho_{\mathrm{I}}\frac{\partial\theta_{\mathrm{I}}}{\partial t} \tag{6-1}$$

$$\theta=\theta_{\mathrm{u}}+\rho_{\mathrm{I}}/\rho_{\mathrm{w}}\cdot\theta_{\mathrm{I}} \tag{6-2}$$

式中，$\rho$、$\rho_{\mathrm{I}}$ 分别为土体密度和冰的密度（kg/m$^3$）；$C$ 为比热容［J/（kg·℃）］；$\theta_{\mathrm{u}}$ 为未冻水体积含水率；$\theta_{\mathrm{I}}$ 为固态冰体积含水率；$\theta$ 为体积含水率，考虑到土体水分由孔隙冰和孔隙水两部分构成，且冰和水的密度不同，将冻土体积含水率定义为 $\theta=\theta_{\mathrm{u}}+\rho_{\mathrm{I}}/\rho_{\mathrm{w}}\cdot\theta_{\mathrm{I}}$；$\rho_{\mathrm{w}}$ 为水的密度（kg/m$^3$）；$T$ 为土体的瞬态温度（℃）；$t$ 为时间（h）；$\lambda$为导热系数［J/（m·h·℃）］；$\nabla$ 为微分算子，对于二维问题，$\nabla^2$ 表示为 $[\partial^2/\partial x^2,\partial^2/\partial y^2]$；$x$、$y$ 为水平和竖直方向坐标（m）；$L$ 为相变潜热，取 334.5 kJ/kg。

冻融过程中，孔隙内的液态水发生相变过程，无论是比热容还是导热系数都表现出较大的差异。试验结果表明[15]，土体比热容与土体中各物质成分所占质量比有关（土中气相充填物的含量及比热容均很小，忽略不计），即

$$C=\begin{cases}\dfrac{C_{\mathrm{su}}+w\cdot C_{\mathrm{w}}}{1+w} & (T\geqslant T_{\mathrm{f}})\\[2ex] \dfrac{C_{\mathrm{sf}}+(w-w_{\mathrm{u}})\cdot C_{\mathrm{i}}+w_{\mathrm{u}}\cdot C_{\mathrm{w}}}{1+w} & (T<T_{\mathrm{f}})\end{cases} \tag{6-3}$$

式中，$C_{\mathrm{su}}$、$C_{\mathrm{sf}}$、$C_{\mathrm{w}}$ 及 $C_{\mathrm{i}}$ 分别表示融土骨架、冻土骨架、水和冰的比热容；$w$ 为土体初始质量含水率；$w_{\mathrm{u}}$ 为未冻水质量含水率；$T_{\mathrm{f}}$ 为土体冻结温度。

冻融状态下，孔隙内的未冻水含水率发生改变，土体的基质势相应发生改变，迫使土体中未冻水向冻结区迁移，其渗透规律遵循达西定律。基于 Richard 方程[16]，给出非饱和冻土中未冻水迁移微分方程为

$$\frac{\partial\theta_{\mathrm{u}}}{\partial t}+\frac{\rho_{\mathrm{I}}}{\rho_{\mathrm{w}}}\cdot\frac{\partial\theta_{\mathrm{I}}}{\partial t}=\nabla[D(\theta_{\mathrm{u}})\nabla(\theta_{\mathrm{u}})+k_{\mathrm{g}}(\theta_{\mathrm{u}})] \tag{6-4}$$

式中，$D$（$\theta_{\mathrm{u}}$）为冻土中水的扩散系数；$k_g$（$\theta_{\mathrm{u}}$）为重力加速度方向的非饱和土体渗透系数。

针对非饱和渗流问题，目前 VG（van Genuchten）模型得到广泛的应用，根据 VG 模型推导了非饱和土渗透系数 $k$[17]为

$$k = k_s \cdot \Theta^{1/2}[1-(1-\Theta^{1/m})^m]^2 \tag{6-5}$$

式中，$k_s$ 表示饱和土体渗透系统；$\Theta$ 表示土-水特征曲线数学模型中无量纲含水率变量，表达式为 $\Theta = (\theta - \theta_r)/(\theta_s - \theta_r)$；$m$ 为 VG 模型拟合参数，无量纲；$\theta$、$\theta_s$ 与 $\theta_r$ 分别表示土体体积含水率、饱和体积含水率与残余体积含水率。

模型扩散系数采用王铁行教授针对压实非饱和黄土渗透系数的研究结论[18]：

$$D(\theta) = \exp(a\theta^2 + b\theta + c) \tag{6-6}$$

式中，$D(\theta)$表示压实黄土扩散系数。

上述公式在非冻结状态下能够较好地模拟非饱和土体内部水分的迁移现象，当其应用于冻结状态的水分迁移数值分析时，得到的结果与试验数据相差较大。Taylor 和 Luthin[19]考虑到孔隙冰对未冻水迁移的阻滞作用，区分冻结区与融化区土体扩散系数的差异：

$$D(\text{冻结区})=D(\text{非冻结区})/I \tag{6-7}$$

式中，$I$ 为阻抗因子，表示孔隙冰对未冻水迁移的阻滞作用，由下式计算为

$$I = 10^{10\theta_1} \tag{6-8}$$

在低温冻结状态下，冻结区土体未冻水含水率处于一种平衡状态。徐学祖等基于大量试验数据，研究得出冻土中未冻水含水率与土质、外界条件及冻融历史有关，并给出经验表达式[20]为

$$\frac{w_0}{w_u}\left(\frac{T}{T_f}\right)^B \quad (T < T_f) \tag{6-9}$$

式中，$w_0$ 为土体的初始含水率（%）；$w_u$ 为温度为 $T$ 时未冻水含水率（%）；$B$ 为常数，与土类和含盐量有关，取值 0.54。

由式（6-9）进一步推导出孔隙冰体积含水率 $\theta_1$ 与温度 $T$ 和未冻水含水率 $\theta_u$ 的关系式为

$$\theta_1 = \begin{cases} \left[\left(\dfrac{T}{T_f}\right)^B - 1\right] \cdot \dfrac{\rho_w}{\rho_I} \cdot \theta_u & (T < T_f) \\ 0 & (T \geqslant T_f) \end{cases} \tag{6-10}$$

综上所述，联立温度场微分方程（6-1）、水分场微分方程（6-4）与相变动态平衡方程（6-10），即可求解冻土中的水热耦合迁移问题。

### 6.4.2　计算边界条件与参数

（1）温度场边界条件

边坡上部温度场边界条件采用模型边坡实测温度数据，对模型顶面温度数据进行拟合分析，以拟合函数作为上边界条件，具体表达式见式（6-11）；模型左右

两侧分别采用绝热边界条件；模型下部采用恒温边界条件；模型初始温度为 10℃。温度场计算边界条件具体如图 6-22 所示。

$$T=\begin{cases}\dfrac{19.91-22.16t}{3.61+t}\ln\left(\dfrac{t}{45.47}+2.11\right)+2.09\sqrt{t}+6.00 & (0\leqslant t<287)\\ \dfrac{42.42+46.00(t-287)}{1.63+(t-287)}\ln\left(\dfrac{t-287}{16.05}+2.69\right)-5.63\sqrt{t-287}-30.96 & (287\leqslant t<460)\\ \dfrac{10.76-15.23(t-460)}{1.91+(t-460)}\ln\left(\dfrac{t-460}{22.53}+2.30\right)+1.94\sqrt{t-460}+3.71 & (460\leqslant t<658)\\ \dfrac{37.59+38.92(t-658)}{1.86+(t-658)}\ln\left(\dfrac{t-658}{17.53}+2.63\right)-4.56\sqrt{t-658}-23.82 & (658\leqslant t<870)\\ \dfrac{31.72-21.46(t-870)}{2.34+(t-870)}\ln\left(\dfrac{t-870}{29.99}+2.01\right)+2.61\sqrt{t-870}+3.46 & (870\leqslant t<1125)\\ \dfrac{59.12+30.21(t-1125)}{2.54+(t-1125)}\ln\left(\dfrac{t-1125}{5.17}+10.28\right)-3.14\sqrt{t-1125}-58.71 & (1125\leqslant t\leqslant 1254)\end{cases}\tag{6-11}$$

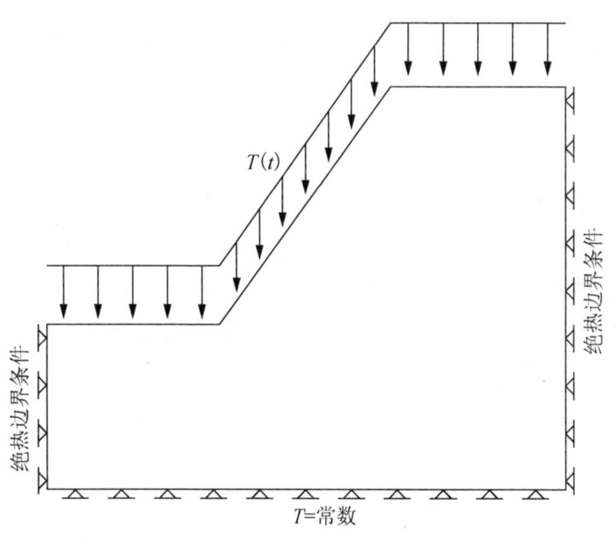


图 6-22　温度场计算边界条件

（2）水分边界条件

水分场计算过程中将模型左右侧面与底面均设为不透水边界，顶部为自由排水界面，初始体积含水率统一取为 33.6%。

（3）计算参数

模型边坡具体计算参数见表 6-1。

表 6-1　计算参数

| 融土骨架比热容/［kJ/（kg·℃）］ | 冻土骨架比热容/［kJ/（kg·℃）］ | VG 模型参数 $\alpha/\mathrm{m}^{-1}$ | VG 模型拟合参数 $m$ |
|---|---|---|---|
| 0.84 | 0.77 | 0.69 | 0.5 |
| 饱和渗透系数/（m/s） | 饱和体积含水率/% | 残余含水率/% | 冻结温度/℃ |
| $10^{-7}$ | 39.1 | 5 | −0.5 |

### 6.4.3　计算结果分析

1. 温度场分析

图 6-23 给出 1∶0.75 黄土地区边坡温度场冻融过程计算分布云图。从图 6-23 中可以看出，温度场的分布逐时段发生变化，随着模型箱气温下降，最大冻结深度线由边坡表面向下推移，降温约 13d 后达到最大冻结深度；随后，随着模型箱气温升高，边坡土体由表面和下部进行双向融化，直到冻结层全部消失。由图 1-25 中还可以看出，边坡表面下 0.3m 左右为冻结活动层，也正是春融季节诱发黄土地区边坡冻融灾害的主要因素。

图 6-24～图 6-27 分别给出 1∶0.75 黄土地区边坡坡中测试孔温度计算值及与实测值对比分析情况。从图中可以看出，边坡温度计算曲线较为平顺，无论降温阶段还是升温阶段，边坡土体温度的计算值和试验值曲线吻合度较好，因此用本章建立的温度场与水分场耦合模型计算边坡土体内部温度场的变化是可行的。值得注意的是，由图 6-27 可以看出，边坡温度计算与实测数据点分布在 45° 斜线两侧，存在一定的误差。分析误差产生的原因：第一，试验过程中人为因素比较大，并且测量仪器的精确度不高，造成试验值本身存在一定误差；第二，冻土是复杂的多相体，涉及相的转变，热交换参数和水力参数对最终的计算结果影响很大，但参数的测定始终是个难点，特别是导水系数和土-水势并无成熟的测定方法，会带来较大的误差。

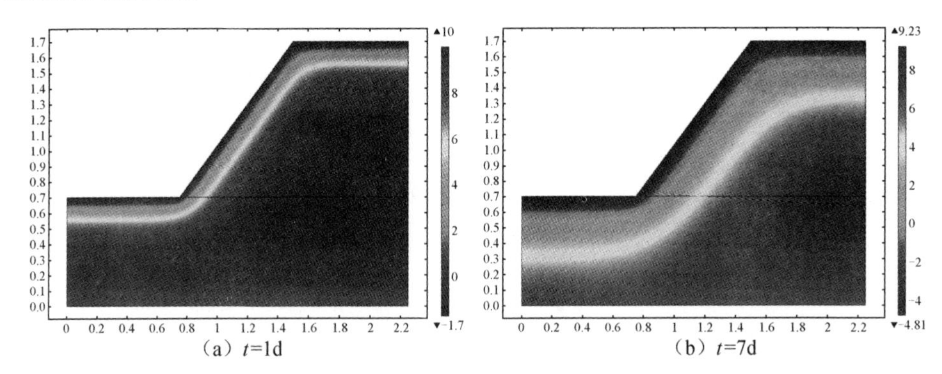


（a）$t$=1d　　（b）$t$=7d

图 6-23　1∶0.75 黄土地区边坡温度场冻融过程计算分布云图

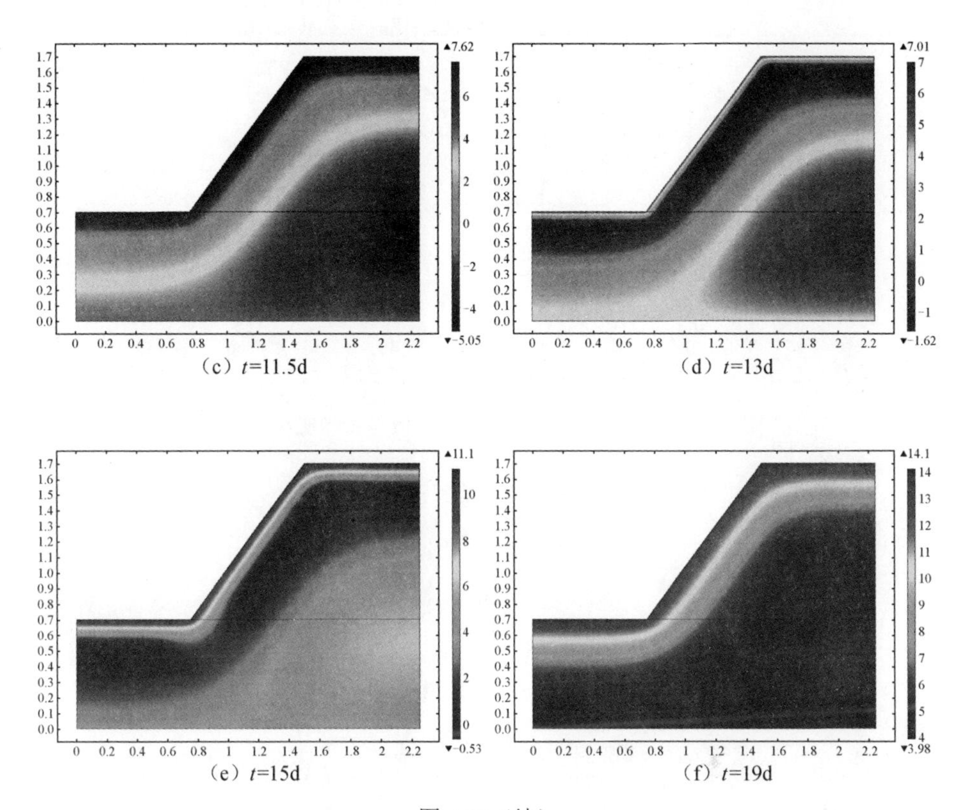


图 6-23（续）

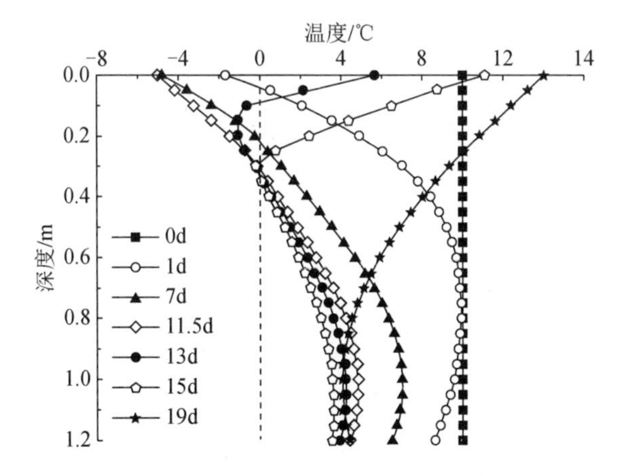


图 6-24　温度计算值沿深度变化规律

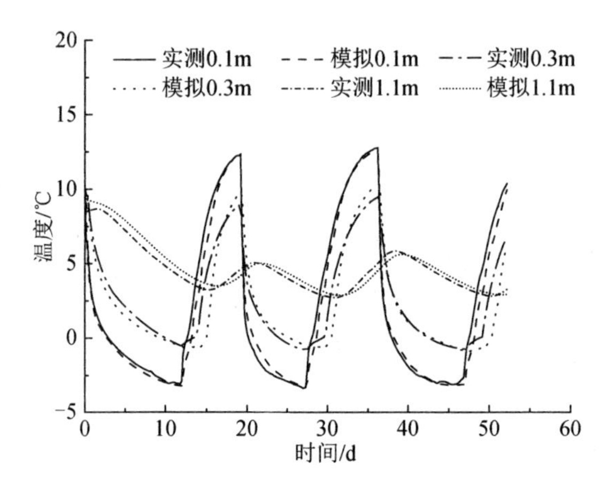


图 6-25　温度随时间变化规律计算值与实测值对比分析

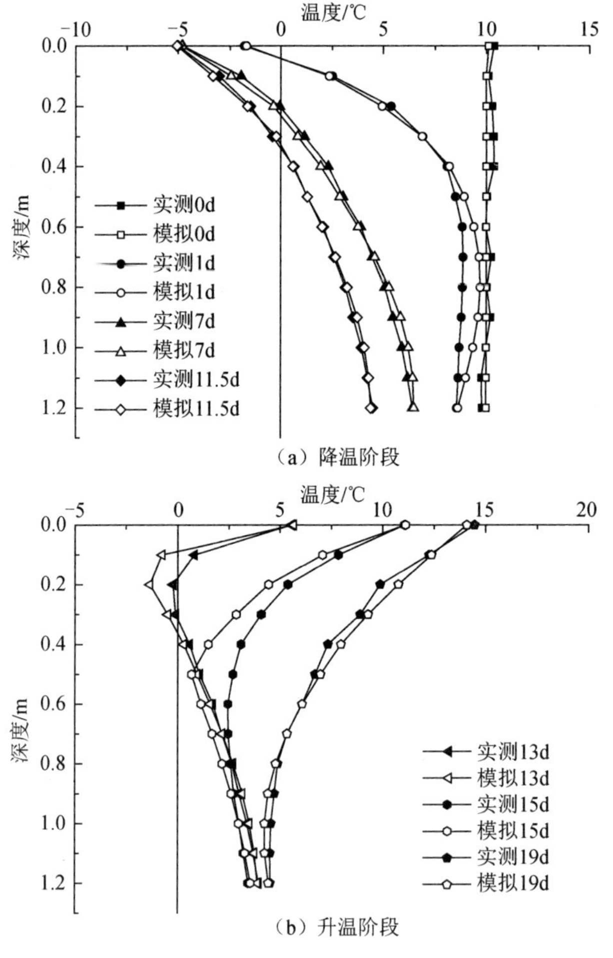


图 6-26　温度随深度变化规律计算值与实测值对比分析

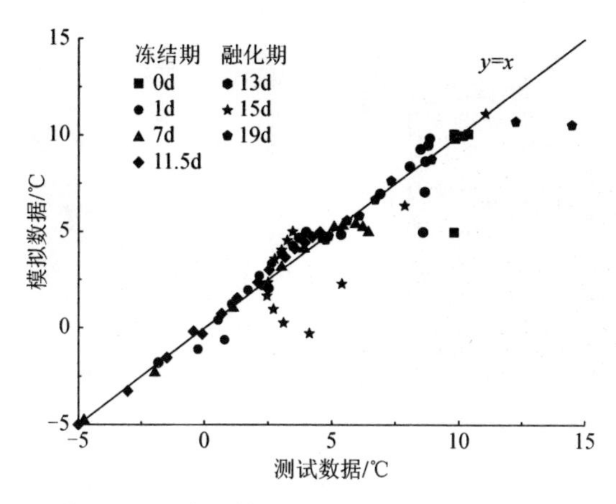


图 6-27 温度计算值与实测值误差对比分析图

2. 水分场分析

图 6-28 给出 1∶0.75 黄土地区边坡未冻水含水率冻融过程计算分布云图。从图 6-28 中可以看出，冻融条件下黄土地区边坡浅层土体的未冻水含水率变化显著，降温冻结过程随着时间增长，浅层土体未冻水含水率逐渐减小；降温 11.5d 后边坡表面下 0.3m 左右范围内未冻水含水率显著减小，为冻结活动层，这与前述温度场的计算规律是一致的。而后随着模型箱气温升高，边坡浅层冻结活动层土体逐渐融化，因而未冻水含水率逐渐升高。

图 6-29～图 6-31 分别给出 1∶0.75 黄土地区边坡坡中测试孔未冻水含水率计算值与实测值对比分析情况。从图中可以看出，黄土地区边坡冻融过程未冻水含水率计算值与前述温度场的计算分布规律是一致的且计算值和实测值曲线基本吻合，都表现为冻结后未冻水含水率在冻土段（边坡表面以下约 0.3m 深度内）减小幅度较大，冻结后冻土段的液态孔隙水部分被冻结。由此，用该水热耦合模型计算冻融条件下黄土地区边坡土体内部水分场的变化也是可行的。值得注意的是，未冻水含水率计算值和试验值仍然存在些许差异，分析其原因主要是在参数选取及设置初始条件时产生误差。

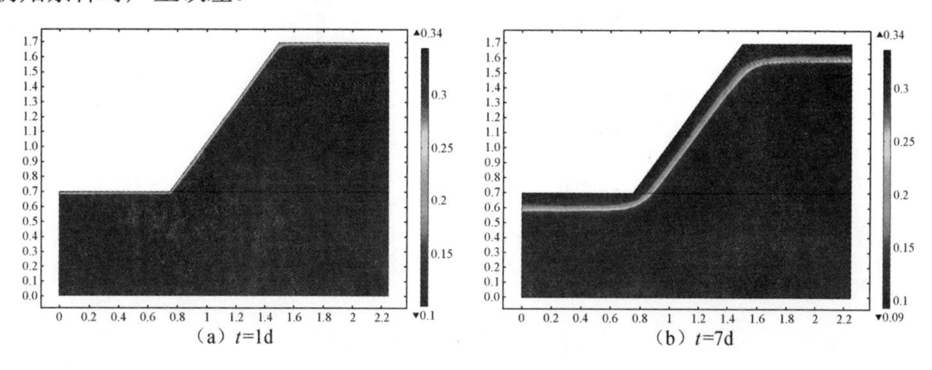

（a）$t$=1d （b）$t$=7d

图 6-28 1∶0.75 黄土地区边坡未冻水含水率冻融过程计算分布云图

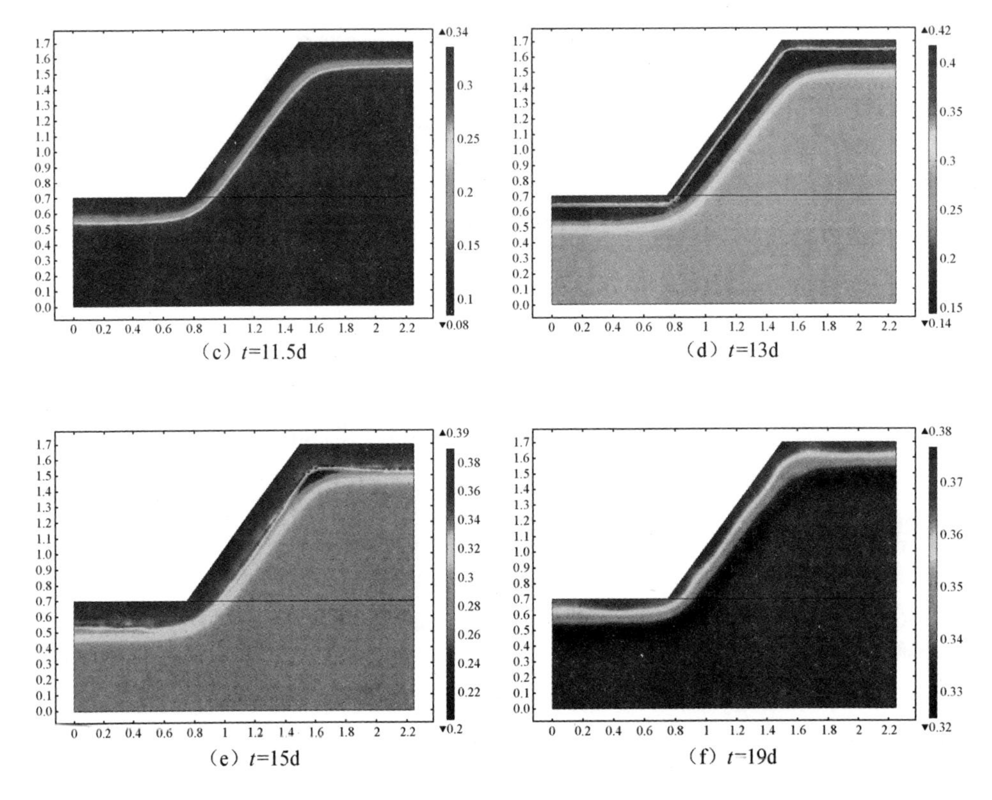

（c）$t$=11.5d　　（d）$t$=13d

（e）$t$=15d　　（f）$t$=19d

图 6-28（续）

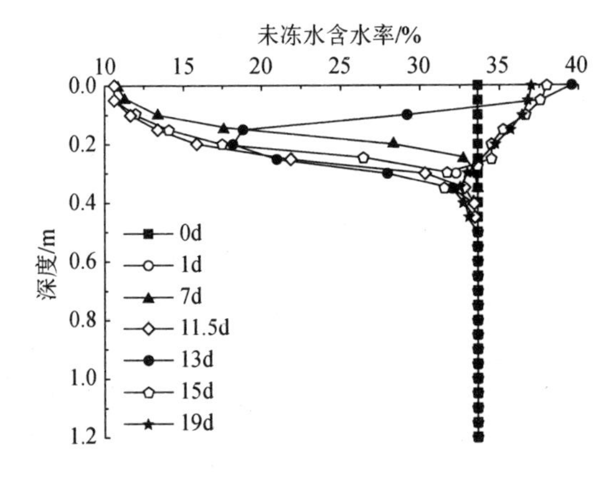


图 6-29　未冻水含水率计算值沿深度变化规律

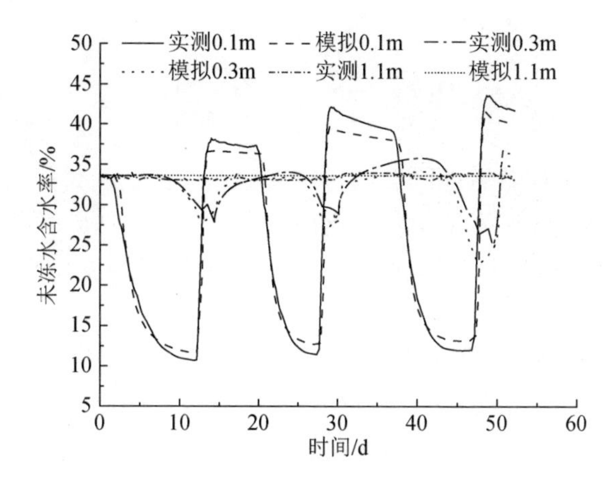


图 6-30　未冻水含水率随时间变化规律计算值与实测值对比分析

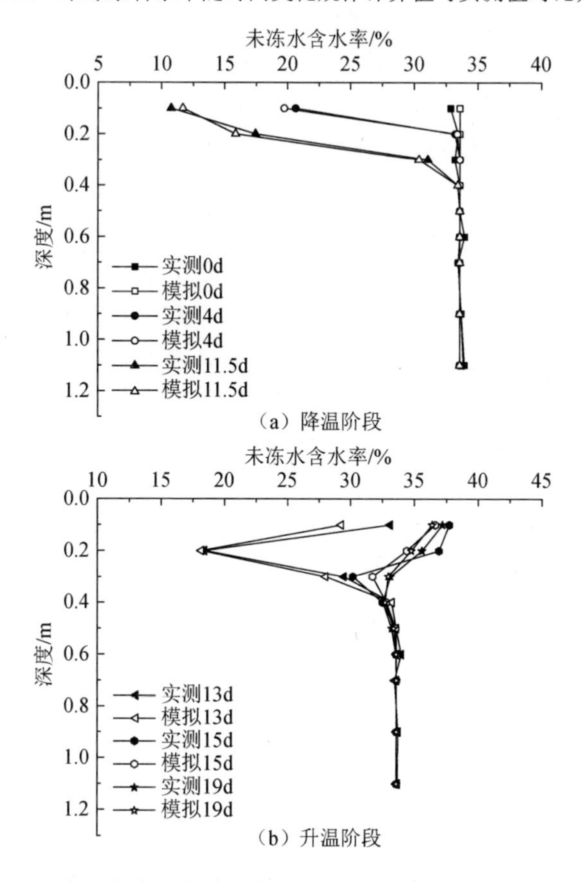


图 6-31　未冻水含水率沿深度变化规律计算值与实测值对比分析

## 6.5 本章小结

本章采用大比例尺黄土地区边坡室内冻融模型试验，对黄土地区边坡冻融过程温度场、水分场及浅层土体位移变化规律进行分析。在此基础上，结合有限元数值模拟方法，对冻融条件下黄土地区边坡土体水热耦合变化规律进行计算分析，得出如下结论：

1）冻融条件下土体内部冰晶生长及冷生结构形成的冰劈作用，对黄土地区边坡表层季节冻结活动层土体结构强度破坏作用较大，因而冻融后边坡表层发生明显的冻融滑塌位移，并产生横向与纵向裂缝。

2）黄土地区边坡温度场的分布逐时段发生变化，随着气温下降，最大冻结深度线由边坡土体表面向下推移并最终达到最大季节冻结深度；随后随着环境气温升高，黄土地区边坡土体由边坡表面和边坡下部进行双向融化并产生明显的季节冻结夹层；气温进一步升高导致季节冻结夹层全部消失，完成一个完整的冻融循环规律。随模型箱环境气温变化，黄土地区边坡浅层土体温度表现出明显的周期性冻融变化规律；随着深度增大，温度变化表现出相似的变化规律，但温度变化速率和变化幅度逐渐减小，黄土地区边坡土体内部温度随深度的变化呈现一定的温度梯度分布。黄土地区边坡在降温初期温度变化比较大，随着冻结时间推移，土体温度场的变化逐渐减小，最终趋于稳定；此时，黄土地区边坡土体内部温度分布大致分成两段：已冻土段和未冻土段，并且两段的温度分布斜率略有差异，已冻土段的温度分布斜率大于未冻土段，其拐点大约在 0℃附近；融化阶段，边坡温度也是从上部开始升温，因此边坡土体温度随深度增加呈现近似抛物线变化特征。

3）黄土地区边坡浅层季节冻结活动层范围内土体未冻水体积含水率变化比较剧烈，表现出明显的周期性变化特征，其下未冻土区域内土体含水率变化幅度相对较小。在冻结期，随着冻结时间增长，边坡表层液态水含水率急剧减小，说明在此处必然出现冻结现象，产生冰晶体；随着环境气温升高，边坡表层土体液态水体积含水率明显增大，且融化后边坡表层土体液态水含水率明显高于初始状态，说明冻结过程中边坡下部土体水分在冻结温度梯度作用下向上发生了迁移，使边坡表层土体含水率增大，强度降低，这正是冻融作用诱发黄土地区边坡冻融灾害的主要原因。

4）季节性冻融条件下黄土地区边坡浅层水平位移和竖向位移均表现出周期性变化特征，这与黄土地区边坡浅层温度及含水率的变化规律是一致的。黄土地区边坡浅层水平位移和竖向位移峰值与谷值均随着冻融次数的增加而振荡式增大，尤其是对于坡率较大的边坡，这表明边坡浅层土体在冻融过程中产生了一定的残余位移，且残余位移不断增大，反映出季节冻融作用对黄土地区边坡浅层土体结构产生了显著的破坏作用，可能诱发边坡浅层土体冻融剥蚀及滑塌等病害。随着边坡坡率增大，冻融残余位移有显著增大趋势。

5）黄土地区边坡温度计算曲线较为平顺，无论降温阶段还是升温阶段，边坡土体温度计算值和试验值曲线吻合度较好；冻融过程未冻水含水率计算值与温度场的计算分布规律是一致的且计算值和实测值曲线基本吻合，都表现为冻结后未冻水含水率在冻土段减小幅度较大，冻结后冻土段的液态孔隙水部分被冻结；由此，利用本章建立的水热耦合模型计算冻融条件下黄土地区边坡土体内部温度场及水分场的变化是可行的。

## 参 考 文 献

[1] 刘东生．黄土与环境[M]．北京：科学出版社，1985．

[2] 张宗祜．中国黄土[M]．北京：地质出版社，1989．

[3] 关文章．湿陷性黄土工程性能新篇[M]．西安：西安交通大学出版社，1992．

[4] 李忠生．地震危险区黄土滑坡稳定性研究[M]．北京：科学出版社，2004．

[5] 王念秦．黄土滑坡发育规律及其防治措施研究[D]．成都：成都理工大学，2004．

[6] DONALD I, CHEN Z Y. Slope stability analysis by the upper bound approach: fundamentals and methods [J]. Canadian geotechnical journal, 1997, 34(11): 853-862.

[7] DERBYSHIRE E. Geological hazards in loess terrain，with particular reference to loess regions of china [J]. Earth-science reviews, 2001, 54(3): 231-260.

[8] 吴玮江，王念秦．甘肃滑坡灾害[M]．兰州：兰州大学出版社，2006．

[9] 徐张建，林在贯，张茂省．中国黄土与黄土滑坡[J]．岩石力学与工程学报，2007，26（7）：1297-1312．

[10] 许领，戴福初，邝国麟，等．黄土滑坡典型工程地质问题分析[J]．岩土工程学报，2009，31（2）：288-292．

[11] 吴玮江．季节性冻融作用与斜坡整体变形破坏[J]．中国地质灾害与防治学报，1996，7（4）：59-64．

[12] 王念秦，姚勇．季节冻土区冻融期黄土滑坡基本特征与机理[J]．防灾减灾工程学报，2008，28（2）：163-166．

[13] 吴玮江．季节性冻结滞水促滑效应：滑坡发育的一种新因素[J]．冰川冻土，1997，19（4）：359-365．

[14] 秦臻．传热学理论及应用研究[M]．北京：中国水利水电出版社，2016．

[15] 铁道部第三勘测设计院．冻土工程[M]．北京：中国铁道出版社，1994．

[16] LU N, WILLIAM J L．非饱和土力学[M]．北京：高等教育出版社，2012．

[17] GENUCHTEN M T V. A closed-form equation for predicting the hydraulic conductivity of unsaturated soils [J]. Soil science society of America journal, 1980, 44(44): 892-898.

[18] 王铁行，卢靖，岳彩坤．考虑温度和密度影响的非饱和黄土土-水特征曲线研究[J]．岩土力学，2008，29（1）：1-5．

[19] TAYLOR G S，LUTHIN J N. A model for coupled heat and moisture transfer during soil freezing [J]. Canadian geotechnical journal, 1978, 15(4):548-555.

[20] 徐学祖，邓友生．冻土中水分迁移的实验研究[M]．北京：科学出版社，1991．

# 第 7 章　黄土地区边坡冻融稳定性分析

## 7.1　引　　言

黄土是干旱半干旱气候条件下形成的具有特殊性质的土[1]，黄土地区边坡的稳定性及防护对策历来是工程建设中特别关注的技术课题。对此，已经有很多人开展了比较深入、系统的研究[2~4]。但由于黄土地区处于季节冻土区，黄土地区边坡受季节冻融作用的影响显著，每年春季发生的冻融灾害非常频繁。20 世纪 80 年代以来，在季节性冻融作用强烈的我国西北黄土高原地区，相继发生了洒勒山、古刘、龙西、黄茨等一系列重大滑坡灾害，造成巨大的生命财产损失。针对冻融作用对黄土物理力学性能影响的问题，已有很多人对其进行了大量科学研究。周泓等[5]以陕西富平重塑黄土为研究对象，利用变异性分析方法，对经历不同冻融次数后黄土物理性质指标进行了研究。叶万军等[6]研究了冻融作用对超固结黄土和正常固结黄土物理力学性能的影响，揭示了冻融循环导致黄土地区边坡剥落病害产生的机理。王铁行等[7]以非饱和原状黄土为试验对象，研究冻融循环对其剪切强度性能的影响。穆彦虎[8]对经历不同冻融次数的压实黄土进行 SEM 试验，探讨其微观结构与宏观性能之间的关系，揭示冻融循环对压实黄土结构影响的过程与机理。肖东辉[9]等通过试验得出了冻融循环与黄土孔隙比及渗透性的关系。上述试验研究多以重塑（压实）或原状黄土为对象开展室内冻融试验，研究结果对揭示黄土冻融特性有积极作用。但目前针对冻融期黄土地区边坡稳定性的研究尚处在起步阶段，研究者虽对冻融期黄土滑坡的影响因素进行了初步研究[10~13]，但只给出一些定性和经验性结论，尚不能很好地对黄土地区边坡冻融稳定性进行量化分析和预测。基于此，本章基于第 4 章中黄土冻融过程抗剪强度室内试验数据，深入分析冻融作用对黄土地区边坡稳定性的影响。研究成果对规范寒区黄土地区边坡设计，预测黄土地区边坡冻融灾害，保证广大居民生命财产安全及加快黄土地区城镇化进程等具有重要意义。

## 7.2　冻融剥落稳定性计算分析

### 7.2.1　计算模型

根据前述黄土地区边坡冻融剥落现场调研情况及已有研究成果[14]，黄土地区边坡坡度大于 60° 的高陡坡受重力作用影响易产生冻融块体剥落病害，因而其计算模型可简化为基于条分法的刚体极限平衡模型，如图 7-1 所示。基本假定如下：

1）$EDC$ 段为折线滑动面；$BD$、$AE$ 均为竖直线；基于土体摩尔-库仑极限平衡破坏准则，重力型块体剥落其滑动面 $CD$ 与水平面的夹角 $\beta$=45°+$\varphi$/2；$ED$ 面为冻融界面，与边坡坡面平行。

2）土条间作用力忽略不计。

3）发生剥落的黄土地区边坡地下水位较深，暂不考虑地下水的影响。

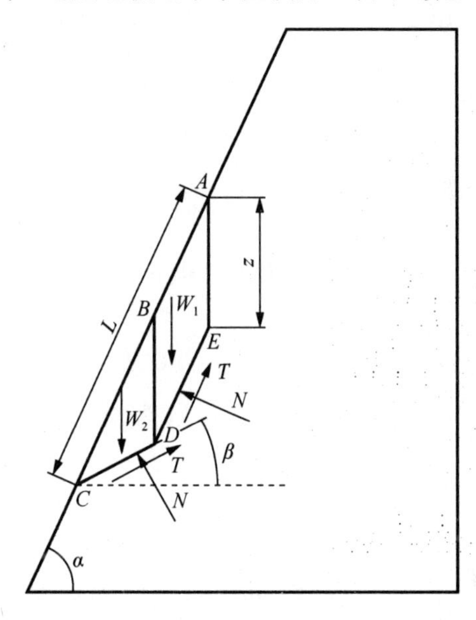


图 7-1　黄土地区边坡冻融剥落计算模型

由图 7-1 可知，冻融深度为

$$h = z\cos\alpha \tag{7-1}$$

根据图示几何关系可得关系式为

$$\frac{z}{\sin(\alpha-\beta)} = \frac{\overline{BC}}{\sin(90^\circ+\beta)} = \frac{\overline{CD}}{\sin(90^\circ-\alpha)} \tag{7-2}$$

由式（7-1）、式（7-2）可得

$$BC = \frac{z\cos\beta}{\sin(\alpha-\beta)} \tag{7-3}$$

$$CD = \frac{z\cos\alpha}{\sin(\alpha-\beta)} \tag{7-4}$$

三角形 $BCD$ 的面积为

$$\begin{aligned} S_{BCD} &= \frac{1}{2}\overline{BD}\cdot\overline{CD}\cdot\sin(90^\circ+\beta) \\ &= \frac{1}{2}z\frac{z\cos\alpha}{\sin(\alpha-\beta)}\cos\beta \end{aligned} \tag{7-5}$$

四边形 $ABDE$ 的面积为

$$S_{ABCD} = (L - BC)z\sin(90° - \alpha) = \left(L - \frac{z\cos\beta}{\sin(\alpha-\beta)}\right)z\cos\alpha \tag{7-6}$$

土条的自重为（假定纵向宽度为 1m）

$$W_1 = \gamma S_{BCD} = \frac{1}{2}\gamma z \frac{z\cos\alpha}{\sin(\alpha-\beta)}\cos\beta \tag{7-7}$$

$$W_2 = \gamma S_{ABCD} = \gamma\left(L - \frac{z\cos\beta}{\sin(\alpha-\beta)}\right)z\cos\alpha \tag{7-8}$$

式中，$\gamma$ 为剥落体的容重（$kN/m^3$）。

下滑力为

$$F_{下滑力}=W_1\sin\alpha\psi+W_2\sin\beta \tag{7-9}$$

抗滑力为

$$F_{抗滑力}=(c\cdot DE+W_1\cos\alpha\tan\varphi)\cdot\psi + c\cdot\overline{DE} + W_2\cos\beta\tan\varphi \tag{7-10}$$

式中，$c$ 为滑动面 $DE$ 和 $CD$ 上的黏聚力；$\varphi$ 为滑动面 $DE$ 和 $CD$ 上的内摩擦角：

$$\psi = \cos(\alpha-\beta) - \sin(\alpha-\beta)\tan\varphi \tag{7-11}$$

稳定安全系数 $K$ 最终可表示为

$$K = \frac{F_{抗滑力}}{F_{下滑力}} = \frac{(c\cdot\overline{DE} + W_1\cos\alpha\tan\varphi)\cdot\psi + c\cdot\overline{DE} + W_2\cos\beta\tan\varphi}{W_1\sin\alpha\cdot\psi + W_2\sin\beta} \tag{7-12}$$

### 7.2.2 计算工况

冻融剥落稳定性分析主要研究冻融次数 $N$、冻融深度 $h$ 及初始含水率 $w$ 对剥落体稳定性的影响，各影响因素具体水平因子见表 7-1。

**表 7-1　水平因子**

| 影响因素 | 影响因子 1 | 影响因子 2 | 影响因子 3 | 影响因子 4 | 影响因子 5 | 影响因子 6 | 影响因子 7 |
| --- | --- | --- | --- | --- | --- | --- | --- |
| 冻融次数/次 | 0 | 1 | 3 | 5 | 7 | 10 | 20 |
| 冻融深度/m | 0.2 | 0.4 | 0.6 | 0.8 | 1.0 | — | — |
| 含水率/% | 16.5 | 20.5 | 24.0 | 29.0 | 32.5 | — | — |

注：“—”表示不存在该因子。

采用前述公式（7-11）对黄土地区边坡剥落体冻融稳定安全系数进行计算，共完成 175 个工况的计算分析。

### 7.2.3 计算力学参数

黄土地区边坡剥落体含水率及力学参数受冻融作用的影响，依据第 4 章黄土室内冻融循环抗剪强度试验数据，并类比其他类似岩土体的物理力学参数取值，综合确定本节的计算参数。基于第 2 章黄土地区边坡冻融病害现场调研结果，黄土地区边坡发生冻融剥落时，表层土体含水率往往较高，达到或接近饱和状态，因而计算模型中剥落体的容重 $\gamma$ 近似按饱和容重取值，取为 20 kN/m³；黄土地区边坡坡度为 80°。不同工况的 $c$、$\varphi$ 值取自第 4 章黄土冻融过程抗剪强度室内冻融试验结果，具体见表 7-2。

表 7-2　计算力学参数表

| 冻融次数/次 | 含水率/% | 黏聚力/kPa | 内摩擦角/（°） |
|---|---|---|---|
| 0 | 16.5 | 24.5 | 20.6 |
| | 20.5 | 18.52 | 20 |
| | 24.0 | 12.69 | 19.3 |
| | 29.0 | 9.56 | 18.5 |
| | 32.5 | 7.56 | 17.89 |
| 1 | 16.5 | 21.56 | 21.19 |
| | 20.5 | 14.85 | 20.65 |
| | 24.0 | 8.58 | 20.15 |
| | 29.0 | 3.79 | 19.11 |
| | 32.5 | 1.55 | 18.52 |
| 3 | 16.5 | 21.23 | 21.66 |
| | 20.5 | 13.93 | 21 |
| | 24.0 | 7.89 | 20.58 |
| | 29.0 | 2.95 | 19.55 |
| | 32.5 | 0.75 | 18.89 |
| 5 | 16.5 | 21.1 | 21.73 |
| | 20.5 | 13.75 | 21.29 |
| | 24.0 | 7.65 | 20.62 |
| | 29.0 | 2.76 | 19.66 |
| | 32.5 | 0.34 | 19.07 |
| 7 | 16.5 | 21.04 | 21.81 |
| | 20.5 | 13.52 | 21.44 |
| | 24.0 | 7.45 | 20.6 |
| | 29.0 | 2.6 | 19.68 |
| | 32.5 | 0.23 | 19.11 |
| 10 | 16.5 | 21 | 21.87 |
| | 20.5 | 13.4 | 21.5 |
| | 24.0 | 7.3 | 20.67 |
| | 29.0 | 2.45 | 19.8 |
| | 32.5 | 0.2 | 19.24 |

续表

| 冻融次数/次 | 含水率/% | 黏聚力/kPa | 内摩擦角/（°） |
|---|---|---|---|
| 20 | 16.5 | 20.88 | 22.11 |
| | 20.5 | 13.28 | 21.66 |
| | 24.0 | 7.15 | 20.8 |
| | 29.0 | 2.2 | 20 |
| | 32.5 | 0.18 | 19.4 |

### 7.2.4 计算结果与分析

1. 冻融次数对剥落体稳定性的影响

图 7-2 所示为安全系数随冻融次数的变化规律。由图 7-2 可见，安全系数随冻融次数增加逐渐减小，但降低幅度逐渐减小，最终维持在一个稳定数值，呈指数衰减趋势，这与黄土黏聚力随冻融次数的变化规律是一致的（图 7-3）。分析其原因，安全系数主要取决于冻融过程黄土抗剪强度劣化特性。由第 4 章黄土室内冻融循环抗剪强度试验数据分析，冻融过程黏聚力随冻融次数增加呈指数衰减的变化规律，而冻融作用对内摩擦角无明显影响。因而冻融过程黄土地区边坡剥落体安全系数与黏聚力表现出相似的变化规律。值得注意的是，当含水率较高时（29%和 32.5%），随着冻融次数增加，稳定安全系数 $K<1$，边坡发生剥落破坏。

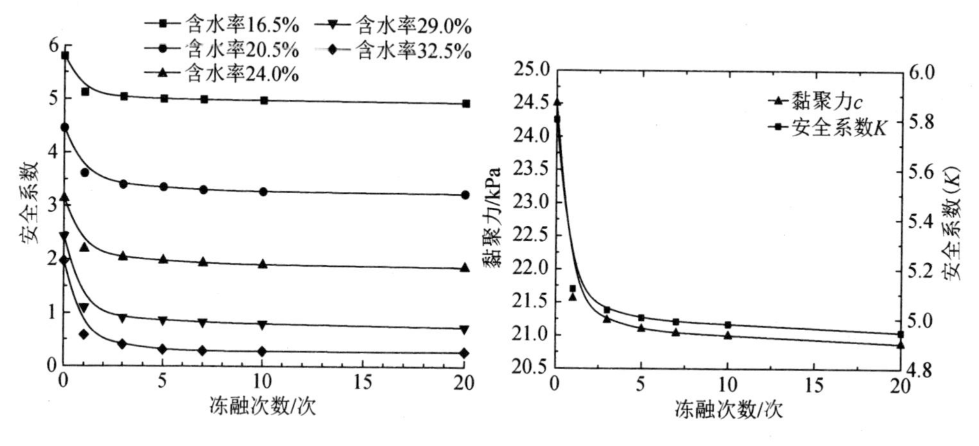


图 7-2　安全系数随冻融次数的变化规律（$h$=0.2m）

图 7-3　黏聚力与安全系数随冻融次数的变化规律（$w$=16.5%，$h$=0.2m）

2. 含水率对剥落体稳定性的影响

图 7-4 所示为黄土地区边坡剥落体稳定性安全系数随含水率的变化规律。从图 7-4 中可以看出，含水率对剥落体安全系数影响显著，安全系数随剥落体初始含水率增加显著降低。分析其原因，由第 4 章黄土冻融过程抗剪强度室内试验数据分析，黏聚力随含水率增加迅速减小，导致黄土抗剪强度急剧降低，从而使得

安全系数大大降低。此外，从图 7-4 中还可以看出，冻融后不同冻融次数下安全系数随含水率的变化曲线近似重合，这与第 4 章黏聚力随含水率的变化规律是一致的。

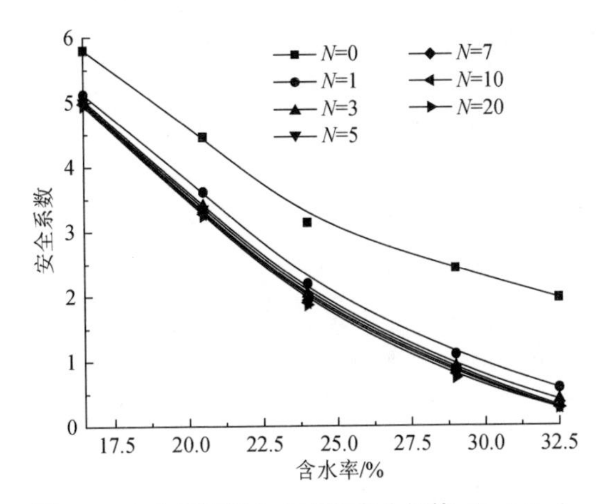


图 7-4　安全系数随含水率的变化规律（$h$=0.2m）

3. 冻融深度对剥落体稳定性的影响

图 7-5 所示为黄土地区边坡剥落体安全系数随冻融深度的变化规律。从图 7-5 中可以看出，安全系数随冻融深度增加呈指数衰减趋势，逐渐趋于一个稳定数值。这主要是因为冻融深度增加导致黄土地区边坡剥落体冻融损伤范围增大，从而加速了黄土地区边坡剥落失稳过程。从图 7-5 中还可以看出，随冻融深度增加，安全系数 $K$ 接近或小于 1，黄土地区边坡达到极限稳定状态，黄土地区边坡开始或已经发生剥落破坏。值得注意的是，含水率很高时（32.5%），由于剥落体本身抗剪强度很低，安全系数随冻融深度的指数变化规律不明显，安全系数 $K \ll 1$，黄土地区边坡已发生剥落破坏。

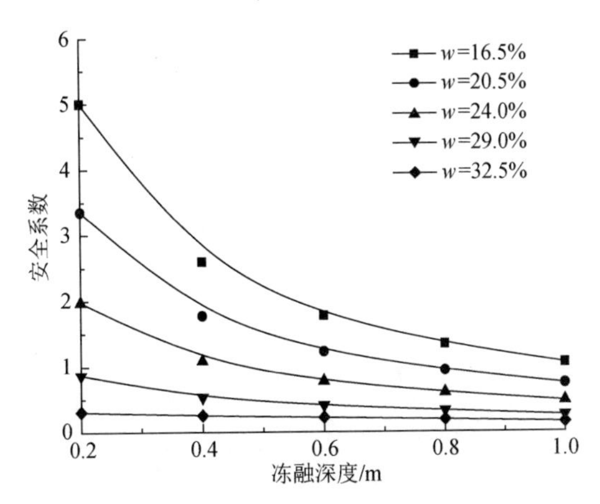


图 7-5　安全系数随冻融深度变化规律（$N$=5）

# 7.3　边坡冻融稳定性有限元分析

## 7.3.1　有限元强度折减法

近年来，随着力学理论的发展与计算技术的提高，有限元法在边坡稳定分析中备受重视，基于有限元的强度折减法更是得到较好的应用[15]。与传统法相比，它能够模拟各种复杂地质、地貌条件下的边坡工程，且不需要任何假设，便能自动快速搜索出最危险滑裂面并计算出相应最小安全系数，同时还可以真实地反映坡体塑性区的开展及失稳过程。目前研究者普遍采用有限元强度折减法对常温下边坡的稳定性进行分析，而利用该方法对冻融条件下边坡的稳定性进行分析尚缺乏研究。基于此，本节考虑黄土冻融过程抗剪强度劣化特性，建立适合黄土地区边坡冻融稳定性的评价方法。

1. 基本原理

首先对边坡土体抗剪强度参数 $c$、$\varphi$ 按一定的系数 $F_S$进行折减。然后，在外荷载保持不变的情况下，将抗剪强度参数 $c'$、$\varphi'$ 代入边坡模型中进行数值分析。不断增大 $F_S$，直到某一个折减系数下边坡土体发生失稳。记发生整体失稳前的折减系数值为边坡的安全系数 $F_S$，即边坡土体所能发挥的最大抗剪强度与边坡土体失稳时所产生的实际剪应力之比。

其中参数 $c'$、$\varphi'$ 的算法如下式：

$$c = c / F_S \tag{7-13}$$

$$\varphi' = \arctan(\tan\varphi / F_S) \tag{7-14}$$

2. 失稳判据

目前，利用弹塑性有限元强度折减法分析边坡稳定性时，主要有三种失稳判据：①将特征点（一般为坡顶点）处位移变化趋势作为边坡失稳判据[16]；②以边坡土体等效塑性区贯通性作为边坡失稳判据[17]；③利用强度折减法进行边坡稳定性数值分析时，在规定的迭代次数内计算不能收敛[18]。根据现有研究成果，三种判据在理论上具有统一性：以理想弹塑性理论为基础计算边坡稳定性，当边坡土体塑性区由坡脚贯通至坡顶时，边坡土体发生整体失稳，特征点位移也无限增长；从有限元计算表现来看，由于位移无限增长，无法迭代收敛[19]。鉴于用有限元计算的收敛性作为边坡失稳判据更直接方便，本章以上述判据计算得到边坡稳定安全系数。

### 7.3.2　黄土地区边坡冻融稳定性算例

1. 数值计算模型

黄土地区土质边坡数值计算模型如图 7-6 所示，采用平面应变单元建立有限元模型，边界条件为左右两侧水平约束，下部固定，其余为自由边界。下面主要研究冻融次数 $N$、冻融深度 $h$、初始含水率 $w$、坡度系数 $m$（边坡坡度 1∶$m$）及坡形（放坡级数）对边坡稳定性的影响，各影响因素具体水平因子见表 7-3。Ⅰ～Ⅳ区域为冻融影响区，每层厚度为 0.5m，其含水率及力学参数受冻融作用影响；Ⅴ为边坡土体未冻融区域，其含水率及力学参数均视为不受冻融作用影响。下文进行计算分析时，各影响因素指标的变化均指冻融影响区Ⅰ～Ⅳ。

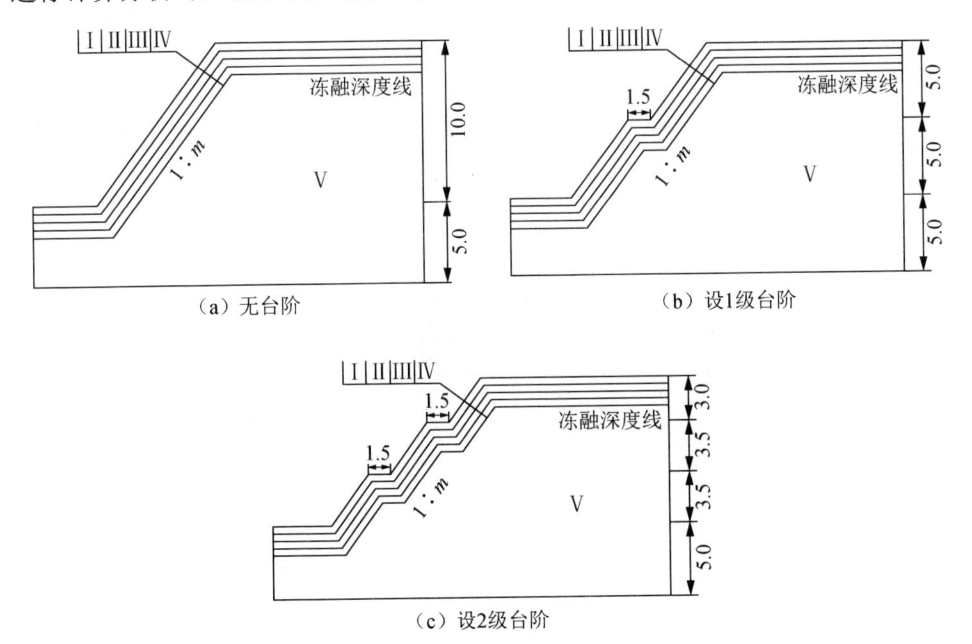


图 7-6　黄土地区边坡数值计算模型（单位：m）

**表 7-3　水平因子**

| 影响因素 | 影响因子 1 | 影响因子 2 | 影响因子 3 | 影响因子 4 | 影响因子 5 |
|---|---|---|---|---|---|
| 冻融次数/次 | 0 | 2 | 5 | 10 | 20 |
| 冻融深度/m | 0 | 0.5 | 1.0 | 1.5 | 2.0 |
| 初始含水率/% | 15 | 16.5 | 18 | 19.5 | 21 |
| 坡度系数 | 0.5 | 0.75 | 1 | 1.25 | 1.5 |
| 坡形（放坡级数） | 0 | 1 | 2 | — | — |

注：“—”表示不存在该因子；仅坡度系数为 0.5 及 0.75 的边坡考虑坡形对稳定性影响。

2. 计算力学参数

依据前述第 4 章黄土室内冻融循环抗剪强度试验数据，并类比其他类似岩土体的物理力学参数取值，综合确定本节的计算参数。基于第 4 章内摩擦角冻融过程试验数据分析，内摩擦角随冻融次数变化呈波浪形变化趋势，但波动范围较小。因而计算分析过程中内摩擦角 $\varphi$ 取试验数据统计分析的平均值，取值为 29.01°。其他力学参数具体见表 7-4。

表 7-4　计算力学参数表

| 冻融次数/次 | 含水率/% | 黏聚力/kPa | 弹性模量/MPa |
|---|---|---|---|
| 0 | 15.0 | 175.6 | 90 |
| | 16.5 | 150.8 | 75 |
| | 18.0 | 130.8 | 62.5 |
| | 19.5 | 95.4 | 52 |
| | 21.0 | 60.6 | 45 |
| 2 | 15.0 | 128.2 | 60 |
| | 16.5 | 107.8 | 50 |
| | 18.0 | 90.5 | 42 |
| | 19.5 | 63.0 | 34 |
| | 21.0 | 37.0 | 28 |
| 5 | 15.0 | 107.6 | 45 |
| | 16.5 | 92.9 | 37.5 |
| | 18.0 | 80.4 | 31.25 |
| | 19.5 | 54.0 | 26 |
| | 21.0 | 35.6 | 20 |
| 10 | 15.0 | 104.6 | 40 |
| | 16.5 | 89.6 | 33 |
| | 18.0 | 78.6 | 27.5 |
| | 19.5 | 54.3 | 23 |
| | 21.0 | 31.8 | 18 |
| 20 | 15.0 | 102.9 | 40 |
| | 16.5 | 88.3 | 33 |
| | 18.0 | 78.3 | 27.5 |
| | 19.5 | 54.9 | 23 |
| | 21.0 | 32.3 | 18 |

### 7.3.3 计算结果分析

1. 冻融次数对边坡稳定性的影响

图 7-7 所示为不同初始条件下边坡稳定性与冻融次数关系曲线。从图 7-7 中

可以看出，黄土地区边坡安全系数随冻融次数增加逐渐减小，但降低幅度逐渐减小，最终维持在一个稳定数值，呈指数衰减趋势。这与黄土黏聚力随冻融次数的变化规律是一致的（图 7-8）。分析其原因，安全系数主要决定于冻融过程黄土抗剪强度劣化特性。由第 4 章黄土室内冻融循环抗剪强度试验数据分析，冻融过程黏聚力随冻融次数增加呈指数衰减的变化规律，而冻融作用对内摩擦角无明显影响。因而冻融过程黄土地区边坡安全系数与黏聚力表现出相似的变化规律。

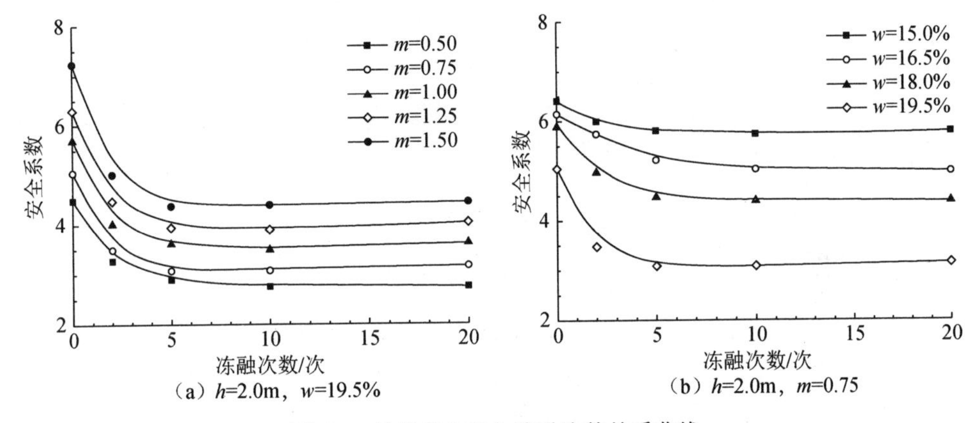


（a）$h$=2.0m，$w$=19.5%　（b）$h$=2.0m，$m$=0.75

图 7-7　边坡稳定性与冻融次数关系曲线

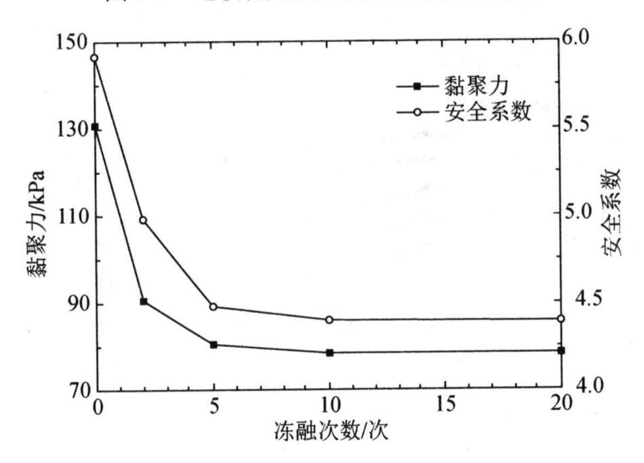


图 7-8　黏聚力与安全系数随冻融次数变化规律曲线（$w$=18%）

### 2. 冻融深度对边坡稳定性的影响

图 7-9 所示为黄土地区边坡安全系数与冻融深度关系曲线。从图 7-9 中可以看出，冻融深度增加导致边坡安全系数明显减小且衰减速率有增大趋势。这主要是因为冻融深度增加导致黄土地区边坡土体冻融损伤范围增大，从而加速了边坡失稳过程。从图 7-9 中还可以看出，随着冻融区含水率增加，安全系数随冻融深度的衰减幅值和速率增大，这说明冻融过程含水率差异对黄土地区边坡安全系数的影响是十分显著的。

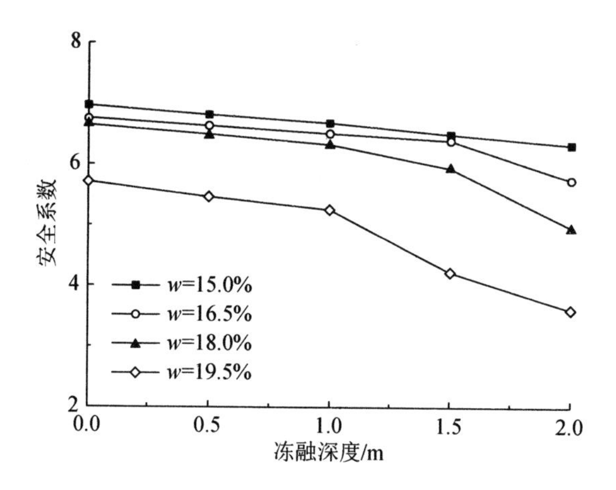


图 7-9　边坡安全系数与冻融深度关系曲线（$m$=1.0，$N$=20）

3. 冻融区初始含水率对边坡稳定性的影响

图 7-10 给出黄土地区边坡土体冻融区边坡稳定性与初始含水率关系曲线。从图 7-10 中可以看出，随冻融区土体初始含水率增加，安全系数显著减小且降低幅度逐渐增加。分析其原因，由第 4 章黄土冻融过程抗剪强度室内试验数据分析，黏聚力随含水率增加表现出线性衰减的变化特征，导致黄土抗剪强度急剧降低，从而使得边坡安全系数大大降低。

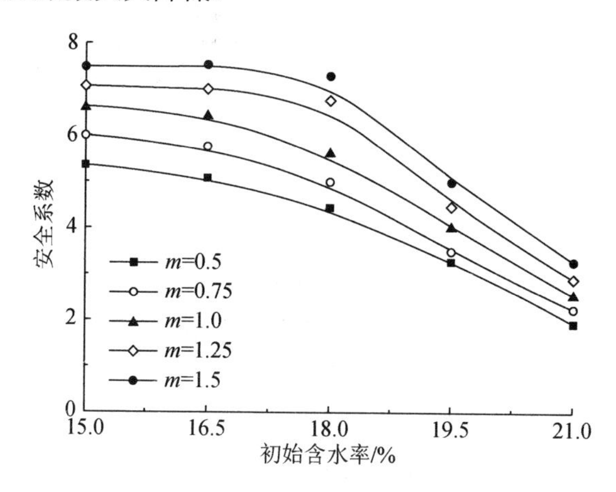


图 7-10　边坡稳定性与初始含水率关系曲线（$N$=2，$h$=2.0 m）

4. 坡度系数对边坡稳定性的影响

图 7-11 给出边坡稳定性与坡度系数关系曲线。从图 7-11 中可以看出，随坡度系数增加，不同冻融次数下安全系数表现出相似的变化规律，都呈现线性增加特征。这说明边坡坡率变化对边坡稳定安全系数的影响是十分显著的，减缓坡率是

防止寒区黄土地区边坡发生冻融灾害的有效工程处置措施。从图 7-11 中还可以看出，冻融后不同冻融次数下安全系数随坡度系数的变化规律曲线近似重合。分析其原因，基于第 4 章黄土冻融过程抗剪强度试验数据的分析，冻融过程黄土强度趋于一个稳定的残余强度数值，因而冻融后安全系数随坡度系数的变化规律曲线近似重合。

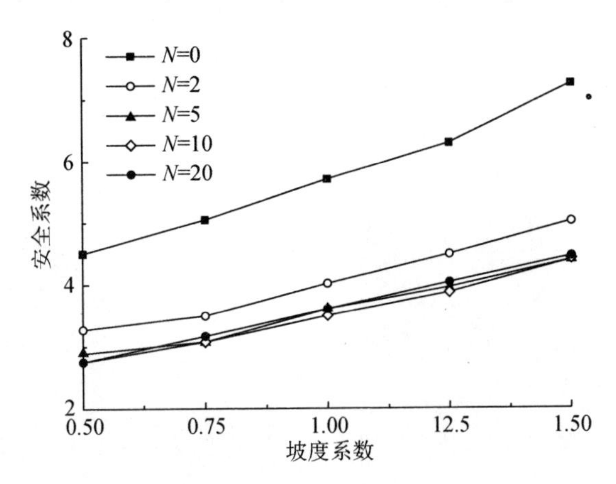


图 7-11　边坡安全系数与坡度系数关系曲线（$h$=2.0m，$w$=19.5%）

5. 坡形对边坡稳定性的影响

图 7-12 给出黄土地区边坡安全系数与坡形关系曲线。从图中可以看出，安全系数随边坡放坡级数增加近似呈线性增加特征。这表明在高大边坡中部设置分级平台，分级放坡，从而改变边坡坡形也是防止寒区黄土地区边坡发生冻融灾害的一种有效工程处置措施。

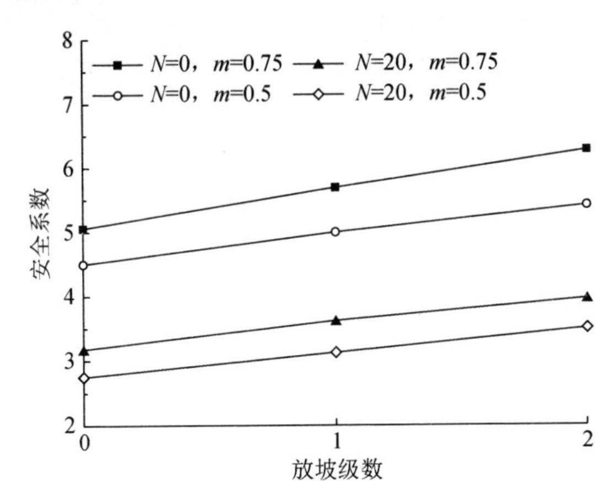


图 7-12　边坡安全系数与坡形关系曲线（$h$=2.0m，$w$=19.5%）

6. 黄土地区边坡冻融失稳特征

图 7-13 所示为黄土地区边坡冻融失稳等效塑性区云图。图 7-13（a）为未冻融边坡失稳特征，其滑裂面形状符合常规黏土边坡圆弧滑动面的特征。图 7-13（b）～（d）为冻融后黄土地区边坡失稳特征。由图可见，与常温下边坡失稳特征不同的是，黄土地区边坡冻融滑裂面与季节冻融深度线近似重合。分析其原因，春融季节黄土地区边坡表面冻融活动层土体冰晶融化，土体疏松，黏聚力降低，抗剪强度大大下降。因而在具有很好的临空面及边坡表面没有阻挡物的条件下，沿着冻融活动层界面易产生浅层冻融滑塌灾害。

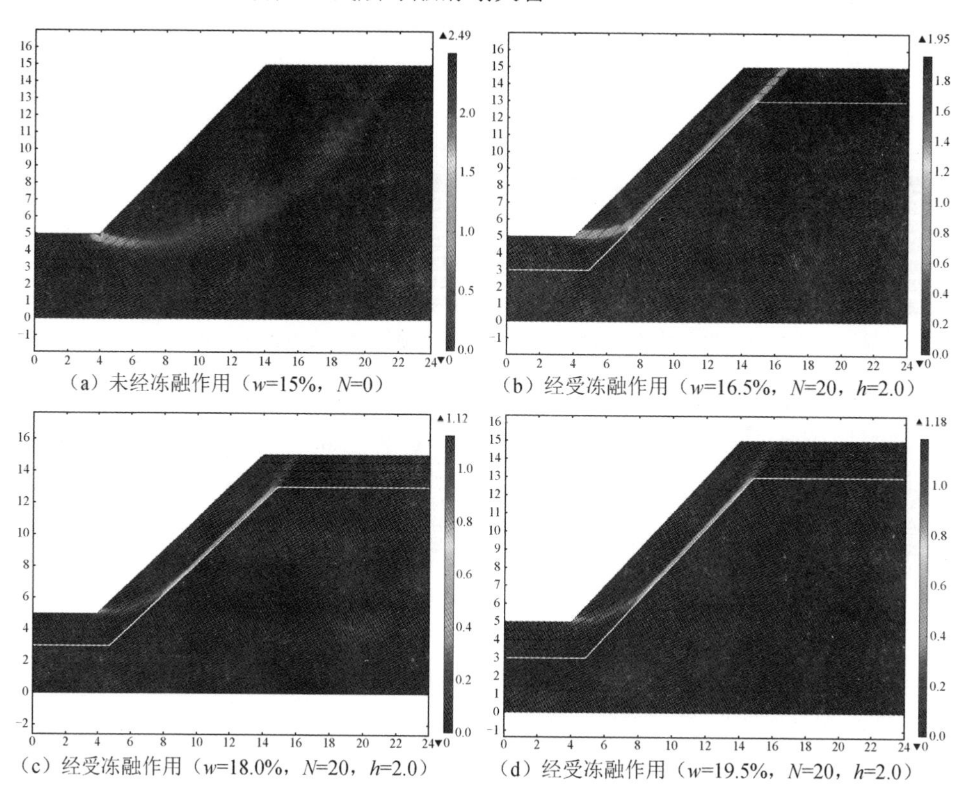

（a）未经冻融作用（$w$=15%，$N$=0）　（b）经受冻融作用（$w$=16.5%，$N$=20，$h$=2.0）

（c）经受冻融作用（$w$=18.0%，$N$=20，$h$=2.0）　（d）经受冻融作用（$w$=19.5%，$N$=20，$h$=2.0）

图 7-13　黄土地区边坡冻融失稳等效塑性区云图（$m$=1.0，白色实线表示冻融深度线）

## 7.4 本 章 小 结

1）依据黄土地区边坡冻融剥落特点，建立了基于条分法的刚体极限平衡模型，研究结果表明：黄土地区边坡冻融剥落安全系数随冻融次数增加呈指数衰减趋势，这与黄土体黏聚力随冻融次数的变化规律是一致的；含水率较高时，随冻融次数增加，安全系数 $K<1$，边坡发生剥落破坏。安全系数随剥落体初始含水率增加显

著降低且冻融后安全系数与含水率的变化曲线近似重合。安全系数随冻融深度增加呈指数衰减趋势；当含水率很高时，安全系数随冻融深度的指数变化规律不明显，安全系数 $K \ll 1$，边坡已发生剥落破坏。

2）基于有限元强度折减法，对黄土地区边坡整体冻融稳定性进行了数值计算分析，结果表明：黄土地区边坡安全系数随冻融次数增加呈指数衰减趋势，这与黄土体黏聚力随冻融次数的变化规律是一致的；安全系数随冻融深度和冻融区初始含水率增加显著减小且降低幅度逐渐增加；安全系数随坡度系数和放坡级数增加近似呈线性增加特征。春融季节黄土地区边坡表面冻融活动层土体冰晶融化，土体疏松，黏聚力降低，抗剪强度大大下降。在具有很好的临空面及边坡表面没有阻挡物的条件下，沿着冻融活动层界面易产生浅层冻融滑塌灾害。

# 参 考 文 献

[1] 刘祖典．黄土力学与工程[M]．西安：陕西科学技术出版社，1996.
[2] 许领，戴福初，邝国麟，等．黄土滑坡典型工程地质问题分析[J]．岩土工程学报，2009，31（2）：288-292.
[3] 刘悦，黄强兵．黄土路堑边坡开挖变形机理的离心模型试验研究[J]．水文地质工程地质，2007，34（3）：59-62.
[4] 李荣建，郑文，刘军定，等．考虑初始结构性参数的结构性黄土边坡稳定性评价[J]．岩土力学，2014，35（1）：143-150.
[5] 周泓，张泽，秦琦，等．冻融循环作用下黄土基本物理性质变异性研究[J]．冰川冻土，2015，37（1）：162-168.
[6] 叶万军，杨更社，彭建兵，等．冻融循环导致洛川黄土边坡剥落病害产生机制的试验研究[J]．岩石力学与工程学报，2012，31（1）：199-205.
[7] 王铁行，罗少锋，刘小军．考虑含水率影响的非饱和原状黄土冻融强度试验研究[J]．岩土力学，2010，31（8）：2378-2382.
[8] 穆彦虎，马巍，李国玉，等．冻融作用对压实黄土结构影响的微观定量研究[J]．岩土工程学报，2011，33（12）：1919-1925.
[9] 肖东辉，冯文杰，张泽，等．冻融循环对兰州黄土渗透性变化的影响[J]．冰川冻土，2014，36（5）：1192-1198.
[10] 罗东海．冻融期黄土滑坡试验研究[D]．西安：西安科技大学，2010.
[11] 吴玮江，王念秦．甘肃滑坡灾害[M]．兰州：兰州大学出版社，2006.
[12] 王宁，毛云程，张得文，等．冻融循环对季节冻土区黄土路堑边坡的影响[J]．公路交通科技（应用技术版），2011，（4）：79-84.
[13] 王念秦，姚勇．季节冻土区冻融期黄土滑坡基本特征与机理[J]．防灾减灾工程学报，2008，28（2）：163-166.
[14] 叶万军，杨更社，常中华，等．黄土边坡剥落病害的发育特征及其发育程度评价[J]．工程地质学报，2011，19（1）：37-42.
[15] 陈国庆，黄润秋，石豫川，等．基于动态和整体强度折减法的边坡稳定性分析[J]．岩石力学与工程学报，2014，33（2）：243-256.
[16] 林杭，曹平，宫凤强．位移突变判据中监测点的位置和位移方式分析[J]．岩土工程学报，2007，29(9)：1433-1438.
[17] 栾茂田，武亚军，年廷凯．强度折减有限元法中边坡失稳的塑性区判据及其应用[J]．防灾减灾工程学报，2003，23（3）：1-8.
[18] 赵尚毅，郑颖人，张玉芳，等．极限分析有限元法讲座：II有限元强度折减法中边坡失稳的判据探讨[J]．岩土力学，2005，26（2）：332-336.
[19] 裴利剑，屈本宁，钱闪光．有限元强度折减法边坡失稳判据的统一性[J]．岩土力学，2010，31（10）：3337-3341.

# 第 8 章　总结与展望

## 8.1　主 要 结 论

### 1. 黄土地区边坡冻融病害调查及测试研究

1）黄土地区边坡冻融病害主要有四类：边坡支护结构冻融病害、表层冻融剥蚀、冻融层状剥落及小型冻融崩塌。重力式挡土墙冻融病害特征表现为挡土墙排水孔排出的水形成冰块，墙体胀裂，砂浆勾缝开裂严重，毛石脱落，挡土墙结构严重破损；锚杆支护结构冻融病害特征表现为锚杆护坡结构冻裂破坏，锚头处有大量的堆冰；边坡表层冻融剥蚀病害特征表现为坡面表皮冻融剥蚀；边坡冻融层状剥落病害特征表现为浅层土体呈层状大块剥落；边坡小型冻融崩塌病害的主要原因是崩塌体内部含水率较大，由于冻融过程黄土结构强度的劣化特性及水分迁移作用，边坡体浅层局部区域强度大大降低，从而产生小型冻融崩塌灾害。

2）现场温度场和水分场测试结果表明：冬季随着时间推移，地表土温度逐渐降低，冻结深度越来越大，彬县在 2013 年 1 月 10 日冻结深度约为 26cm，洛川 2013 年 1 月 25 日冻结深度约为 61cm，铜川 2013 年 1 月 26 日冻结深度约为 28cm；春融季节气温回升，2013 年 3 月 10 号左右气温已经回升到正温，季节冻结层全部融化。水分场受温度场的影响而变化，冬季随着地表温度降低，冻结锋面向下移动，季节冻结层厚度增加，冻结层含水率越来越大，季节冻结层附近未冻土区域含水率明显降低；春季冻土融化，原来冻结层范围的水分一部分向下入渗，一部分向上蒸发，浅层黄土含水率因入渗量和蒸发量的不同而有所变化。

### 2. 冻结过程黄土水分迁移特征研究

1）降温初期土样冷端处的温度急剧降低，随着冻结时间增长，降温速率逐渐减小，最终维持在一个稳定的温度值。随着距冷端距离的增大，温度变化表现出与冷端相似的变化规律，但降温速率和温度降低的幅度逐渐减小，最终试样内部温度随距冷端距离的变化呈近似线性的稳定温度梯度分布。干密度越大，试样温度达到稳定所需时间越短；含水率越大，试样温度达到稳定所需时间越长。

2）试样干密度越大，冻结锋面的含水率增幅越大，冻结区的水分迁移量越小，冻结锋面位置越靠近冷端。初始含水率越大，渗透系数越大，水分迁移率越大，冻结锋面处含水率增加幅度越大；冻结稳定时在与冻结锋面邻近的未冻区含水率相比初始含水率明显减小。冷端冻结温度越低，稳态冻结锋面越远离冷端，冻结区越大，且冷端冻结温度对冻结区含水率增加幅度有一定影响。冻结方式直接影响冻结区的含水率分布和水分迁移总量。

3）基于数值计算分析方法，得到黄土冻结过程相变界面水头表达式：$h_c = 0.0025e^{6.4\rho_d}(1-0.5S_r)$。该表达式反映了影响水分向冻锋界面迁移的主要因素，且与试验结果拟合度较高，表明用该表达式计算相变界面水头是合适的。

4）建立了模拟自然气候条件下黄土高原地区浅层黄土温度场和水分场的数值计算模型，并给出了相关参数的取值方法，计算结果表明：彬县地区温度场与水分场的计算结果和实测结果较为吻合，验证了该计算模型及参数选取的合理性，且进一步证明了由室内试验得出的相变界面水头表达式应用于现场分析是可行的。最后，模拟计算了彬县地区不同气温和含水率条件下的最大冻结深度，讨论了气温和含水率对最大冻结深度的影响规律，并拟合得到了渭北旱塬最大冻结深度与气温的关系式，该式可用于预估渭北旱塬地区 1 月气温为−15～−5℃条件下的最大冻结深度。

3. 黄土冻融过程抗剪强度劣化机理试验研究

1）原状黄土与重塑黄土微观结构存在较大差异，原状黄土胶结连接的天然结构特征更明显，重塑黄土骨架形态以单体颗粒为主，呈密实的堆砌状态；冻融条件下由于试样内部冰晶生长及冷生结构形成导致黄土微观结构发生显著变化，多次冻融后原状黄土与重塑黄土大颗粒集粒数量都明显减少，土粒胶结性变差。基于图像处理软件，分析得到冻融条件下原状黄土与重塑黄土颗粒粒径的分布特征均发生显著变化，较小粒径颗粒所占比例随冻融次数增加明显增多；冻融过程黄土孔隙面积比随冻融次数增加呈指数增加趋势；冻融作用对黄土颗粒形状和颗粒走向影响不大。黄土微观结构冻融损伤度随冻融次数增加也呈指数增加趋势，反映出冻融作用一定程度上破坏黄土的结构强度，但多次冻融后黄土结构强度趋于稳定的残余强度。冻融作用对原状黄土与重塑黄土表面结构破坏均较严重，且含水率越高，冻融次数越多，土体表面特征破坏越严重。

2）原状黄土与重塑黄土黏聚力都随冻融次数增加呈指数衰减趋势，且含水率越高，黏聚力衰减幅值和速率越小；随着干密度增大，重塑黄土黏聚力劣化幅值和速率有增大趋势；相同条件下原状黄土的黏聚力高于重塑黄土，但随冻融次数增加，两者差异逐渐减小；黄土黏聚力与冻融损伤度随冻融次数的变化规律具有很好的一致性。原状黄土与重塑黄土黏聚力随含水率增加都表现出线性衰减特征，且冻融后黏聚力与含水率的变化曲线近似重合。随干密度增加，重塑黄土黏聚力表现出线性增加特征，且冻融后黏聚力与干密度的变化曲线近似重合。原状黄土与重塑黄土内摩擦角随冻融次数变化均呈波浪形变化趋势，无明显规律性变化。

原状黄土与重塑黄土黏聚强度冻融损伤系数都随冻融次数增加呈指数增加趋势；相同条件下原状黄土黏聚强度冻融损伤系数高于重塑黄土，即冻融过程原状黄土黏聚强度损伤幅度和速率高于重塑黄土。

3）基于试验数据的规律性，进一步得到了黄土黏聚强度多变量最优拟合预测模型表达式。试验验证，该模型可较好地描述黄土黏聚强度劣化规律，但无法考虑干密度影响。基于 BP 神经网络模型的预测值和试验值之间相对误差较小，能够综合反映干密度、含水率及冻融次数对黏聚力的影响，可较全面地描述黄土冻融过程黏聚强度劣化特性。

4. 黄土冻融过程渗透特性试验研究

1）冻融作用对原状黄土与重塑黄土试样表面结构破坏均较严重，但原状黄土试样表面结构破坏程度较重塑黄土更为严重。冻融过程产生的裂缝使得土中水分渗流和迁移的通道形成，导致原状黄土与重塑黄土渗透性增强。

2）冻融条件下原状黄土与重塑黄土渗透系数随围压增大均呈指数下降趋势，且高围压时渗透系数差异较小；随干密度和初始含水率增加，渗透系数均呈抛物线变化规律，但高围压下渗透系数与干密度和初始含水率的抛物线变化规律不明显；随冻融次数增加，渗透系数均呈指数增加趋势，但低含水率试样的渗透系数变化幅度较小。相同条件下原状黄土渗透系数高于重塑黄土；原状黄土与重塑黄土渗透系数差异随围压增大而逐渐减小。

3）基于试验数据的规律性，进一步得到了考虑初始含水率、冻融次数及围压影响的渗透系数多变量最优拟合预测模型，其拟合相关性较好，可较好地描述黄土冻融过程渗透特性变化规律，但无法考虑干密度影响。基于 BP 神经网络模型的渗透系数预测值和试验值之间相对误差较小，能够综合反映干密度、含水率、围压及冻融次数对渗透系数的影响，可较全面地描述黄土冻融过程渗透系数变化规律。

5. 黄土地区边坡冻融模型试验研究

1）黄土地区边坡温度场的分布逐时段发生变化，随着气温下降，最大冻结深度线由边坡土体表面向下推移并最终达到最大季节冻结深度；随后随着环境气温升高，黄土地区边坡土体由边坡表面和边坡下部进行双向融化并产生明显的季节冻结夹层；气温进一步升高导致季节冻结夹层全部消失，完成一个完整的冻融循环过程。随模型箱气温变化，黄土地区边坡浅层土体温度表现出明显的周期性冻融变化规律；随着深度增大，温度变化表现出相似的变化规律，但温度变化速率和变化幅度逐渐减小，黄土地区边坡土体内部温度随深度的变化呈现一定的温度梯度分布。黄土地区边坡在降温初期温度变化比较大，随着冻结时间推移，土体温度场的变化逐渐减小，最终趋于稳定；此时，黄土地区边坡土体内部温度大致分成两段：已冻土段和未冻土段，并且两段的温度分布斜率略有差异，已冻土段的温度分布斜率大于未冻土段，其拐点大约在 0℃附近；融化阶段，边坡温度也是从上部开始升温，因此边坡土体温度随深度增加呈现近似抛物线变化特征。

2）黄土地区边坡季节冻结层范围内未冻水含水率变化比较剧烈，表现出明显的周期性变化特征，其下未冻土区域内含水率变化幅度相对较小。在冻结期，随着冻结时间增长，边坡表层液态水含水率急剧减少，说明在此处必然出现冻结现象，产生冰晶体；随着环境气温升高，边坡表层土体液态水体积含水率明显增大，且融化后边坡表层土体液态水体积含水率明显高于初始状态，说明冻结过程中边坡下部土体水分在冻结温度梯度作用下向上发生了迁移，使边坡表层土体含水率增大，强度降低，这正是冻融作用诱发黄土地区边坡冻融灾害的主要原因。

3）季节性冻融条件下黄土地区边坡浅层水平位移和竖向位移均表现出周期性变化特征，且峰值与谷值均随着冻融次数增加而振荡式增大，尤其是对于坡率较大的边坡，这表明边坡浅层土体在冻融过程中产生了一定的残余位移，且残余位移不断增大。随边坡坡率增大，冻融残余位移有显著增大趋势。

4）基于黄土地区边坡冻融特点，建立了黄土地区边坡冻融过程水热耦合数值计算模型，计算结果表明：无论降温阶段还是升温阶段，边坡土体温度计算值和试验值曲线吻合度较好；冻融过程未冻水含水率计算值与温度场的计算分布规律是一致的且计算值和实测值曲线基本吻合，都表现为冻结后未冻水含水率在冻土段减小幅度较大，冻结后冻土段的液态孔隙水部分被冻结。

6. 黄土地区边坡冻融稳定性分析

1）黄土地区边坡冻融剥落安全系数随冻融次数增加呈指数衰减趋势；含水率较高时，随冻融次数增加，安全系数 $K<1$，边坡发生冻融剥落破坏。安全系数随剥落体初始含水率增加显著降低且冻融后安全系数与含水率的变化曲线近似重合。安全系数随冻融深度增加呈指数衰减趋势；含水率很高时，安全系数随冻融深度的指数变化规律不明显，安全系数 $K \ll 1$，边坡已发生冻融剥落破坏。

2）建立了基于有限元强度折减法的黄土地区边坡整体冻融稳定性计算分析模型，结果表明：黄土地区边坡安全系数随冻融次数增加呈指数衰减趋势；安全系数随冻融深度和冻融区初始含水率增加显著减小且减小幅度逐渐增加；安全系数随坡度系数和放坡级数增加近似表现出线性增加特征。春融季节黄土地区边坡在具有很好的临空面及边坡表面没有阻挡物的条件下，易沿着冻融活动层界面产生浅层冻融滑塌灾害。

## 8.2　展　　望

本书针对黄土地区边坡冻融灾害的发生机理问题进行了深入探讨，但由于时间所限，尚有诸多内容需要进一步完善，具体包括：

1）本书针对黄土地区边坡冻融稳定性仅开展了室内模型试验研究及数值分析

工作，后续工作中还应该开展现场实际黄土地区边坡工程监测工作，结合温度监测、位移监测及水分监测等方法现场动态监测黄土地区边坡冻融稳定性的变化规律。

2）黄土地区边坡冻融失稳的过程是非常复杂的，需要从水分场、温度场和应力场耦合的角度进行分析。本书针对黄土地区边坡冻融稳定性问题，主要建立了水热耦合计算分析模型，尚未对应力场与温度场和水分场进行耦合计算，后续工作中应当加强黄土冻融过程水、热、力耦合计算程序的研发工作。

3）本书侧重于黄土地区边坡冻融灾害发生机理问题的探讨，尚未针对黄土地区边坡冻融灾害处置措施问题开展深入研究。目前针对冻融期黄土滑坡防治措施的研究尚处在起步阶段，研究者虽对冻融期黄土地区滑坡的影响因素进行了初步研究，但只给出一些定性和经验性结论，尚未提出黄土地区边坡冻融灾害防治的合理保温护坡工程结构，以及冻融期黄土地区边坡冻融灾害的综合防护技术。因而，下一步应当加强黄土地区边坡冻融灾害处置技术的研究。